中国工程院咨询研究项目

生物培育肉的发展战略研究

孙宝国　主　编

陈　坚　王守伟　副主编

科学出版社

北京

内 容 简 介

本书是中国工程院咨询研究项目"生物培育肉的发展战略研究"的成果。主要围绕生物培育肉发展，从产业发展态势、监管政策、技术特点、技术突破、风险分析、安全评价、标识体系等层面系统梳理了全球生物培育肉的最新进展和发展趋势，并结合当前我国生物技术发展基础，形成了我国生物培育肉发展的战略布局研判，提出了我国发展生物培育肉的整体思路。

本书对我国生物培育肉监管的各级政府部门具有重要的参考价值，同时可为培育肉生产、科研人员和高等院校师生以及社会公众等了解生物培育肉的现状及发展作参考。

图书在版编目（CIP）数据

生物培育肉的发展战略研究 / 孙宝国主编. —北京：科学出版社，2022.6

中国工程院咨询研究项目

ISBN 978-7-03-072120-4

Ⅰ. ①生… Ⅱ. ①孙… Ⅲ. ①肉类－体外培养－食品工程 Ⅳ. ①TS2

中国版本图书馆 CIP 数据核字（2022）第 071824 号

责任编辑：贾 超 / 责任校对：杜子昂
责任印制：肖 兴 / 封面设计：东方人华

科 学 出 版 社 出版
北京东黄城根北街 16 号
邮政编码：100717
http://www.sciencep.com
三河市春园印刷有限公司 印刷
科学出版社发行 各地新华书店经销

*

2022 年 6 月第 一 版 开本：720 × 1000 1/16
2022 年 6 月第一次印刷 印张：16
字数：300 000
定价：160.00 元
（如有印装质量问题，我社负责调换）

编写委员会

前　言

　　生物培育肉也被称作细胞培育肉、培养肉、细胞培养肉等，是利用动物细胞体外培养的方式控制其快速增殖、定向分化，并收集加工而成的一种新型肉类食品。与传统肉类生产相比，生物培育肉的生产占用的土地面积减少95%，水消耗量减少75%，温室气体排放量减少87%，能源消耗减少45%。生物培育肉是一种基于生物工程生产的人造肉，可以绕开动物饲喂而可持续地为人类供应真实动物蛋白，被认为是最有可能解决未来人类肉品生产和消费困境的方案。

　　本项目充分体现了对四个"面向"的坚持和贯彻：

　　（1）面向世界科技前沿。生物培育肉是食品学、生物学、医学、工程学、材料学等众多学科在内的前沿科技交叉产物，是目前全球食品科学研究的制高点。该领域融合了合成生物学、物联网、人工智能、增材制造等诸多颠覆性前沿技术成果，使食品科学站在了人类科技发展的制高点，是一项颠覆性的食品科技，该技术于2019年被美国《麻省理工科技评论》选为当年人类的"十大科技突破"。美国、以色列、欧盟、日本和新加坡等均从国家战略的高度将生物培育肉列为人类未来食品的重要研究方向并大力推进。

　　（2）面向经济主战场。国外主要发达国家已着手规划生物培育肉产业布局及知识产权保护，促进生物培育肉产业的发展。同时，基于生物培育肉的巨大市场潜力，该领域的投资规模逐年扩大，2020年的投资规模比2018年增加了63%，其中泰森食品（全球最大的鸡肉、牛肉、猪肉生产商及供应商之一）和嘉吉公司（世界上最大的动物营养品和农产品制造商）均对生物培育肉研发公司进行了投资。生物培育肉研发带来的科技创新必将转化为巨大的经济增长点，我国急需抓住机遇，发展从知识产权保护、知识产权转让到高科技企业上市的完整服务体系，促进科技与产业的深度融合，形成与生物培育肉等颠覆性创新产业发展相适应的服务模式。

　　（3）面向国家重大需求。传统肉类的生产方式正面临挑战：它消耗了大量的燃料、土地、水等资源并导致了严重的环境污染；也给人类健康带来了潜在的威胁，比如兽药（抗生素）的不规范使用；传统肉类生产方式供应的不确定性与日俱增，比如非洲猪瘟、肉类进出口贸易问题；同时伴随着全球人口的急剧膨胀、肉类消费的升级和中等收入人群的空前扩大，传统肉类生产方式将不能有效保证全球的肉类消费。

（4）面向人民生命健康。随着生活水平的提高，消费者对肉制品的营养化、功能化提出了更高诉求。伴随着营养学、代谢组学、医学等领域的技术进步，精准营养学将成为可能，未来可以通过对生物培育肉成分的精准设计生产出满足不同人群特殊营养需求的生物培育肉产品；另外，相对于传统肉品，生物培育肉是在无菌实验室或无菌工厂中生产的，具有清洁、安全、可持续等优势，可完全实现动物源食品的工业化生产，彻底摆脱养殖环节的限制，同时凭借"短周期生产"这一优势，生物培育肉可迅速填补肉类市场空缺，从而实现快速保障供应。

作为世界第一人口大国和肉品消费大国，我国亟需从国家层面推动生物培育肉产业的发展，占领全球未来高科技食品领域中的主导地位。

（一）研 究 目 的

通过本项目的全面研究，为我国未来在生物培育肉方面的相关监管政策提供符合本国国情的建议；为推进我国在生物培育肉研究领域的关键技术研发提前统筹和凝练研究内容；为我国制定生物培育肉方面的法律、法规提供技术保障；为将来我国生物培育肉相关标准的制定和相关安全指标的确定打下基础，为将来生物培育肉在我国的上市打下监管基础。

（二）研 究 内 容

本项目围绕生物培育肉发展，从产业发展态势、监管政策、技术特点、技术突破、风险分析、安全评价、标识体系等层面系统梳理了全球生物培育肉的最新进展和发展趋势，并结合当前我国生物技术发展基础，形成了我国发展生物培育肉的战略布局研判，提出了我国发展生物培育肉的整体思路。

根据研究内容分为三个课题：

课题1. 生物培育肉的监管政策发展战略研究

通过文献调研、会议跟踪等方式对国际上关于生物培育肉方面的具体法律、法规及其主要专家的观点进行跟踪，同时收集和研究各国生物培育肉的监管政策及政策制定背后的出发点。通过调研我国目前利用细胞培养的方式生产食品的相关监管政策案例，深入剖析国外在生物培育肉方面的法律、法规与我国类似食品相关的法律规定的关系，为我国未来在生物培育肉方面的相关监管政策提供符合本国国情的建议。

课题 2. 生物培育肉的生产技术发展战略研究

通过文献调研、专利调研、产品调研、会议讨论等形式，总结目前国内外在生物培育肉方面的主要生产技术，并找出其中的关键控制步骤，为我国开展生物培育肉的研究和生产提供技术支持，为我国制定生物培育肉方面的法律、法规提供技术保障。

课题 3. 生物培育肉的安全性和产品标识发展战略研究

通过调研国外（美国、欧盟、以色列）生物培育肉的安全性评价体系和产品标识发展现状，同时结合文献调研和我国目前关于肉制品和细胞培育食品的相关安全性评价体系和产品标识需求，建立符合中国实际的生物培育肉安全性评价建议以及产品标识建议，为将来我国生物培育肉标准的制定和相关安全指标的确定打下基础。

（三）研 究 方 法

根据项目总体目标和研究内容等要求，确定项目的总体实施方案，根据参加单位的研究背景及经历，做好分工，并进一步细化研究任务，组织专家论证咨询，确定各课题具体实施路线。持续追踪国际最新研究进展，通过文献调研、专题咨询和座谈研讨等方式，开展深入的调研，分析整理与归纳全球生物培育肉产业的具体发展现状和我国在该领域的基本发展概况，进而结合我国的科技发展现状提出了我国发展生物培育肉产业的中长期发展战略思考和具体对策建议。

本项目的支撑数据及资料均来源可靠、据实引用，核心数据均引用自国内外官方数据或权威期刊数据库。数据来源包括主要中英文文献数据库、各国政府机构正式发布的相关文件和全球权威研究机构发布的正式研究报告等。为确保数据及资料的时效性和研究成果的前瞻性，核心数据均更新至 2020 年，部分数据受相关限制，更新至 2019 年。

目　　录

第一部分　项目综合报告

第二部分　各课题研究报告

第一部分　项目综合报告

第 1 章　发展生物培育肉的战略需求分析

1.1　传统肉类生产方式消耗了大量的资源
　　　并导致了严重的环境污染

1.1.1　传统肉类生产及全球肉制品消费市场

　　传统肉类生产主要依赖于动物的饲养和屠宰。过去，许多动物以中小规模饲养在牧场并在农场或附近的屠宰场被屠宰，然后在就近的工厂被加工成各种肉制品。随着工业化程度的推进，肉制品生产模式也经历着工业化的发展，小规模的肉制品生产模式逐渐被取代，畜牧养殖、屠宰和肉类加工都在经历工业化的变革。在中国，肉类生产的生猪大部分由中小规模的养殖场及散户生产，而这种情况正迅速改变，高度工业化的生产模式正逐步形成，集约化的养殖场和屠宰场越来越多。南亚和东亚也步入了许多发达国家曾经历的工业化的转变。欧洲和美国的工业化牲畜生产开始于饲料、能源和土地都很廉价的时期。如今，这三种资源都十分稀缺。以如图 1.1.1 所示生猪年产量为例，世界生猪产量从 2017 年

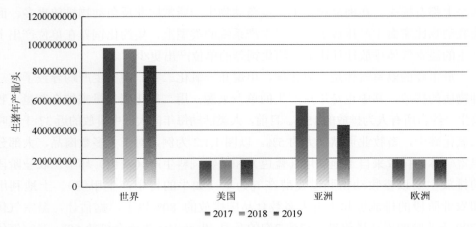

图 1.1.1　世界及部分地区生猪年生产总量

数据来源：联合国粮食及农业组织（FAO）

的 9.7 亿多头降至 2019 年的 8.5 亿多头，表明肉类总产量及其增长速度受成本升高、疫病防护成本高等因素都远低于以前。

纵观全球，当前对肉类的需求处于增长趋势，但不同地区的增长速度不同。一方面，20 世纪最大的肉类生产地欧洲和美国，消费量增长缓慢，甚至停滞不前；另一方面，由于中国和印度两个国家人口的增长及新兴中产阶级的巨大需求，肉类市场的需求量和增长速度大大增加，并且市场的增长不仅仅限于猪和家禽。这意味着市场对肉类生产的需求种类和需求量的增加以及对开发新型肉类生产方式的迫切希望。

长期以来，人类通过饲养动物来获取肉类。猪牛羊吃进去的是植物，转化成动物身上的肉，由此获取可供食用的肉类产品。如果我们把猪牛羊看作一种生产工具，其作用就是把植物成分转变为肉类蛋白，但这是一种效率很低的生产工具。例如，一头猪一年时间，吃掉 1000 千克饲料只能长 100 多千克肉，转化效率只有10%，转化周期达一年多。为了得到大量可供食用的肉，必须依赖于大规模的动物饲养，但由于肉制品转化率低、养殖业发展增速缓慢等原因，传统肉制品生产远远无法满足日益扩大的肉制品消费需求。如果完全依赖大力发展养殖业以满足肉制品消费，其引起的资源浪费和环境污染不可小觑。

1.1.2　传统肉制品生产造成资源浪费及环境污染

与植物性食物相比，肉类每单位能量产生更多的排放，因为能量在每个营养水平上都有损失。在肉品种类中，反刍动物生产通常比非反刍动物排放更多，而哺乳动物比家禽生产排放更多。在生产系统的类型上，集约化饲养在单位产出上产生的温室气体排放往往比非集约化饲养的单位产出更少。

最主要的温室气体是二氧化碳、甲烷和一氧化二氮。肉类生产均导致了这三种物质的排放，其中也是甲烷产生的单一来源。用二氧化碳当量来综合衡量，牲畜生产约占所有人为排放的 15%。目前，人类活动每年向大气中排放的近 37 千兆吨二氧化碳中，畜牧业贡献了大约 5%。以图 1.1.2 为例，对于大多数肉品，大部分温室气体的排放来自土地利用（蓝色）和动物饲料生产（灰色）环节，农业阶段的排放主要以畜牧动物肠道发酵产气为主（如牛的胃中产生甲烷）。土地利用和农业阶段的排放加起来占大多数食品碳排放的 80% 以上。据估计，温室气体3700 千兆吨的累计排放量将导致 2℃ 的升温；生产 1kg 牛肉会排放 60kg 温室气体（相当于二氧化碳）。我国 2019 年牛肉产量为 667.3 万吨，因此，仅以我国肉牛养殖为例，其二氧化碳排放量已不容忽视。

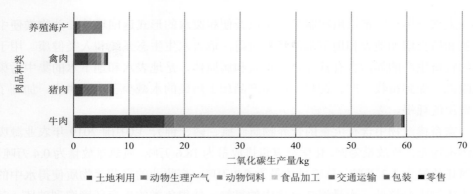

图 1.1.2　1kg 肉品各生产环节二氧化碳产量图

来源：https://ourworldindata.org/environmental-impacts-of-food#licence

1.1.3　传统肉类生产造成水资源过度消耗

传统肉品消耗了大量的水资源，而且呈增长趋势，进一步导致了我国水资源紧张形势。在传统肉品生产过程中，从饲料生产到产品供应，有着较大的用水需求。牲畜饮水和服务用水是与牲畜生产有关的最显著的水资源需求。水占动物体重的 60%～70%，是动物维持其重要生理功能所必需的。家畜通过饮水、饲料中所含的水和营养物质氧化产生的代谢水来满足其用水需求，水分通过呼吸（肺）、蒸发（皮肤）、排便（肠）和排尿（肾）从体内流失。主要禽畜动物肉类生产所需淡水资源巨大，以表 1.1.1 为例，每生产 1kg 羊肉所需淡水资源可高达 1803L。在传统肉品生产畜牧业生产中，特别是工业化农场，清洁生产单元、清洗动物、冷却设施、动物及其产品（牛奶）和废物处理都需要服务用水。集约化的养殖导致饲料的需求不再仅仅是牧草，四种最主要的饲料作物：大麦、玉米、小麦和大豆的种植也需要大量的灌溉用水。大规模的种植饲料作物必定与其所在生态环境产生水资源上的竞争关系。

表 1.1.1　生产 1kg 不同种类肉类所需淡水资源

肉品种类	生产 1kg 不同肉类所需淡水资源/L
牛肉	2714
羊肉	1803
猪肉	1796
禽肉	660

数据来源：https://ourworldindata.org/environmental-impacts-of-food#licence

大部分用于牲畜饮用和服务的水以粪便和废水的形式返回环境。动物粪便中的氮和磷会增加地表和地下水的营养负荷，危害水生生态系统和人类健康。用于集约牲畜生产的粪污含有营养物、毒素和病原体，是地表水和地下水的集中污染风险源。受到畜牧生产、饲料生产和产品加工污染的水减少了水的供应，加剧了水资源的耗竭。

家畜排泄物中含有大量的营养物质（氮、磷、钾），以中国 2019 年农业源废水污染物元素排放量为例，化学需氧量排放量为 18.6 万吨、氨氮排放量为 0.4 万吨、总氮排放量为 1.3 万吨、总磷排放量为 0.2 万吨。畜牧业的富营养物质使得水中的水生生物大量繁殖，大量消耗水体中的氧气，使得鱼类的生存环境遭到破坏，甚至引发鱼类大量死亡。另外，水生生物的大量繁殖，也会使得水底物质被厌氧分解，进而产生恶臭物质，使得水体遭到破坏，并且这个过程是不可逆的。植物和藻类的生长导致的富营养化是湖泊和一些河口老化的自然过程，但牲畜和其他与农业有关的活动会通过增加营养物质和有机物质从周围水域进入水生生态系统的速度，从而大大加速水体的富营养化。

1.1.4　传统肉类生产造成生态环境破坏

传统肉类生产方式，一方面养殖动物需要大面积的牧场，另一方面生产动物食用饲料需要大面积的农田，而土地广泛用于放牧或种植往往导致植被覆盖和土壤特性的恶化。土地退化对环境的影响有：生物多样性的破坏（栖息地的破坏或含水层的污染）、气候变化（砍伐森林或土壤有机质的损失或向大气中释放二氧化碳）和水资源消耗（改变土壤质地或移除植被影响水周期）。在畜禽养殖的过程中难以避免会产生很多的排泄物，这些排泄物包括含氮化合物、粗纤维、药物、钙、磷、可溶物、微量元素等，并且由于畜禽品种、养殖方式的不同，排泄物的成分不同，这些物质随着粪便进入到土壤中就会对土壤造成污染。畜禽产品加工中，也会产生废弃物，如蛋壳、毛发、血液、内脏等，这些废弃物若不及时处理，也会对土壤环境产生污染。

传统肉类生产对生态环境的影响主要是对生物多样性的破坏，最直接的方式是将土地转为农业。联合国粮食及农业组织的数据显示（图 1.1.3），各大洲草原或者森林转化为耕地或牧地的比例大幅提高，草原和灌木在逐渐消失，取而代之的是耕地和牧地。这既包括将自然栖息地转为草地和牧地，也包括用于牲畜消费的谷物和大豆转为耕地生产。畜牧业生产通过过度放牧影响生物多样性，对旱地的影响尤其明显。野生食草动物本来是这些生态系统的重要组成，但牲畜养殖的取代，导致消耗的热量要比传统生态系统高得多，植被的减少和对山坡的践踏导致了土壤侵蚀和生物多样性进一步的丧失。在世界自然保护联盟（the International Union for Conservation of Nature，IUCN）的红色名单上，根据评估，畜牧业动物比野生哺乳动物高出 1～15 倍，有 28000 个物种面临灭绝的威胁，其中农业和水产养殖被列为其中 24000 个物种的威胁。

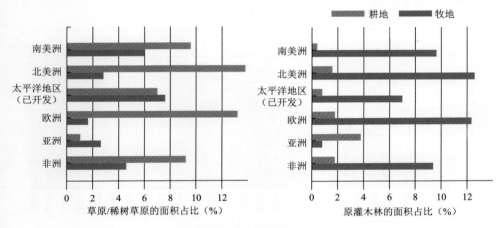

图 1.1.3　自然地转为耕地和牧地的比例普查

数据来源：联合国粮食及农业组织

1.2　传统肉类生产方式将无法保证全球肉类消费

据联合国粮食及农业组织预测，2050 年全球人口数量将增至 90 亿左右，届时全球的年均肉类需求将激增至 4.65 亿吨，是 2000 年全球肉类产量（2.28 亿吨）的 1 倍[1]。传统养殖业对饲料的需求将给本已稀缺的农业资源带来越来越大的压力，再加上无法预测的瘟疫、地区局势紧张、自然灾害等突发问题都可能导致人类的肉品供应出现短缺。因此肉类供求关系日益失衡，供给压力越来越大，但人类对肉制品的需求却日益增长。

1.2.1　人类对肉制品的需求日益增长

推动肉类需求增加的两个关键的驱动因素：人口增长和人均肉类需求的增加，后者主要是由经济增长和城市化趋势推动的。

1. 全球人口数量持续增长

根据最新修订的《联合国人口展望》，到 2050 年世界人口预计将增长 34%，从今天的 68 亿增长到 91 亿[2]。与前 50 年相比，人口增长速度将大大放缓。然而，从一个更大的基数来看，绝对增长仍将是显著的，即增加 23 亿人。这将对全球肉类需求产生明显影响（图 1.1.4）。

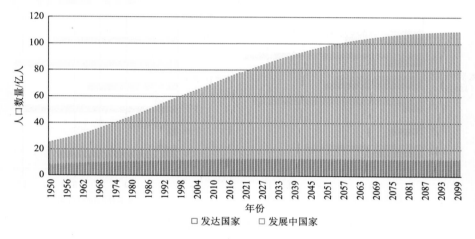

图 1.1.4　1950～2100 年世界人口数量

数据来源：联合国粮食及农业组织

如图 1.1.5，全球肉类产量在过去的 50～60 年里增长迅速，从 1961 年的 7000 万吨增长到 2013 年的 3 亿吨，相当于在这段时间内增长了 3～4 倍。粮食及农业组织对 2050 年的预测显示，肉类需求持续增长将达到 4.55 亿吨。一些预测认为，到 2050 年，这一数字将使动物蛋白需求增加 1 倍。

2. 人均肉类消费量持续增加

未来不仅要养活更多的人，而且人们的饮食偏好预计也会发生变化。蛋白质是营养的重要组成部分，对人体的生长和维持至关重要[3]。食品在蛋白质含量和质量方面差别很大。动物性食物（包括肉、蛋、乳制品和海鲜）因其富含优质蛋白质，相较于豆制品、谷物等，肉制品所含的蛋白质更有益于人类消化吸收。因此确保每个人都能获得足够的高质量蛋白质至关重要[4]。

人均肉类消费量主要由经济增长和城市化趋势推动的。通过研究人均收入和人均肉类消费之间的关系发现这两者呈现明显的线性变化趋势，如图 1.1.6 所示，中国人均肉类消费数量随 GDP 增加而增加。即随着收入增加，人均肉类消费呈递增的趋势。

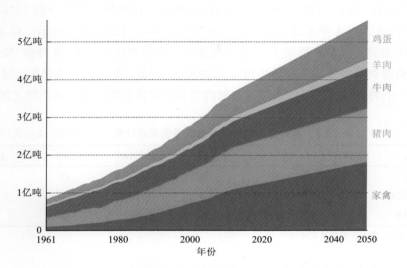

图 1.1.5　1961～2050 年全球肉类禽蛋产品消费情况及预测

数据来源：联合国粮食及农业组织

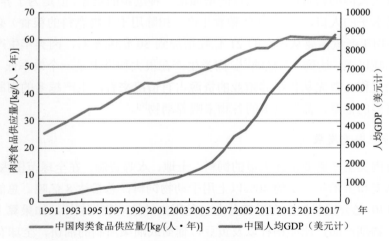

图 1.1.6　1990～2017 年中国肉类消费与人均 GDP 的对比

数据来源：联合国粮食及农业组织和世界银行

到 2050 年，预计世界人口的 70% 以上将是城市人口（而当前这一比例是 49%）。城市化将带来生活方式和消费模式的变化，城市化与收入增长相结合，加速了发展中国家饮食多样化。谷物和其他主要农作物的份额将下降，而蔬菜、水果、肉类、奶制品和鱼类的份额将增加。在发展中国家，这些食物所占总热量比例从20 世纪 70 年代初的 13%，预计 2030 年和 2050 年比例将分别上升到 26%和 28%（在发达国家，几十年来这一比例一直在 35%左右）。如表 1.1.2 所示，自 1970 年以来，肉类消费以平均每年 5.1%的速度增长，世界平均水平为 38.7kg，发达国家人均肉类消费量为 80kg，发展中国家为 27.9kg。因此，随着收入的增加，城镇化进程加速——特别是在中低收入国家，对肉类和动物蛋白的人均需求将随之增加[1]。

表 1.1.2　平均每人每年的肉类消费情况统计表　　　**[单位：kg/(人·年)]**

年份	1969/1971	1979/1981	1989/1991	2005/2007	2030	2050
世界	26	30	33	39	45	49
发展中国家	11	14	18	28	36	42
发达国家	63	74	80	80	87	91

数据来源：联合国粮食及农业组织

1.2.2　全球肉类供应不可持续

低收入人群动物蛋白质摄入量的增加是一种进步的迹象，但是为了养活更多、更高生活水平的人口，到 2050 年粮食生产（扣除用于生物燃料的粮食）必须增加70%，谷物年产量需要从现在的 21 亿吨增加到 30 亿吨左右，肉类年生产量需要增加 2 亿吨以上，达到 4.7 亿吨[5]。肉类生产在很大程度上是一个效率低下、资源密集型的过程。首先从传统养殖业的资源占有情况来看，生产越多的肉制品就必须种植越多的粮草，需要更多的谷物来喂养动物[6]。

1. 传统肉类发展受限

传统肉类生产需要消耗大量的饲料、土地、水等资源。在全球范围内，小麦、黑麦、燕麦和玉米年产量的 40%以上用于动物饲料，总量达 8 亿吨。总的来说，世界上 140 亿公顷耕地中有近三分之一是用来种植动物饲料[7]。如果算上作为饲料的农作物副产品，比如稻秆以及黄豆、葡萄或油菜所制的油饼，全球有 3/4 的耕地都被用来制造动物的饲料。联合国一项关于农业发展的研究估计，畜牧产业总计使用了 70%的农业用地。如图 1.1.7 每 1000kcal 羊肉需要利用 369.81m^2 的土地，每 1000kcal 牛肉需要利用 326.21m$^{2[7]}$。虽然世界上有大量的土地储备，理论上可以转化为耕地。然而，实现的可能性相当有限。首先，一些目前尚未开垦的土地具有重要的生态功能。其次，它们主要分布在拉丁美洲和撒哈拉沙漠以南非洲的少数几个国家，在这些国家，缺乏准入和基础设施可能会限制它们的使用，至少在短期内是。考虑到这些限制，联合国粮食及农业组织预计到 2050 年，可耕地面积将扩大 7000 万公顷，约占 5%。这将是发展中国家增加 1.2 亿公顷耕地和发达国家减少 5000 万公顷耕地用于其他用途的净差额[8]。

农业、林业约占温室气体排放的四分之一，每克蛋白质、肉制品排放的温室气体比植物产品多 10~100 倍[8]。如果全球肉类消费一如预期继续下去，预计到 2050 年，仅农业一项就将占到总碳预算的 90% 左右。牲畜产品也是高度耗水的，每千克牛肉需要的水大约是谷物作物的 10 倍[9]。

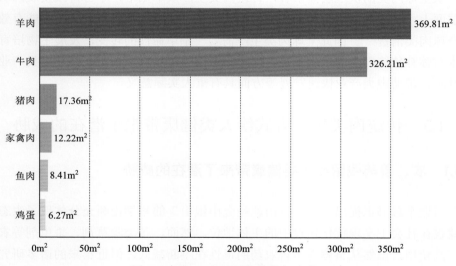

图 1.1.7　每 1000kcal 食物的土地利用

数据来源：联合国粮食及农业组织

2. 传统肉类生产效率低

传统肉类生产是一种效率较低的生产方式。传统肉类的生产需要在草场或者饲养场集中喂养，幼仔从出生开始，经历哺乳期、断奶期、保育期，进入小畜禽阶段、中畜禽阶段、大畜禽阶段，最终成为待宰动物，被运到屠宰场进行屠宰，进而进行加工，大约 1~2 年可以成为可食用的肉制品[10]。以猪的生长周期为例：从猪仔成为后备母猪需 7 个月达到可繁殖状态，母猪妊娠期 114 天左右，哺乳期 20 天，空怀期 14 天，所以 1 头母猪生产一胎需要 148 天（5 个月）左右，2 年可产仔 5 次（2.4~2.5 胎/年）。母猪产仔再经过 1~2 个月的保育期和 5~6 个月的育肥期，生猪才出出栏[11]。

传统养殖不仅饲养周期长，而且单位时间内生长效率低下。生长周期长，从而造成从养殖场到餐桌中间的不确定因素很多，比如瘟疫、地区紧张局势、自然灾害等突发问题都可能导致肉品供应出现短缺。2020 年，受新冠肺炎疫情和非洲猪瘟疫情等因素影响，我国的畜牧业生产受到一定程度影响，国内猪肉价格一路攀升，这极大提高了居民的生活成本[12]。而在体外通过细胞培养生产培育肉所需的时间显著缩短，肉收获的时间由传统养殖的 3～6 个月（鸡）或 1～2 年（猪和牛）缩短至几周。由于生产时间要少得多，因此每千克体外生物培育肉所需的能量和劳动力要少得多[9]。

从全球肉类的供应层面来看，传统肉类生产效率低下，不可持续发展。从需求层面上，又因人口增长和人均肉类需求增长，传统肉类生产方式将不能有效保证全球肉类消费[13]。因此全球肉类生产需要一个革命性的转变，发展生物培育肉技术对弥补传统肉类的供应不足，保障国家肉类市场供应稳定、推动肉类产业转型升级、带动肉类产业快速发展等方面具有重大实际意义。

1.3　传统肉类生产方式给人类健康带来了潜在的威胁

1.3.1　农、兽药残留给人类健康带来了潜在的威胁

习近平总书记提出"绿水青山就是金山银山"的科学论断充分体现了生态文明建设在社会主义现代化建设中的主体地位。然而，各类除草剂、杀虫剂等农药被广泛使用，虽然从整体看市售农药的毒性在不断减低，但近年来的诸多研究表明：农药特别容易在生物体的脂肪、肝脏、肾脏等组织中蓄积，动物体内的农药有一部分也能从乳汁中排泄或者转移至蛋黄中，常见的有杀虫剂和除草剂。2017 年欧洲爆发的"氟虫腈"事件引起了社会的极大恐慌和关注，给人类敲响了警钟。

另外，动物源性食品中的兽药残留一直是全社会高度关注的话题。动物养殖过程离不开抗生素的使用，但抗生素是一把双刃剑，其毒副作用所带来的危害往往被人们忽略，使用不当不仅无益，反而带来巨大损失。近 70 年来，国内外对抗生素的需求和使用量显著增加，其目的以治疗和促生长为主。美国每年使用的抗生素已达到 1600 万 kg，据估计其中 70%为牲畜使用。中国每年仅用于养殖业的抗生素就占到年总产的 52%[14]。图 1.1.8 统计了 2009～2019 年中国兽用抗生素的用量。2009～2014 年间，我国每年兽用抗生素的用量呈现持续上涨的趋势，自从 2015 年相关政策限制了部分兽用化学药品的生产，兽用抗生素的用量下降，但兽用抗菌药在兽用化学药品的使用中仍然占据主导地位。

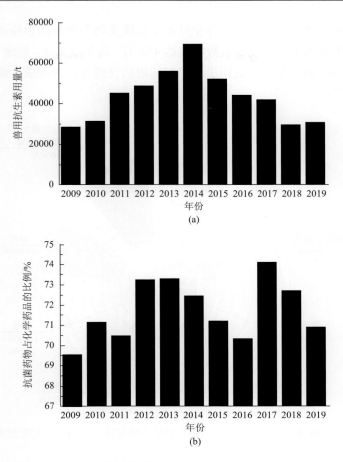

图 1.1.8　2009～2019 年中国兽用抗菌药用量情况图[14]

（a）中国兽用抗生素的用量；（b）中国兽用抗菌药用量占化学药品的比例

　　这些兽用抗生素并不能完全被动物体吸收，大多随排泄物进入环境中，导致水、土环境中多种抗生素残留和累积，细菌在不同抗生素的诱导下，可产生各种抗生素抗性基因（Antibiotic Resistance Genes，ARGs），进而诱导细菌耐药性的产生及耐药菌的增加。已有大量研究证明 ARGs 存在于不同的环境介质中，环境中 ARGs 的产生及传播也已成为日益严重的世界难题[15]。

　　由于抗生素的过度使用导致的细菌耐药性逐渐提升，耐药感染事件逐渐增多。据英国奥尼尔委员会（UK's O'Neill Commission）在 2016 年 5 月份发布的一份报告，全球每年有 70 万人死于微生物耐药感染，并且针对许多患病动物所采取的治疗失去效果，而且如果当下我们不采取有效的应对措施，这一现象在

未来将变得更加严重。预计 2050 年全球死于抗微生物药物耐药感染的人数将高达
1000 万，其中亚洲地区的死亡人数将高达 473 万，高于糖尿病、肿瘤等常见疾病，
如图 1.1.9 所示。由于抗生素滥用引起的细菌耐药性提升正逐渐成为威胁人类健康
的一大顽疾[16]。

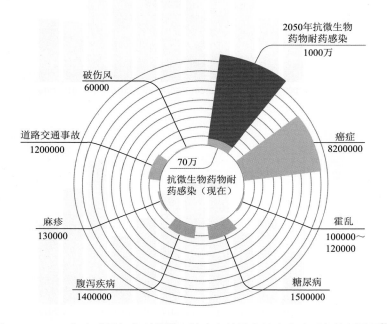

图 1.1.9　2050 年全球因细菌耐药性、肿瘤和糖尿病等疾病致死人数预测图[17]

　　近年来随着检测仪器的不断升级，人类对兽药残留的检测能力也越来越强。
《国际标准中规定的允许用于食品中的兽药》规定了动物性食品中最大残留限量和
兽药残留风险管理建议[18]，我国《食品安全国家标准食品中兽药最大残留限量》
GB 31650-2019 中规定了 267 种（类）兽药在畜禽产品、水产品、蜂产品中的 2191 项
残留限量及使用要求，基本覆盖了我国常用兽药品种和主要食品动物及组织[19]，
这些举措为保障人民群众的身体健康发挥了关键性的作用。然而，我们要清醒地
看到：一方面，国际上的最新标准或检测方法基本上都是以最现代的仪器检测的
最低限为方法的最低检出限，存在着一定的兽药残留暴露风险，同时不断出现的
新型替代药物和违规用药也持续威胁着消费者的健康；另一方面，兽药残留还可
能通过植物进入人类的食物链，据研究，如图 1.1.10 所示黄瓜、番茄和莴苣对常
见兽药磺胺类药物（SAs）有明显的吸收[20]。这说明，食物链是交叉循环的，人
类在种植过程中使用的农药可以进入动物源性食品，在养殖活动中使用的兽药也

可以进入植物源性食品，这都会增加消费者的暴露风险，给人类健康带来潜在的威胁[21]。

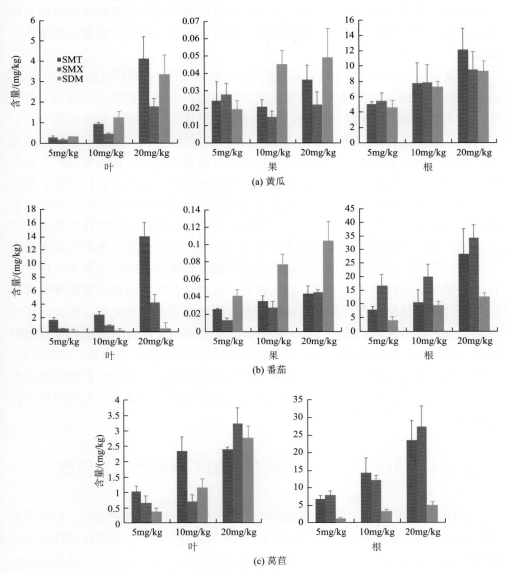

图 1.1.10　（a）黄瓜、（b）番茄和（c）莴苣在不同剂量下对磺胺类药物（SAs）的吸收情况[20]

1.3.2　细菌、病毒滋生给人类健康带来了潜在的威胁

随着畜牧业的快速发展，集约化、规模化畜禽养殖迅速提高了畜产品的产

量,改善了人类的膳食结构。然而,现今的饲养管理方式与动物健康和福利的矛盾日益突出,存在着许多弊端和问题。动物传染病和动物疫源性人畜共患病的爆发流行呈现逐渐频繁与扩大的态势,食品的药物残留与病原污染问题不断加重,不仅给动物生产造成很大的损失,也给公共卫生和人类健康带来潜在的威胁。

畜禽动物在饲养过程中很容易受到病毒、病菌入侵,有些疾病如白斑综合征、高致病性禽流感、瘟疫等会在动物之间进行传播,会对畜禽养殖造成极大的危害。这类传染病具有极大的危害,能够迅速在群体之间传播,经由传播介质、传染源,甚至能够由动物传播给人类。动物传染性疾病在养殖业中是较为常见的,也是造成牲畜死亡的重要原因,同时具有传播速度快、传染范围广、病原体潜伏周期较长的特点。在畜牧养殖中,传染病的种类较多,如口蹄疫、伤寒等。如果动物性传染疾病无法得到有效的控制,会造成牲畜的死亡,进而会使得养殖场或农户受到经济上的损失。另外,动物性传染性疾病往往先在动物之间传播,但经过病毒的变异有可能造成人与动物之间的传染,进而造成人与人之间的传染[22]。禽流感是由甲型流感病毒引起的传染性疾病,冬春季节往往是禽流感爆发的高峰期,除了鸡,其他家禽、鸟类及人类都能感染禽流感病毒。近年来,禽流感疫情在世界各地频繁爆发,给禽业带来巨大灾难,因禽流感病毒感染到人而引发死亡的例子也不胜枚举。动物疫病中对人体健康产生直接影响的一类为"人畜共患病",如我们耳熟能详的布鲁氏菌病、包虫病、血吸虫病、狂犬病等。人畜共患病不仅对人类健康造成巨大的威胁,也会对畜牧养殖业带来毁灭性打击。如何有效预防、控制和消灭人畜共患病已成为全人类面临的巨大挑战。

1.4　传统肉类生产方式供应的不确定性与日俱增

在过去的 30 年中,中国的畜牧业经历了巨大的转变,从生产方式、科学技术水平、国内和全球粮食供应、资源利用、氮和磷的损失以及温室气体的排放等方面均产生了深远的影响[23]。通过对这种转变的驱动力及其对国家和全球的影响进一步分析发现,在不到 30 年的时间里,中国的牲畜数量增加了 3 倍,主要归功于集约化的养殖方式以及牲畜现代养殖水平的进一步提高[17]。另外消费需求的增加,新品种供应的补充以及新技术和政府大力支持也进一步促进了中国畜牧产业的发展。动物源蛋白质的产量增加了 4.9 倍,畜群水平上的氮利用效率提高了

3 倍，同时，动物饲料进口量增加了 49 倍，向大气中排放的氨和温室气体总量增加了 1 倍，水中的氮损失增加了 3 倍[1, 24, 25]。

　　同时，从世界范围看由于当前的大型畜牧业生产方式与公共卫生问题，环境恶化和动物福利有关问题，肉类蛋白不断增长的需求同整个世界环境的冲突不断加大[26, 27]。此外，在健康方面，动物农业产业互联、食源性疾病、饮食有关的疾病、抗生素耐药性和感染性疾病问题加剧[27, 28]。值得注意的是，人畜共患疾病（例如尼帕病毒、流感 A）与农业集约化和肉类加工厂密切相关。畜牧业更加剧了环境问题，包括温室气体排放、土地利用和水利用。2018 年联合国政府间气候变化专门委员会发布了一份报告，为了防止全球气温升高增加到可产生灾难性自然灾害的 2.0℃，声称到 2030 年必须将温室气体排放量减少 45%，以便将气温升高幅度控制在 1.5℃以下[29]。通过加大植树造林、土壤保护、废物管理以及税收政策等系列措施，降低对气候变化的影响。尽管这些方案起到重要的效果，但紧迫的气候变化或许需要采取更具变革性的方法[11]。此外，关于动物福利问题，每年有数十亿动物被杀害或遭受直接（例如牲畜屠宰、海鲜捕捞）或间接（例如捕捞副渔货物，由于栖息地破坏而造成的野生动植物减少）伤害[30, 31]。2012 年，联合国粮食及农业组织（FAO）预测，到 2050 年，全球肉类需求将达到 4.55 亿吨（比 2005 年增长 76%）[1]。而目前全球粮食供应及畜禽饲养已经趋于饱和状态，这预示着，在未来的几十年中，随着人口增加，粮食和动物蛋白的生产将无法满足全球人类的基本需求[32]。这一结果表明，未来传统粮食生产及肉类供应方法将面临重大的不确定性和需求危机。

1.4.1　受技术限制的优质大宗动物依赖进口的挑战难以突破

　　由于畜禽相关养殖技术及科技水平存在差异，欧美国家在畜禽品种的技术水平明显高于国内技术，导致国内目前优质种畜禽严重依赖进口，通过国外优质品种与国内地方品种杂交获得杂交优势，但传统育种周期较长，加上欧美国家垄断行为，尽管国内现在加大科研技术投入，突破了部分领域的垄断行为，但随着人口增加和经济提高，肉类蛋白依赖进口越来越严重，如图 1.1.11 所示：2019 年我国肉类进口量（617.8 万吨）是 2014 年（244.2 万吨）的 2.5 倍，而出口量却在逐年降低，2020 年我国肉类出口 31.0 万吨，同比降低 12.2%，进口 991.0 万吨，同比上升 60.4%，肉类贸易逆差 960.0 万吨，系列数据表明我国仍存在肉类供应偏紧的局面。

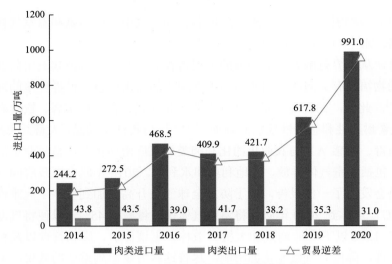

图 1.1.11　2014～2020 年我国肉类进出口量

数据来源：中华人民共和国海关总署

　　作为猪肉消费大国，我国猪肉进口数量近年呈持续上升趋势，以 2014～2020 年为例（图 1.1.12），我国的猪肉进出口比例严重失衡，且猪肉进口量快速增加，2020 年我国进口猪肉 439.0 万吨，较 2014 年增长 6.8 倍。

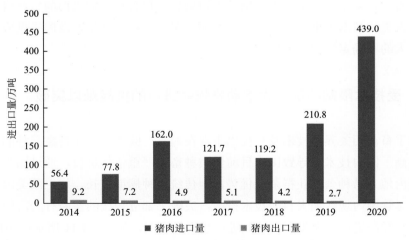

图 1.1.12　2014～2020 年我国猪肉进出口量

数据来源：中华人民共和国海关总署

　　同时国内猪存出栏量统计结果可以看出（图 1.1.13），从 2012 年开始到 2018 年肉猪出栏量、期末存栏量、能繁母猪存栏量均呈现平稳下降趋势。尤其从 2019 年非洲猪瘟和新冠肺炎爆发引发的猪肉产量和消费量骤减，导致猪期末存栏量、能繁母猪存栏量大幅度降低。这一结果将导致后疫情时代或疫情过后猪肉产量低和消费量骤增的矛盾更为突出，而我国的猪肉进口量还会持续增加，进一步加剧了传统肉类生产方式供应生产源头面临的不确定性。

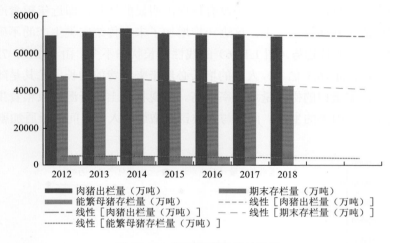

图 1.1.13 猪存出栏量统计结果

数据来源：中国统计学年鉴

1.4.2 受全球粮食和环境限制的畜禽饲料供应及环境污染的不确定性

全球粮食安全与粮食生产和消费的可持续性很大程度上取决于如何平衡畜牧业生产和动物源食品的消费[33, 34]。牲畜生产系统大比例占用了世界主要资源，例如土地和水（约占 3%～5%），并且导致 CO_2 为主源的温室气体（GHG）和 NH_3（空气中）以及氮和磷（地表水源中）的排放[35]。联合国粮食及农业组织、荷兰环境评估局等对不同牲畜生产系统的生物量使用，饲料转化率和生产率进行了系统的量化[36]。近年来随着科技进步，一些国家的畜牧生产方式也在不断优化，通过提高单位面积动物的饲喂效率，从其他农场和国家进口饲料，加强对畜禽粪便处理能力减少饲养土地，已为节省大量土地资源和减少排放温室气体做出了贡献。然而，由于畜牧业生产的总体影响较大，其他研究强调不同农场之间在生产效率和环境绩效以及改进范围方面存在着巨大的差异[24]。尽管通过提高生产水平和农场饲料和动物生产的效率[34, 37]，但对粮食、土地、水资源等的依赖依旧是影响环境和能源的重要指标[38]。从近几年数据看，农业用地及耕地面积近年变化不大，并且受温室效应影响，整个陆地面积甚至在减少，全球粮食产量相对稳定（图 1.1.14），并且在科技水平提高的基础上，相对产量有所提高，但受土地资源限制，产量增速有限。尽管科技水平的提升使得有限的土地资源和粮食产量生产的肉类资源随之提升，但就目前来看，科技、方法等对肉类生产的提升已经达到瓶颈期，近年的大宗动物存栏量变化趋势（图 1.1.15）与粮食总产量（图 1.1.14）表现一致，甚至相对于粮食总产量，大宗动物产量没有体现出明显的增长，即近年粮食产量的增长没有相应流入到动物生产中，这进一步增加了未来传统肉类生产的不确定性。而相反的，人口增长趋势（图 1.1.16）的线性增长状态不变，由 2014 年 72.6 亿人增长到 2018 年的 76.3 亿人，人口的增长必然带来消费的增长，尤其是随着经济发展人类对肉类蛋白的摄入量增长率更高。而现状是土地资源约束粮食生产，进一步限制了传统肉类的生产，同时与人类日益增加的人口之间的矛盾加剧。

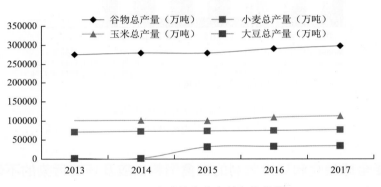

图 1.1.14　全球粮食总产量变化趋势

数据来源：FAO 数据库

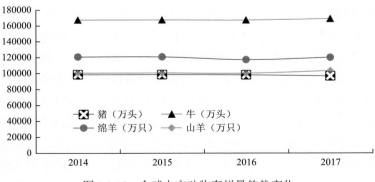

图 1.1.15　全球大宗动物存栏量趋势变化

数据来源：FAO 数据库

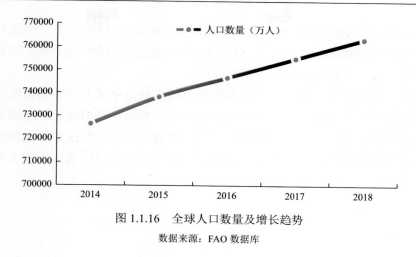

图 1.1.16　全球人口数量及增长趋势

数据来源：FAO 数据库

1.4.3　受传染性疾病限制的畜禽供应不稳定性越来越大

动物疾病直接或间接地对人类健康和社会经济产生影响，并且依据疾病不同其影响范围及程度也从局部到全球不等[39]。尤其是当前动物疾病由于覆盖之广，对经济的影响越来越难以量化，但这些影响无疑是巨大的，在英国，2002 年因口蹄疫造成的损失高达 10 亿美元[40]，该疫情成为历史上最严重的动物传染病灾难之一。最近几十年，由于药物和疫苗使用效果的改善以及诊断技术和服务的改进，牲畜疾病的负担普遍减少；但是受环境等不确定因素影响，新的疾病不断出现，例如 H5N1 禽流感等引起的全球范围人畜共患病的担忧的案例。尤其是 2019 年底爆发的新型冠状病毒肺炎（COVID-19）快速席卷全球，到目前已经传染了全球人口的 5%，并导致大量的人口死亡及经济衰退，引起了涉及全球经济、政治、人口、环境的等诸多方面的不确定性[41]。此外，旅行、移民和贸易都将进一步促进传染源及传播途径。未来，人畜传染病的威胁，将继续多元化和多态化，在面对出乎意料的传染性疾病时将需要更为灵活和针对性的应对办法[42]。外来物种的贸易以及大规模的工业生产系统可能会引起越来越多的关注，尤其是疾病在动物之间和长距离传播[43]。从长远来看，气候变化可能会进一步影响未来疾病变化的趋势。对于某些媒介传播的疾病，例如疟疾、锥虫病和蓝舌病，气候变化可能会改变这些疾病的传播速度和传播途径。Van Dijk 等已经发现证据表明[44]，气候变化，尤其是高温，已经改变了英国地方性蠕虫的总体丰度、季节性和空间分布。这对绵羊和牛养殖业具有明显的影响，并导致了对改善家畜寄生虫病的诊断和早期发现的需求，同时大大提高了对常见疾病模式的认识和应对能力。未来的传染病状况将不同于现在[45]，将反映出许多变化，包括气候易变性和气候变化，人口变化以及传染病防治技术的更新换代。但是，这些变化是无法进行预测或估计的，这对于传统畜禽生产造成了更多的不确定性。

　　总而言之，传统畜牧业在当前形势中已经凸显出了诸多的不确定性，并且这些不确定性在未来将不断呈现出更多的弊端。当前耕地的使用，全球范围粮食总产量不足，环境恶化，人口增长等诸多因素均限制了传统畜牧业的发展，并且更将带来诸多的无法预测的不确定性，这一结果或许将成为未来人类发展的主要矛盾。

第 2 章　生物培育肉的发展历程

2.1　生物培育肉概念的提出和发展

2.1.1　生物培育肉的定义

生物培育肉是以细胞生物学为基础，根据肌肉组织的生长发育及损伤修复机理，利用体外培养动物细胞的方式，通过干细胞大量增殖、定向诱导分化形成肌纤维、脂肪等构成肌肉组织的细胞类型，再经过收集、食品化处理等工序生产可食用的肉类食品。生物培育肉不需要经过动物饲养，直接用细胞工厂生产肉类，是一种持续为人类供应真实动物蛋白的新型动物源食品，被认为是最有可能解决未来人类肉品生产和消费问题的食物。

2.1.2　生物培育肉的起源和发展历程

早在 20 世纪初期，就有学者提出了不通过屠宰牲畜来获得可食用肉的设想。1931 年，丘吉尔在他的《思想与冒险》中写道："50 年以后，我们将不会为了吃鸡胸肉或鸡翅而把整只鸡养大，而是在适当的培养基下分别培养这些组织。"这可以算作是生物培育肉的雏形，但对于当时的科学发展和技术手段而言，生物培育肉仅仅是一种对未来的幻想和憧憬。20 世纪 60 年代随着科技的不断发展，干细胞分离和鉴定、体外培养以及组织工程的研究不断深入，相关技术手段也趋于成熟，使得体外产生骨骼肌肉、软骨、脂肪等组织成为可能。随后在 20 世纪 90 年代，医学领域中有学者开始研究利用骨骼肌肉干细胞（又称肌卫星细胞）结合多种新型材料制造"仿生人工肌肉"，在航空航天、仿生机器人以及生物医疗等领域都具有重要的应用价值。"仿生人工肌肉"中的肌肉细胞被认为是一种有价值的动物蛋白来源，但在其制造效率以及功能发挥方面仍有待进一步研究。

真正开始研究动物生物培育肉，是在 21 世纪的初期。2002 年，美国国家航空航天局（NASA）的研究员进行了火鸡肌肉细胞的培养研究，他们在火鸡中提取肌肉细胞，并培养于含有牛血清的细胞培养基中，得到了条形的火鸡肉。不久后，NASA 资助开展鱼源培育肉的研究，培育出第一块可食用的生物培育鱼片，并对其培养基组成和生物反应器设计进行了深入的研究。2004 年，美国成立 New Harvest 研究机构，着重研究利用细胞工厂生产动物产品（生物培育肉、人造奶、人造蛋等）。2013 年，荷兰科学家 Mark Post 教授通过六年的研究终于推出世界首例生物培育肉产品，并将其制作成世界上第一个生物培育牛肉汉堡，该汉堡由 10000 多条单独的肌纤维组合而成，并且单个汉堡造价接近 33 万美元。虽然成本高昂，但生物培育肉这项技术的成功引起了各界人士的关注。此后，众多以开发生物培育肉产品为目的的公司成立并获得融资，如美国的 Memohis Meat 公司、荷兰的 Mosa Meat 公司等。2019 年，北京首农集团投资 2000 万元，设立科研专项资助中国肉类食品综合研究中心开展生物培育肉研究并于 2020 年进行成果鉴定，现场品尝 100 克猪源培育肉排产品和鸽源培育肉汤。2020 年以色列生物培育肉食品科技创企 Future Meat Technologies 宣布已将生物培育鸡肉的价格降到了每百克 6.64 美元。2020 年 12 月，新加坡批准美国初创企业 Eat Just 公司在新加坡出售实验室培养的鸡肉，成为全球第一个批准出售生物培育肉的国家。

2.1.3　生物培育肉的优势

如今经济飞速发展，社会需求转变加快，饮食的健康、卫生、美味、营养等方面越来越受到人们的重视。肉类消费是健康饮食的重要组成部分，这是社会需要也是社会发展的指标之一。根据 WHO 和相关研究人员的计算，2014 年全球人口已经达到 70 亿，预计到 2050 年将达到 91 亿。随着社会发展和国家经济实力的提升，人们对肉类的需求也逐渐增大，从 2000 年全球肉类总产量 2.28 亿吨增加至 2014 年 3.07 亿吨，预计 2050 年全球的年均肉类需求将激增至 4.55 亿吨，是 2000 年的一倍（图 1.2.1）。在我国，近年来肉类农产品的供求也出现了严重的不平衡。据海关数据显示，2020 年我国肉类进口量为 991 万吨，较 2019 年增长 60.4%。

与此同时，依赖传统农业的肉类生产方式与资源环境之间的矛盾日益突出。禽畜饲养需要消耗大量的水、土地等资源，并排放大量温室气体，对环境造成污染，同时还存在着动物伦理和公共健康等问题。根据联合国粮食及农业组织（FAO）在 2006 年的报告，生产 1kg 牛肉需要 1.55 万 L 的水，约 40m^2 的土地，并产生 300kg 二氧化碳当量（图 1.2.2）。在全球范围内，三分之一的可用土地用于农业，其中绝大多数被用作畜牧业牧场。目前农作物总产量的 30% 用于饲养动物，但由于饲料转化率低，导致生态链物质转化效率非常低。此外，动物疫病如"非洲猪瘟""禽流感""疯牛病"等的广泛流行也给禽畜饲养增加了极大的难度。因此，在肉类食品的安全性保障方面需要投入大量的人力、物力、财力，使得传统肉类的生产成本大幅增加。因此，迫切需要更高效、环境友好的生产系统，以满足未来全球的肉类供给需求。

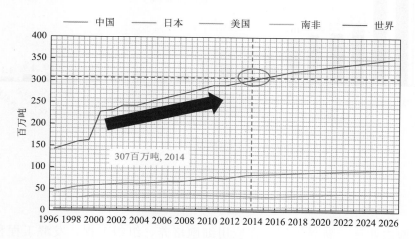

图 1.2.1　全球肉类消费量统计

数据来源：FAO 数据库

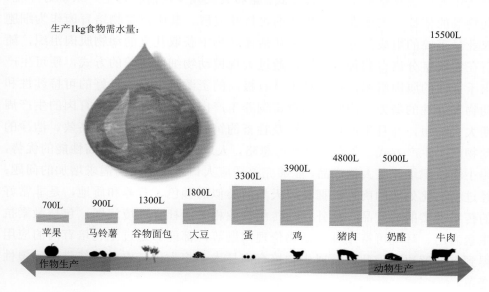

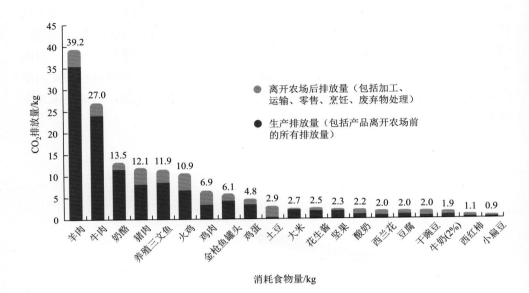

图 1.2.2　畜禽饲养的资源消耗量及 CO_2 排放量

数据来源：FAO 数据库

　　细胞农业这一新兴领域旨在应用细胞培养、组织工程、发酵工程和其他生物技术手段来生产肉类、蛋类和奶制品等传统上从动物身上获得的产品。使之作为传统农业系统的替代模式，能够大大减少当前牲畜生产系统对环境、动物等的依赖，实现农产品生产的可持续发展。其中，生物培育肉作为细胞农业最重要的组成部分，只需要从活体动物中获取几克的动物肌肉组织，随后在实验室分离得到种子细胞，通过大规模动物细胞培养的方式，便可生产出千克级的肌肉组织，这一技术具有极高的资源转化率、良好的可持续性和动物友好性的潜力。同时，与禽畜饲养生产肉类相比，生物培育肉的生产周期大大缩短，并且生产过程不涉及牲畜的饲喂和宰杀，是一种高效、洁净的动物肉类生产方式。还有一点不可忽略，人造肉具有高产量、高性能的优势，用小块组织培养出大量产品，能够完美适应人口增长带来的需求增加的问题；经过食品化处理的肉可以拥有跟天然肉类似的颜色、营养和质地，是非常好的传统肉类的替代品。此外，与传统农业相关的社会环境问题，包括激素抗生素滥用、环境可持续性、动物伦理问题等，都能够通过生物培育肉的应用得到有效解决。因此，发展生物培育肉技术必将为传统农业系统带来颠覆性变革。

2.2　生物培育肉的主要进展大事件

2.2.1　生物培育肉概念的提出

　　1897 年，科幻作家拉斯维兹在《双星记》中首次提出了人造肉的概念，在书中这是一种火星人吃的食物。1931 年，丘吉尔在《思想与冒险》中，一篇题为《五十年后》的文章中就提出了人类食用"体外肉"的想法。他宣称，未来的实验室里应该培育动物身体的不同部件，以"改变养整鸡却只吃胸部和翅膀的荒谬行为"。不过，早在两年前，作家、保守派政治家 Frederick Edwin Smith 就预言了体外饲养肉类的想法。Smith 预言："再也没有必要为了吃牛排而花大力气养公牛了。选择嫩度的'父母'牛排，它可以长得尽可能大，尽可能多汁"[46]。1943 年，法国科幻作家 Rene Barjavel 小说《毁灭》中描述了餐馆里的体外肉类生产。

　　1912 年，Alexis Carrel 在培养皿中设法让一块小鸡胚胎心肌存活并跳动，肌肉组织明显增长。荷兰的 Willem Van Eelen 早在 20 世纪 50 年代初就有了利用组织培养技术生产生物培育肉的想法，是这方面最早的研究者之一。1999 年他申请到了利用体外培养动物细胞生产肉类的技术专利，又花了 5 年时间说服荷兰政府资助他的研究：寻找细胞产肉最有效的培养基，研究肌肉分化原理，以及干细胞繁殖的问题。然而，4 年后经费用完，加上政府担心产品没有市场，项目不了了之。2002 年，SymbioticA 采集了青蛙的肌肉活组织切片，并使这些组织存活并在培养皿中生长[47]。考虑到血清培养基相关的感染风险，其研究是在真菌培养基中维持肌肉组织存活。

2.2.2　生物培育肉的春天

　　培育肉的制造技术出现了很多年，但是进入 21 世纪后，进展飞速，早期主要推动力来自航天领域。

　　将来在以年计的星际航行或者探测月球、登陆火星任务中，食物对于宇航员来说是刚需，地球外养猪短期内当然不现实，于是科学家把方向放在了利用生物工程，在实验室内培养肉；这方面的研究主要的航天大国都在进行。美国宇航局在 2001 年首次对人造肉进行了试验，Ben Jaminson 等在 2002 年在培养皿中培养金鱼（Carassius auratus）的肌肉组织，旨在探索太空飞行或空间站培养动物肌肉蛋白的可能性。培养的生物培育肉，被清洗后，加入橄榄油和香料，覆盖面包屑然后油炸,并测试这些加工过的肉制品,结果显示该产品可以作为食品使用[48]。

2.2.3　人类第一次品尝到生物培育肉

2011 年底,荷兰科学家 Mark Post 将牛身上提取的干细胞放进营养液中培育出长 2.5cm、宽 1cm、薄的近乎透明的肉片,这是全球首次成功培育出人造肉。但是肉片没有血色,比较像扇贝,味道也欠佳。2013 年,该实验室把制造的约 3000 片肉片堆在一起,造出了全球第一块生物培育肉汉堡。这个汉堡含有 5 盎司(约 142g)的肉饼,肉饼是用实验室培育的价值超过 33 万美元的牛肉制成的。利用从牛肩膀上提取的干细胞,只用了三个月的时间就在实验室培育出了这块牛肉饼。这种人工培养的肉是无色的,更像鸡肉,所以加入一点红甜菜汁和藏红花上色。品鉴小组由荷兰马斯特里赫特大学(Maastricht University)的科学家 Mark Post、《明天的味道》(*The Taste of Tomorrow*)一书的美国作者 Josh Schonwald 和奥地利营养学家 Hanni Rützler 组成。小组成员说,这个汉堡尝起来像传统的汉堡。Mark Post 教授表示,他预计在 10 到 20 年内,人工培养的肉就会进入超市[49]。

2.2.4　最早成立的生物培育肉公司

Mark Post 博士培育出第一块生物培育肉后,同年创立了 Mosa Meat 公司,这是全球最早的生物培育肉公司,也开创了生物培育肉行业[49]。

2.2.5　投资金额最多的公司

直到 2015 年,这个领域才从学术实验室发展成为商业领域。生物培育肉领域获得第一笔投资是 Memphis Meats(后改为 Upside Foods),2015 年从 IndieBio 获得了种子前融资。2017 年,公司获得了 1700 万美元的投资。该投资由风投公司 DFJ 领投,该公司此前也投资了特斯拉、SpaceX 和 Skype。美国最大的私营公司和肉类领先的生产商嘉吉 Cargill 以及部分其他食品公司也参与了投资,同样跟投的还有比尔·盖茨和英国维珍集团董事长 Richard Branson。2020 年 1 月,该公司在新一轮融资中又筹集了 1.86 亿美元,最新一轮的融资由软银集团,Norwest 和淡马锡(Temasek)牵头,这使公司的总资金超过 2 亿美元,成为目前融资力度最大的公司[52]。这一突破标志着基于细胞的肉类行业历史上最大的融资时刻，并有望使孟菲斯肉类公司达到将其产品推向消费者的历史性里程碑[50]。

　　Upside Foods 是一家发展生物培育肉的企业，成立于 2015 年，创始人为心脏病学家 μma Valeti，干细胞研究员 Nicholas Genovese，以及组织工程师 Will Clem。Upside Foods 旨在以生物培育肉技术迎合市场大量的肉类消费需求，并实现对环境的保护。该公司研制出了全球首个人造牛肉丸及鸡肉。2016 年 2 月，该公司成功研制出了人造牛肉，当时成本约为每磅 18000 美元（40000 美元/kg）。2017 年 3 月，Upside Foods 研制出了人工鸡肉和鸭肉，成本降低到每磅不到 9000 美元（20000 美元/kg），但相比自然肉类的价格依旧无比高昂[51]。

2.2.6　第一个批准出售生物培育肉的国家

　　2020 年 12 月 2 日新加坡批准美国初创企业 Eat Just 公司在新加坡出售实验室培养的鸡肉，成为全球第一个批准出售实验室培育肉的国家。图 1.2.3 所示鸡肉由鸡细胞培养而成。Eat Just 公司说，根据新加坡食品局的规定，公司的"人造鸡肉"产品可用作鸡米花原料。Eat Just 成立于 2011 年，其支持者包括李嘉诚和新加坡投资机构淡马锡。Eat Just 公司在新加坡和美国加利福尼亚州都有制造中心，但仅在新加坡获准销售。"人造鸡肉"将首先登上新加坡一家饭店的餐桌，计划进入新加坡更多餐饮和零售实体[53]。

　　新加坡 94%的食品都需要进口，与美国等盈余国家相比，优质农产品更难获得。为了解决这个问题，新加坡政府成立了一个食品创新研究所，并划拨超过 1 亿美元用于支持食品研究项目，涉及都市农业、"人造肉"和微生物蛋白质等。计划到 2030 年能自给自足超过 30%的食品需求[54]。

图 1.2.3　Eat Just 公司的鸡源生物培育肉样品

图片来源：Eat Just

2.2.7 第一个生物培育肉研究中心

科学研究将加速对生物培育肉的产业转化，并通过共享资源（如细胞系等）消除产业壁垒。2019 年，印度投资 64 万美元启动了世界上第一个于生物培育肉研究中心，这是由非营利组织 GFI（Good Food Institute）和印度孟买化学技术研究所促成的合作[55]。该中心将购进先进的细胞培养设备，并在细胞农业的各个技术领域提供研究奖学金，包括细胞培养基、细胞系分离、支架和反应器设计[56]。

2.2.8 最早采取监管措施的国家

美国食品药品监督管理局（FDA）将监督生物培育肉生产的早期阶段，美国农业部（USDA）将监督后期阶段。具体来说，食品药品监督管理局将监督细胞收集、细胞库、细胞增殖和分化，包括检查细胞库和培养设施，以确保符合法规。美国农业部将检查收获和收获后的设施，批准生物培育肉的标签，并通过检查验证这些标签的适用性。此外，美国食品药品监督管理局和美国农业部成立了三个跨部门工作小组，重点关注培育肉的上市前审查、收获和检查以及标签。

最初，2018 年美国众议院开支法案计划将生物培育肉划归 USDA 监管，然而这诱发了激烈的辩论，反对意见包括对 USDA 管理能力的质疑或对额外监管法规的顾虑。同年 7 月，FDA 单独就该议题召开听证会并声明："根据联邦食品、药物和化妆品法，FDA 对'食品'有管辖权，包括'用于食品的物品'和'用于此类物品成分的物品'，因此，用于动物细胞培养的物质和将用于食品的产品本身受 FDA 的管辖"[57]。USDA 则就此回应：根据联邦法律，肉类和家禽的监管是 USDA 的职权范围，因此我们希望任何以"肉类"名义销售的产品都应由 USDA 负责，我们期待着与 FDA 合作，让公众参与到这个问题中来[57]。从上述的材料中可以清楚地看到，无论是 USDA 还是 FDA 都尝试获得对生物培育肉监管的主导权，但从技术层面分析又无法由一家独立承担，因此，由 USDA 与 FDA 共同承担生物培育肉的监管将是最优的选择。10 月 23～24 日，FDA 与 USDA 联合召开了听证会，向公众再次介绍并征求公众对利用细胞培养技术生产畜禽生物培育肉的建议和意见，美国对生物培育肉的监管最终确定由 FDA 和 USDA 共同监管。同时，该次会议基于目前的技术水平对生物培育肉的监管技术路线进行了明确划分[58]，奠定了美国对生物培育肉的监管技术框架[59]。11 月 16 日，USDA 部长 Perdue 和 FDA 专员 Gottlieb 就利用畜类和家禽细胞生产生物培育肉的监管问题发表联合声明，FDA 将负责管理细胞在试验室阶段的整个生产过程，USDA 则负责监督细胞的获取与最后的食品化和标签标识环节。2019 年 3 月，FDA 与 USDA 下属的食品安全检验局（Food Safety and Inspection Service，FSIS）正式签署针对生物培育肉的联合监管文件，但是有关检查和贴标签过程的监管细节仍需由相应机构制定[60]。12 月 16 日，美国参议员 Michael B. Enzi 已开始启动对该联合监管的立法程序，为推动联合监管机构管辖使用动物细胞培养技术生产人类食品提供法律依据[61]。

2.2.9　第一个把生物培育肉列入法规的地区

在欧盟生物培育肉不会被视为现有的某种食品的附属种类，而被授权为欧洲一级的新型食品。2015 年，欧盟修订后的《新食品原料法规》（No2015/2283）明确规定，由细胞培养物或源自动物的组织培养物产生的食物都将被视作一种新型食品[62]。欧盟关于新食品的新规定，从 2018 年 1 月起生效。

按照目前欧盟对新食品原料的定义主要包括了以下四大类：①由动物、植物、微生物、真菌、藻类及矿物来源组成、分离和生产的食品；②由细胞培养物和组织培养物组成、分离以及生产的食品；③新工艺和新结构的食品（包括纳米食品和进行了分子修饰、具有新的分子结构的食品，以及采用新工艺生产，改变了原有成分和结构的食品、维生素、矿物质等）；④食品补充剂作为普通食品。对于符合新食品原料定义和范围的生物培育肉食品，申请人需要向欧盟委员会递交申请材料。欧盟委员会（European Commission，EC）在核实申请材料的有效性后 1 个月内可以要求欧洲食品安全局（European Food Safety Authority，EFSA）提供评估意见。

在 EFSA 发布评估结论 7 个月内，EC 应向食品常务委员会提交批准新食品原料及列入列表的实施方案。若欧盟委员会没有要求 EFSA 进行评估，则 EC 在接收到有效申请材料后的 7 个月内发布新食品原料申请的处理结果。

2.2.10　第一个出台生物培育肉安全评估标准的国家

2020 年 11 月 23 日新加坡出台新食品安全评估要求，其中关于生物培育肉有了明确的定义和安全评估标准。生物培育肉指的是来源于动物细胞培养的肉。生物培育肉的生产过程包括：在生物反应容器中培养特定的动物细胞系或干细胞系，细胞在合适的培养基中生长，然后再在支架材料上生成类似于肌肉组织的产品。

安全评估生物培育肉需要以下的信息。

（1）对于生物培育肉全生产流程的描述。

（2）生物培育肉产品的表征，包括营养成分、与文献相比的生长因子残留水平。

（3）相关细胞系的使用信息包括：a）细胞系的确认和来源，b）选择和筛选细胞的方法描述，c）细胞系从动物组织中提取后的处理和存储信息，d）细胞系修改或驯化的描述。

（4）培养基相关的信息包括：a）培养基的组分，包括所有添加物的成分和纯度。申报企业应该标明培养基中所添加的每一种物质是否符合联合的推荐性规范。b）阐明培养基在终产品中的残留水平或是否完全去除，如果培养基被完全去掉，申报企业应该提供能表明培养基被完全去除的证明信息。

（5）如果在生物培育肉生产工艺中用到了支架材料，申报企业应提供支架材料的种类和纯度。

（6）关于生物培育肉生产过程中如何确保细胞在培养过程中的纯度和基因稳定性的相关信息：如果细胞在培养前后发生了基因的改变，申报企业应该阐明所发生的基因改变是否会导致食品安全风险（比如代谢产物的上调）。

（7）安全评估应该包括生物培育肉生产过程中可能产生的全部有害物质。

（8）其他能够支撑生物培育肉安全性的相关研究，如消化率分析、过敏原分析、基因测序等[63]。

第3章 国外生物培育肉产业的发展现状及趋势

3.1 产业发展现状和趋势

2013 年起，随着生物培育肉概念的不断成熟，全球陆续成立了数量众多的生物培育肉相关初创企业。截至 2020 年底，全球共有 89 家公司生产生物培育肉或为其产业链中的生产商提供服务，这些企业分布于全球 23 个主要的经济体，其中仅 2019～2020 两年间全球就有 48 家企业涉足该领域，占总量的 54%，如图 1.3.1 （a）所示。另外，全球还有众多的非营利组织积极推动生物培育肉产业的发展，如 The Good Food Institute 和 New Harvest 等，这些反映出全球生物培育肉市场具有良好的发展势头并被广泛看好。美国、欧盟、以色列、日本和新加坡等国家或地区均从国家战略层面将生物培育肉定性为未来食品的重要研究领域并投入了大量资源开展研究，已经出现了一批代表性的头部企业及产品（表 1.3.1）[64]。

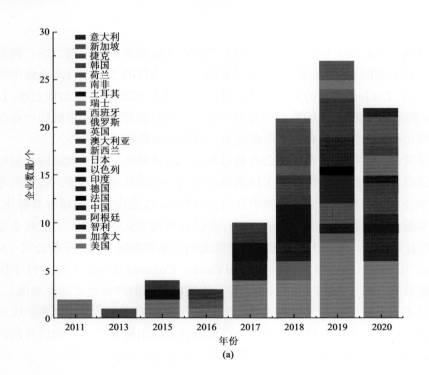

(a)

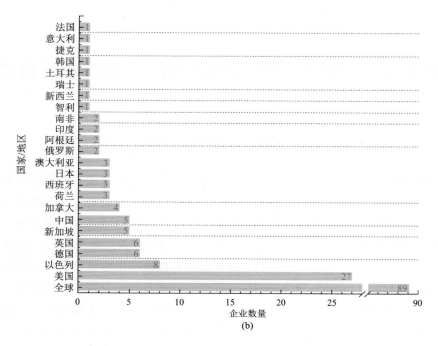

图 1.3.1　全球生物培育肉公司的基本概况总结[5, 65]

统计截至 2020 年 12 月

从图 1.3.1（b）可以看出，美国是全球最活跃的生物培育肉市场，拥有的企业数量占全部的 1/3。从表 1.3.1 可以看到全球代表性的生物培育肉企业中美国有 3 家，其中 Eat Just 公司的鸡源生物培育肉产品已于 2020 年在新加坡上市，Upside Foods 和 BlueNalu 公司的生物培育肉产品正在等待监管部门的审批和产业化，这些反映出美国的生物培育肉产业在技术、规模方面均有明显优势。

尽管每个生物培育肉初创公司都以不同的方式解决某些技术障碍，但每个公司都面临着过于庞大的挑战，无法借助精简的初创团队单独解决。较小的专业生命科学公司也已开始与细胞生物培育肉公司合作，以提供定制的培养基解决方案，细胞和蛋白质表征技术等。目前，该行业已开始向多元化发展，企业对企业的模式已经开始出现，例如出现了专门生产细胞培养基和细胞生长因子的公司（Multus Media、Heuros、Luyef、Biftek、Future Fields、Cultured Blood 等），专注于提供种子细胞系的公司（Cell Farm Foods）等，生物培育肉的产业链正加速形成。未来，随着技术的不断突破、升级和成熟，生物培育肉相关行业的专业化水平也将会越来越高、产业分工也将越来越精细，产业链也将越来越完善，生物培育肉的生产成本也将随之大幅度降低，生物培育肉的工业化生产也将实现[65]。

表 1.3.1　全球部分代表性生物培育肉相关初创企业基本概况统计表[65, 66]

公司名词	代表产品	国别	公司业务及特色之处
Mosa Meat	牛肉	荷兰	2013 年成立，创立时间最早，目前已获 B 轮融资*
Upside Foods（Memphis Meats）	鸡肉	美国	融资金额最多，目前已获 B 轮融资
Eat Just	鸡肉	美国	在新加坡获批全球首例生物培育肉上市许可
Super Meat	鸡肉	以色列	建立了全球首个生物培育肉概念餐厅
Aleph Farms	牛肉	以色列	研发全球第一块具有类肌肉质地的牛源生物培育肉排，并首次在国际空间站进行试制
BlueNalu	鱼肉	美国	在水产生物培育肉领域获得最多融资
Higher Steaks	猪肉	英国	开发了由动物细胞、植物蛋白和脂肪结合的生物培育肉品

*虽然 Eat Just 和 Modern Meadow 公司成立于 2011 年，但当时并未涉及生物培育肉相关产业

3.2　资本投入现状和趋势

基于巨大的市场化前景，生物培育肉吸引了投资者的极大关注。自 2016 年 2 月，Upside Foods 公司完成 275 万美元种子轮融资以来，截至 2020 年底，生物培育肉相关公司获得了超过 4.9 亿美元的直接资本投资，其中 2020 年全球该行业得到的资本投资总额几乎是前 5 年投资总额的 3 倍（图 1.3.2），Upside Foods 和 Mosa

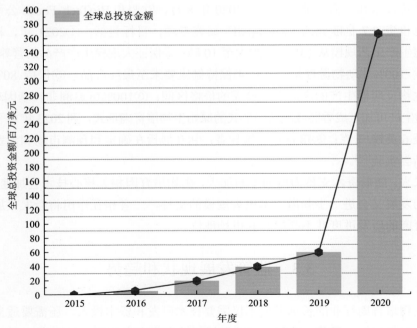

图 1.3.2　全球每年生物培育肉公司获得投资金额[66]

统计截至 2020 年 12 月

Meat 公司分别获得了 1.86 亿美元和 0.75 亿美元的 B 轮融资。除了常见的畜禽源性生物培育肉产品外，水产品源性的生物培育肉也是此行业的重要内容。2020 年BlueNalu 公司获得了水产生物培育肉开发领域最大一笔 A 轮融资 2000 万美元，总部位于新加坡的 Shiok Meats 公司获得了 1560 万美元的 A 轮融资用于开发虾源生物培育肉产品[64]。这在全球新冠肺炎疫情爆发的背景下更加凸显出资本市场对生物培育肉行业发展前景的看好。

　　另外，全球有多个政府机构也投资生物培育肉行业。印度政府已承诺出资60 万美元用于建立生物培育肉农业卓越中心，新加坡食品局（Singapore Food Agency，SFA）宣布投入用于生物培育肉相关研究的资金约为 1.08 亿美元，日本科学技术厅也已资助 Integriculture 公司开展生物培育肉相关研究，比利时政府已向相关研究机构投资了 360 万欧元，其中 120 万欧元用于 Peace of Meat 公司发展生物培育肉，欧盟委员会已向荷兰的一家生物培育肉初创公司 Meatable 注资了300 万美元。2020 年秋，美国国家科学基金会设立专项（National Science Foundation Office of Integrative Activities Growing Convergence Research Program）出资 355 万美元支持一项旨在为可持续的生物培育肉生产奠定科学和工程基础的基础研究项目，研究内容包括细胞系构建、培养基优化和生产、用于块状肉生产的支架材料研发以及经济技术和生命周期分析[64]。2020 年 8 月，欧盟和 BioTech Foods 公司共同设立总投资 2.7 亿欧元的"Meat4All"研究专项，目标包括：①2021 年，将生物培育肉生产工艺规模从 135 千克扩大至 10 吨；②保证大规模生产产品的营养价值；③开发 100%非动物源性培养基；④保持健康要求至最终产品；⑤保持 80%以上利用生物反应器生产的产品在可接受的价格区间；⑥100%可追溯非转基因动物细胞；⑦生产可加工成香肠或冷切肉形式的原始生物培育肉形式，到 2023 年将平均售价降至 6 英镑/千克；⑧培育行业领导者；⑨开展旨在确定和预测市场和消费者需求的品尝实验[64]。

　　未来，随着资本支持力度的不断加大，生物培育肉相关核心技术会加速突破，技术的发展又会进一步刺激资本更大规模的支持，二者相互作用将会大大加速生物培育肉的研发进度并不断提升其市场地位。

3.3　监管发展现状和趋势

　　生物培育肉行业的长远发展不仅需要技术研发和资本投入，还需要适当的监管体系保驾护航。目前，欧盟、美国和新加坡率先走在前列。2019 年 3 月，美国农业部和食品药品监督管理局宣布已经联合建立了针对生物培育肉的监管体系[67]。

2019 年 3 月 4 日，密西西比州众议院以 117：0 全票通过 2922 号参议院法案，该法案要求修正 1968 年启用至今的密西西比州肉类检验法，从此基于植物蛋白、昆虫蛋白制作的食品和生物培育肉类都不能再用"肉"字宣传[67]。生物培育肉在欧盟的监管已得到确认，2018 年 1 月起生效的《新食品原料法规》（No 1169/2011）明确规定由细胞培养物或源自动物的组织培养物产生的食物都将被视作一种新食品[68]，因此生物培育肉在欧洲不会被视为现有的某种食品的附属种类，而被授权为欧洲的一级新食品。据 SFA 统计数据，新加坡 90%以上的食品依靠进口，因而与其他国家或地区相比，新加坡更加注重依靠现代科技的力量改变其食物长期依赖进口的现状，并制定了到 2030 年营养自给率达到 30%的战略目标，因此为了促进生物培育肉的快速发展新加坡率先制定了针对生物培育肉监管体系，目前新加坡已成为全球首个批准生物培育肉上市的国家[69]。

　　虽然欧盟、美国早已在生物培育肉监管层面进行了顶层设计，新加坡甚至率先公布了一个相对客观的具体监管措施，但仍然还可以看出目前针对生物培育肉的监管是不全面的，欧盟至今尚无一例生物培育肉的上市申请获批，美国仍没有赋予其《联合监管协议》以法律地位。新加坡的监管举措依然是开放的，对于生物培育肉安全性这一核心问题仍在探索中，监管内容仅对细胞的稳定性有相关要求，但对种子细胞的转基因问题、生物培育肉的营养问题、生物培育肉的质量控制等核心问题仍有诸多疑问，需要通过进一步的监管评估和技术发展才能日臻完善。

3.4　技术发展现状和趋势

　　早在 1997 年，MUMMERY 等就提交了工业规模生产人造肉的国际专利申请并获得了美国专利局的授权。该专利涵盖了从细胞分离、培养到成肉的生物培育肉生产全过程，是目前可查的最早关于生物培育肉的清晰概念描述，但在当时囿于技术和成本这一概念并未引发人类的重视[70]。2013 年荷兰马斯特里赫特大学的研究者将这一构想转化为现实的实践点燃了人类尝试改变千百年来肉类生产模式的热情[5]。生物培育肉的快速发展得益于干细胞生物学和组织工程学在医学研究领域的快速发展，目前全球有诸多初创企业或研究机构展示其第一款生物培育肉产品，以色列 Aleph Farms 公司在 2018 年 12 月宣布利用 3D 生物打印的方式制备出全球第一块具有类肌肉质地的培育牛排，2020 年美国 Eat Just 公司的鸡源生物培育肉已开始正式在新加坡上市销售，美国 Upside Foods 公司在 2021 年 5 月份宣布相关鸡源生物培育肉产品正等待监管部门的审查，这说明生物培育肉已经逐渐从实验室中实验样品的生产转向小规模工业化生产阶段，代表着生物培育肉作为食品生产的应用向前迈进了一步[64]。

从技术发展现状看，基于 3D 生物打印或支架材料的细胞三维培养和分化技术研发是目前基础研究的重点。2019 年哈佛大学约翰·保尔森教授报道了一种利用旋转喷射纺丝工艺制成的明胶纳米纤维作为肌肉组织结构支架的细胞外基质的成功尝试[71]；2020 年以色列海法理工学院在 *Nature Food* 杂志撰文提出一种成功利用组织化大豆蛋白作为 3D 工程化的牛肌肉组织支架的制备方法[72]；在无血清培养基研发方面，Mosa Meat 公司宣称已经开发出可用于小规模细胞培养的非动物源性无血清培养基[73]。

从技术发展趋势看，生物培育肉的发展离不开五个核心技术的突破，如图 1.3.3 所示。在细胞资源库构建方面，状态稳定的肌肉细胞前体细胞、脂肪细胞前体细胞等的提取、鉴定和保存方法将是发展的重点；在无血清培养基研发方面，非动物源性的高效无血清培养基的开发将是该领域研究的重点，具体包括水解蛋白的利用、关键生长因子的筛选和表达等；在支架材料研发方面，具有良好

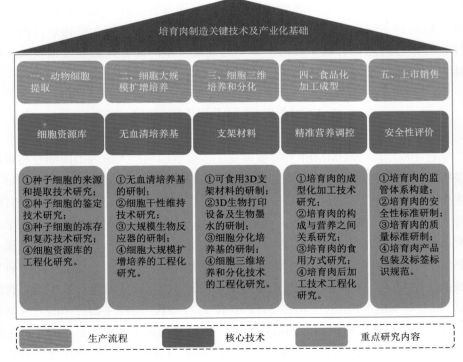

图 1.3.3　生物培育肉制造技术概况及产业化基础

生物相容性、低成本、可食用、非动物源性支架材料将是发展的重点方向；在精准营养调控方面，通过人为调控生物培育肉的组织构成控制生物培育肉的营养成分比例和食用口感将是发展的重点；在安全性评价方面，开发可靠的、有针对性的生物培育肉安全评价体系将是发展的重点。

　　全球范围内，生物培育肉的研发均处于起步阶段，虽然利用现有技术能够培养出一块生物培育肉，但培养规模小、成本高，并且还无法形成类似动物肉的大块组织结构。此外，在动物干细胞的高效获取、干细胞体外增殖和干性维持、成肌诱导分化、肌纤维收集以及食品化处理等方面仍然存在着许多技术难题。具体来说：①在种子细胞的获取方面，不同类型的动物干细胞，如胚胎干细胞、诱导多能干细胞、间充质干细胞、肌肉干细胞等，都具有增殖并分化成为肌纤维或脂肪的潜能，目前技术已实现从猪、牛、鸡等动物中分离获得高纯度的肌肉干细胞，但对于全能性更高的胚胎干细胞系的建立，仍然面临着较多挑战。②动物干细胞的体外大量增殖是生物培育肉生产的核心，由于体外培养无法真正模拟体内干细胞的生存环境，细胞在长期培养过程中会出现增殖能力减弱、细胞衰老、蛋白质稳态失衡等一系列问题，因此需要针对上述问题对干细胞发育机理进行深入研究，发展能够促进干细胞保持干性条件下大量增殖的培养体系，提升干细胞的数量。③干细胞通常在含有动物血清（10%～20%）的培养基中进行培养，但血清成本高昂且成分尚未明确、批次间差异大，不利于生物培育肉的工业化生产和质量控制，因此需要针对具体动物干细胞类型开发化学成分明确的无血清、无抗生素、无对人体健康有害物质的培养基。④实验室规模的细胞培养是无法满足生物培育肉的工业化生产需求的，需要针对动物肌肉干细胞或其他干细胞类型的特性（如细胞形态、尺寸、大小等），设计开发特异的生物反应器，有利于提高细胞培养的密度、扩大培养规模，并降低生产成本。⑤利用现有的技术虽然能够培养出具有一定组织的生物培育肉，但其与传统肉制品仍有较大的差别，肉品的构成除肌细胞外，还存在神经、血液、结缔组织和脂肪细胞等成分，但目前生物培育肉中缺乏这些细胞成分或者存在比例极低，使得其颜色、结构、质地、口感等方面都有所欠缺。因此，需要针对其他类型细胞的体外培养进行研究，并且通过 3D 生物打印等方式将多种细胞类型整合，再经过食品化加工处理，模拟真实的肉品。

第 4 章　我国生物培育肉产业的基本状况

4.1　产业发展概况

近年来，随着国家的重视和技术的不断成熟，国内的众多高校、研究机构或企业纷纷介入开展生物培育肉相关研究，相关领域的论文发表呈快速增长趋势；同时，从 2019 年起我国的相关企业或研究机构在该领域也获得了多次资金支持（表 1.4.1），这既反映了市场对于该行业未来发展前景的积极态度，也大大加快了我国在该领域的发展速度。

表 1.4.1　我国从事生物培育肉相关企业或研究机构概况统计表

名称	标志	地点	主营业务	融资时间/年	融资金额/万元
中国肉类食品综合研究中心	CMRC	北京	食品科学研究专用设备开发	2019	2000
南京周子未来食品科技有限公司	JOES FUTURE FOOD	南京	食品及生物制品	2020	2000
SiCell	SiCell	上海	培养基	2019	100
Avant Meats	avant MEATS	香港	水产品	具体未披露	具体未披露
CellX	CellX	北京	生物培育肉	2020	数百

注：统计截至 2020 年 12 月

然而，相较于美国、荷兰、以色列、欧盟等在全球生物培育肉产业发展中处于领先地位的国家或地区，我国在生物培育肉相关技术积累、研发投入、市场参与度、政府关注度等方面仍然有相当大的差距。在研发投入方面，2020 年全球相关行业的融资规模达到了 3.66 亿美元，而且正呈快速增长的发展态势，相较之下我国在该方面的投资规模几乎可以忽略不计；在市场参与度方面，全球的参与主体是企业，截至 2020 年 12 月底全球就有 89 家相关从业企业，反观我国的参与主体大部分是从事基础研究的高校或研究机构；另外，在生物培育肉生产所需的产业链以及政府关注度方面，我国也有着不小的差距。

4.2 产业发展面临的挑战

（1）学科间的协同和产学研融合亟需加强。生物培育肉的制造是多学科交叉融合的产物，是人类最高科研技术成果的综合运用，如细胞培养需要生命科学的参与，支架材料需要材料科学的参与，食品化加工需要食品科学的参与，同时，每一个生产阶段又涉及从基础研究到工业化生产的产学研全过程，如从细胞的干性维持研究到细胞的工业级规模扩增。因此，生物培育肉的工业化生产不是一蹴而就的，是在"量"的不断增长和"质"的不断提升基础上实现从医学研究到食品应用的渐进式过渡，产学研之间需要"循环式"反复优化。因此，生物培育肉的工业化生产是一个需要学科间紧密协同和产学研深度融合的系统性工程，如不能打破学科壁垒，做到产学研结合，势必阻碍产业发展。

（2）产业环境有待优化。生物培育肉行业的长远发展既需要在基础研究层面突破诸多核心技术以降低成本、提升口感，同时需要大量社会资源投入支持其规模化生产，因此生物培育肉行业整体呈现出投入大、见效慢、收益难的特点。相较于欧美等对生物培育肉行业的多渠道资金投入，目前国内企业在该领域的投资仍然很少，主要以风险投资为主，而且投入分散，这极大限制了我国在相关基础研究领域开展集中科研攻关的速度、延缓了相关工业化研究领域快速提升生物培育肉生产规模的进度。我国亟需从国家层面集中优势资源对相关的优势科研团队和生产企业进行重点政策和资金支持，以点带面快速推进产业的整体发展速度和规模。

（3）监管框架尚未搭建，法律法规体系尚未布局。目前我国现有的传统食品安全监管体系与美国类似，即农业农村部管理禽畜等的养殖和屠宰过程，国家市场监督管理总局负责流通环节食品安全监督管理。同时，我国也有与欧盟类似的《新食品原料安全性审查管理办法》，其中新食品原料是指在我国无传统食用习惯的以下物品：①动物、植物和微生物；②从动物、植物和微生物中分离的成分；③原有结构发生改变的食品成分；④其他新研制的食品原料。生物培育肉的出现完全突破了上述已有的监管体系边界，既跟人类传统食品有明显不同，又与常见的新食品有本质区别，这极大增加了该类食品的监管难度。合理的监管既是规范生物培育肉行业健康发展的必然举措，又能体现出政府对该行业的积极态度。我国是一个具有 14 亿人口的巨大肉类消费市场，而且有着悠久的饮食文化传统，主动进行生物培育肉相关的安全性、标签标识、监管法规、标准体系等方面的顶层设计对于进一步推动我国生物培育肉行业的健康发展、缩小与先进国家的差距、保护本国的市场等都具有重要的战略意义。

第5章 我国发展生物培育肉产业的战略思考

5.1 我国生物培育肉行业发展的战略目标

坚持四个"面向"指导思想，引领多学科的融合与集成创新，聚焦最前沿的科学与技术成果，重点突破规模增殖及生产成本过高等技术瓶颈问题，实现生物领域与食品产业的协调发展，形成一批具备自主知识产权和市场前景的重大科技成果和技术标准规范，建立具有国际先进水平的生物培育肉的研发体系和生产基地，引领我国新型肉类食品产业向多领域、多梯度、深层次、高技术、智能化、低能耗、全利用、高效益、可持续的方向发展，助推我国进入全球高科技食品强国前列。

5.1.1 总体目标

研制一批生物培育肉生产所需的具有自主知识产权的共性关键技术、前沿引领技术、现代工程技术、颠覆性技术，原始创新能力处于国际领跑地位，使我国成为全球生物培育肉科技创新中心，产业水平达到国际领先。

5.1.2 五年目标（2021～2025年）

构建中等规模的技术体系，形成少数单一产品。实现种子细胞的高效提取、细胞大规模增殖和分化培养工艺、3D培养支架材料研发、关键生长因子开发、食品精准营养等重点方向的局部突破；在种子细胞库建设、无血清培养基研制、干细胞代谢变化规律和关键营养成分刺激机制及食品安全风险检测技术开发等方面形成一批国际领先的研究成果；设计、建设初级规模工业生产线，使生产成本从百万元每千克降低到万元每千克，生产规模提升至百千克级，进一步完善标准化生产体系，为工业化生产线的建设积累工程经验；构建食品安全风险评估技术体系，提出和参与国家相关监管办法的制定；整体技术处于国际领先水平。

5.1.3 第二个五年目标（2026～2030年）

构建大规模的技术体系，产品种类增加，产品风味和口感有了明显的改善。

实现脂肪、成纤维细胞等多种细胞的培养及塑型，在种子细胞大规模生产、3D 培养支架材料规模化研制、无血清培养基工业化生产、辅料的规模化生产、生物反应容器自主研制等领域研制一批具有自主知识产权的共性关键技术、前沿引领技术和颠覆性技术；设计、建设工业化生产线，使生产成本从万元每千克降低到百元每千克，生产规模提升至吨级；建立标准化生产技术体系。

5.1.4　第三个五年目标（2031～2035 年）

构建成熟的工业化规模技术体系，实现产业化，相关配套设备、耗材、试剂的国产化，进一步降低生产成本。研发出更加丰富的产品种类，营养、风味、口感等更能切合人们对肉类的需求。通过基础平台投资建设，研制一批生物培育肉生产所需的具有自主知识产权的共性关键技术和前沿引领技术，使我国成为全球生物培育肉科技创新中心，产业水平达到国际领先。

5.2　我国生物培育肉技术发展需求分析

5.2.1　基础科学研究仍需积累

前沿生命科学、先进材料、核心设备、关键试剂等的发展是生物培育肉科学技术发展的基础，近年来随着细胞工程、组织工程、材料学等的发展，我国在上述诸多方面虽取得了长足进步，然而针对可食用生物培育肉制备工艺中的最优的种子细胞来源、可食用非动物源性支架材料的研制、非动物源性培养基的研发、培育肉的营养学调控等制约生物培育肉工程化发展所需关键技术的研发仍处于起始阶段。

5.2.2　工程技术体系有待开发

生物培育肉工程化发展所需的大规模及超大规模生物反应器的设计、制造和控制技术，适于工业化生产的非动物源性培养基和支架材料生产技术，智能化的生物培育肉工业化生产工艺是目前制约我国生物培育肉产业工程化开发的关键技术。然而，由于我国长期以来在相关领域的研究大部分以科研院所为主，企业在该方面的研究基础和主动投入比较薄弱，这就导致我国在上述领域的工业基础薄弱，被先进国家形成技术垄断。

5.2.3　亟需攻克极限空间生物培育肉的制造技术

近年来，我国的空间站、极地考察站建设取得了长足的发展，在相关极限平台中开展生物培育肉相关的研究对于验证在密闭环境中生物培育肉制备的可行性，为空间站中的航天人员直接供应新鲜肉类食品，为月球基地、火星基地等深空探测项目提供技术支撑均具有重要的战略意义。研究微重力环境对细胞的影响和针对受限空间条件进行培养装置的优化设计，优化微重力条件下干细胞培养和块状组织构建，开发适合太空环境的生物培育肉制造工艺体系是亟需攻克的关键技术。

第 6 章　对　策　建　议

为了加快我国生物培育肉相关产业发展的步伐，预防发达国家在该领域形成技术垄断、保障我国未来的肉品供应，清除严重影响产业发展的主观和客观障碍，完善我国生物培育肉发展的顶层设计，加快创新突破，提出以下政策措施建议。

6.1　建立适应生物培育肉产业发展的法规体系

将生物培育肉定性为新食品原料，依据《新食品原料安全性审查管理办法》进行管理。针对培育肉的生产过程制订标准化指导技术文件，涵盖种子细胞库的管理、细胞的增殖、细胞的分化、细胞的获取、细胞的食品化加工、支架材料、培养基等培育肉的生产全过程。

标识的设置应明确区分生物培育肉和传统肉品，制定符合中国市场的命名规范。通过对培育肉的标签标识进行科学调研和论证，制定既能够客观描述培育肉本质又能够与传统的肉品有明显区分，同时又有良好公众接受度的标签标识管理规范。标签的设置应明确区分生物培育肉和传统肉品，确保消费者的知情权。生物培育肉是人造肉的一种，与传统肉品在生产过程上有本质的区别，在生产成本、营养成分、食用方式等方面也必然有差异，相应监管体系的设置应将生物培育肉与传统肉品进行明确区分标识，避免对消费者产生误导给相关产业发展造成不利影响。

6.2　针对生物培育肉开展系统性安全风险评估

协调政府、企业、科研院所与高校开展针对生物培育肉安全性的创新研究。按照现有食品安全监管法规，由国务院卫生主管部门按照具体的商业化生产流程组织开展相关食品安全风险监测和风险评估，确保生物培育肉的原料、产品和相关技术的安全及预测其中可能存在的安全风险，为具体食品安全监管法规的制定积累研究基础和风险评估资料。

综合考虑技术变革可能带来的新型食品安全问题。生物培育肉的最大创新是革新了人类有史以来的肉品生产模式，即用工厂代替农场进行肉品生产，这可以有效实现生产和加工过程的标准化控制，但在生产过程中也用到了动物干细胞、培养基、支架材料等新技术或新材料，市场监管部门应综合考虑技术变革可能带来的新型食品安全问题。针对生物培育肉的安全性、标签标识等具体方面制定专门法规，综合协调目前已有的监管体系，形成符合我国监管体制的管理体系。

6.3　建立针对生物培育肉产业的监管体系

明晰监管责任，部门合理分工。综合协调国家卫生、市场及农业行政主管部门在相关领域的实践基础，明确划分政府相关部门在培育肉生产各环节的监管主体和职责分工。

以食品安全为前提，建立客观的监管体系。对培育肉生产中使用的新组分、新的生产工艺进行系统性安全评估，在产品的安全性和营养成分评价方面形成一整套独立、客观的监管体系，促进该产业的良性发展。

6.4　加大基础研发投入，构建生物培育肉核心技术体系

国家设立"十四五"科技计划专项，加大基础研究投入力度。以科技计划专项资助的形式培育优势基础科研团队，通过在已有国家自然科学基金项目中增设单独门类，加大对相关研究人员资助力度，培育先进基础科研团队，拓展我国的生物培育肉研究向多学科维度发展，形成完整的产业链基础研究体系。

集中优势资源攻克关键技术，预防发达国家形成技术垄断。在生物培育肉研究方面加强政策引导，将分布于不同学科体系中的生物培育肉制备所需关键技术集中梳理，组织集中优势力量对生物培育肉制备所需的基础科学问题进行集中攻关，快速形成一批具有自主知识产权的生物培育肉制备关键技术。

6.5　扩大投资培育优势企业，推进生物培育肉产业化

将生物培育肉相关产业列入"十四五"战略新兴产业。鼓励研究机构、生产企业积极参与相关研制和生产，通过政策支持引导有研究基础的相关研究机构和生产企业主动开展与生物培育肉工业化相关的设备、试剂、材料、工艺等

的工程化开发，通过扩大投资保证研究机构和生产企业有足够的资金采购相关设备从事与生物培育肉生产相关的工业化尝试，以提升产业创新能力和加速产业化。

给相关生产企业提供融资政策倾斜和资金支持。引导有实力的传统食品生产企业主动投入相关行业的工业化进程，预防整个行业过度依赖风险投资可能带来的不确定风险，多元投入确保生物培育肉行业的健康发展。

6.6 开展公众科普，开发符合中国人营养需求和饮食习惯的特色培育肉产品

多渠道多角度对消费者进行生物培育肉的宣传和调研，提高生物培育肉的公众接受度并获得消费者需求和建议的反馈。

充分考虑中国人的饮食习惯，开发满足国人营养和口感需求的多样化生物培育肉品。根据特殊人群、场景、环境等，开发具有不同特点或功效的产品，提高生物培育肉产品的价值。

参 考 文 献

[1]   Alexandratos N，Bruinsma J. World agriculture towards 2030/2050：the 2012 revision[R]. Rome：Agricultural Development Economics Division Food and Agriculture Organization of the United Nations，2012.

[2]   NATIONS U. World Population Prospects 2019 [EB/OL].（2019）. [2021-3-1]. https://population.un.org/wpp2019/Download/Standard/Mortality/.

[3]   慧讯. 中国居民膳食营养素参考摄入量的制定及应用[J]. 粮油食品科技，2000（06）：2.

[4]   史信. 《中国居民膳食指南（2016）》发布[J]. 2016，27（005）：30.

[5]   王守伟，李石磊，李莹莹，等. 人造肉分类与命名分析及规范建议[J]. 食品科学，2020，41（11）：310-316.

[6]   MEAT ATLAS. Annual report[R] 2014[EB/OL]. [2021-5-6]MEAT ATLAS Facts and figures about the animals we eat，Germany. 2014. https://www.foeeurope.org/sites/default/files/publications/foee_hbf_meatatlas_jan.

[7]   Roser H R A M. Crop Yields [EB/OL].（2021-06）. [2021-7-1]. https://ourworldindata.org/crop-yields.

[8]   GFI. Meat cultivation: embracing the science of nature [EB/OL].（2019）. [2021-3-1]. https://gfi.org/resource/cultivated-meat-nomenclature/.

[9]   Choudhury D，Tseng T W，Swartz E. The business of cultured meat [J]. Trends in Biotechnology 2020，38（6）：573-577.

[10] 王宗礼. 中国畜牧业发展现状及"十四五"发展思考[J]. 中国禽业导刊，2020，37（12）：15-19.

[11] Steinfeld H，Gerber P，Wassenaar T，et al. Livestock's long shadow: environmental issues and options[J]. Livestocks Long Shadow Environmental Issues & Options，2006，16（1）：7.

[12] Datar I，Betti M. Possibilities for an in vitro meat production system[J]. Innovative Food Science & Emerging Technologies，2010，11（1）：13-22.

[13] Steinfeld H，Gerber P，Wassenaar T，et al. Livestock's long shadow: environmental issues and options[J].

Livestocks Long Shadow Environmental Issues & Options，2006，16（1）：7.

[14]　Li J J，Xin Z H，Zhang Y Z，et al. Long-term manure application increased the levels of antibiotics and antibiotic resistance genes in a greenhouse soil[J]. Applied Soil Ecology，2017，121：193-200.

[15]　Zhu Y G，Zhao Y，Zhu D，et al. 2019 Soil biota，antimicrobial resistance and planetary health[J]. Environment International，131，105059.

[16]　O'NEILL J. Review on Antimicrobial Resistance[R] 2016[R/OL]. [2021-5-6] Tackling drug-resistant infections globally：final report and recommendations，UK. 2014.https://amrreview.org/sites/default/files/160518_Final% 20paper_with%20cover.pdf.

[17]　Statistics F A O. Food and Agriculture organization of the United Nations[J]. Retrieved，2010，3（13）：2012.

[18]　Alimentarius C. Maximum residue limits（MRLs）and risk management recommendations（RMRs）for residues of veterinary drugs in foods[J]. CAC/MRL，2017，2：8.

[19]　GB 31650-2019，食品安全国家标准食品中兽药最大残留限量[S]. 北京：中国标准出版社，2019.

[20]　Ahmed M B M，Rajapaksha A U，Lim J E，et al. Distribution and accumulative pattern of tetracyclines and sulfonamides in edible vegetables of cucumber，tomato，and lettuce[J]. Journal of Agricultural and Food Chemistry，2015，63（2）：398-405.

[21]　杨晓静，薛伟锋，陈溪，等. 面向人体暴露评价的植物中抗生素分析进展[J]. 生态毒理学报，2018，13（1）：1-15.

[22]　袁克炳. 基层畜牧养殖业传染性疾病防控措施[J]. 畜牧兽医科学，2021，（15）：145-146.

[23]　Bai Z H，Ma W Q，Ma L，et al. China's livestock transition：Driving forces，impacts，and consequences[J]. Science Advances，2018，4（7）：8534.

[24]　Eshel G，Shepon A，Makov T，et al. Land，irrigation water，greenhouse gas，and reactive nitrogen burdens of meat，eggs，and dairy production in the United States[J]. Proceedings of the National Academy of Sciences，2014，111（33）：11996.

[25]　Guo M，Chen X，Bai Z，et al. How China's nitrogen footprint of food has changed from 1961 to 2010[J]. Environmental Research Letters，2017，12（10）：104006.

[26]　Wolk A. Potential health hazards of eating red meat[J]. Journal of Internal Medicine，2017，281（2）：106-122.

[27]　Jones B A，Grace D，Kock R，et al. Zoonosis emergence linked to agricultural intensification and environmental change[J]. Proceedings of the National Academy of Sciences，2013，110（21）：8399-8404.

[28]　Hendrickson M K. Covid lays bare the brittleness of a concentrated and consolidated food system[J]. Agriculture and Human Values，2020：1.

[29]　Bongaarts J. Intergovernmental Panel on Climate Change Special Report on Global Warming of 1.5℃ Switzerland：IPCC，2018[J]. Population and Development Review，2019，45（1）：251-252.

[30]　Komoroske L M，Lewison R L. Addressing fisheries bycatch in a changing world[J]. Frontiers in Marine Science，2015，2（83）：1-11.

[31]　Tilman D，Clark M，Williams D R，et al. Future threats to biodiversity and pathways to their prevention[J]. Nature，2017，546（7656）：73.

[32]　Waite R，Beveridge M，Brummet R，et al. Improving productivity and environmental performance of aquaculture[J]. WorldFish，2014：20-25.

[33]　Godfray H C J，Beddington J R，Crute I R，et al. Food security：The challenge of feeding 9 billion people[J]. Science，2010，327（5967）：812-818.

[34]　Herrero M，Thornton P K. Livestock and global change：Emerging issues for sustainable food systems[J].

Proceedings of the National Academy of Sciences，2013，110（52）：20878-20881.

[35] Deutsch L，Falkenmark M，Gordon L，et al. Water-mediated ecological consequences of intensification and expansion of livestock production[J]. Livestock in a Changing Landscape：Drivers，Consequences and Responses，H. Steinfeld，H. Mooney，F. Schneider，L. Neville，Eds.（Island Press，2010），2010，1：97-111.

[36] Herrero M，Havlik P，Valin H，et al. Biomass use，production，feed efficiencies，and greenhouse gas emissions from global livestock systems[J]. Proceedings of the National Academy of Sciences，2013，110（52）：20888-20893.

[37] Garnett T，Appleby M C，Balmford A，et al. Sustainable intensification in agriculture：Premises and policies[J]. Science，2013，341（6141）：33-34.

[38] Wilkinson J M，Lee M R F. Review：Use of human-edible animal feeds by ruminant livestock[J]. Animal，2018，12（8）：1735-1743.

[39] Perry B D，Grace D，Sones K. Current drivers and future directions of global livestock disease dynamics[J]. Proceedings of the National Academy of Sciences，2013，110（52）：20871.

[40] Reid R S，Galvin K A，Kruska R S. Fragmentation in semi-arid and arid landscapes[J]. Consequences for human and natural systems. Dordrecht：Springer，2008：1-24.

[41] Dhama K. Update on COVID-19，10-2020[J]. Clin. Microbiol. Rev，2020，33（4）：1-48.

[42] King D A，Peckham C，Waage J K，et al. Infectious diseases：Preparing for the future[J]. Science，2006，313（5792）：1392-1393.

[43] Otte J，Roland-Holst D，Pfeiffer D，et al. Industrial livestock production and global health risks[R]. Food and Agriculture Organization of the United Nations，Pro-Poor Livestock Policy Initiative Research Report，2007.

[44] Van D J，Sargison N D，Kenyon F，et al. Climate change and infectious disease：helminthological challenges to farmed ruminants in temperate regions[J]. Animal，2010，4（3）：377-392.

[45] King D A，Peckham C，Waage J K，et al. Infectious diseases：Preparing for the future[J]. Science，2006，313（5792）：1392-1393.

[46] Ford B J. Chapter Two Culturing Meat for the Future：Anti-Death Versus Anti-Life [J]. Death and anti-death，2010，7：55-80.

[47] Catts O，Zurr I. Growing Semi-Living Sculptures：The Tissue Culture & Art Project [J]. 2002，35（4）：365-370.

[48] Benjaminson M A，Gilchrhest J A，Lorenz M. In vitro edible muscle protein production system（MPPS）：Stage 1，fish[J]. Acta astronautica，2002，51（12）：879-889.

[49] Zaraska M. The Washington Post：2013[R]. Washington：Lab-Grown Beef Taste Test：'Almost' like a Burger，2013.

[50] Sher D. Memphis Meats raises $161 million to bring cell-based meat products to consumers [EB/OL].（2020-1-22）.[2020-3-1]. https://www.3dprintingmedia.network/memphis-meats-raises-161-million-to-bring-cell-based-meat-products-to-consumers/#:～:text=Memphis%20Meats%2C%20the%20leading%20cell-based%20meat%2C%20poultry%20and，the%20company%20has%20raised%20more%20than%20%24180%20million.

[51] Bunge J. Startup Serves Up Chicken Produced From Cells in Lab [EB/OL].（2017-3-15）.[2021-3-1]. https://www.wsj.com/articles/startup-to-serve-up-chicken-strips-cultivated-from-cells-in-lab-1489570202.

[52] DANIELLE WIENER-BRONNER. Memphis Meats raised $161 million to grow meat from cells [EB/OL].（2020-1-22）.[2021-3-1]. https://edition.cnn.com/2020/01/22/business/memphis-meats-series-b/index.html.

[53] Singapore issues first regulatory approval for lab-grown meat to Eat Just [EB/OL].（2020-12-1）.[2020-3-1]. https://www.cnbc.com/2020/12/01/singapore-issues-first-regulatory-approval-for-lab-grown-meat-to-eat-just.html.

[54] Lamb C. Singapore to Invest $535 million in R&D，including Cultured Meat and Robots [EB/OL].（2019-03-28）.[2021-3-1]. https://thespoon.tech/singapore-to-invest-535-million-in-rd-including-cultured-meat-and-robots/.

[55] Axworthy N. First Slaughter-Free Meat Research Center to Open in India [EB/OL].（2019-2-25）. https://vegnews. com/2019/2/first-slaughter-free-meat-research-center-to-open-in-india.

[56] 喜荷净. 2020 年印度孟买将开设世界上第一个无屠宰、清洁肉类专门研究中心！ [EB/OL].（2019-2-27）. [2021-3-1] http://www.360doc.com/content/19/0227/10/1684327_817843135.shtml.

[57] USDA. Public Meeting on Foods Produced Using Animal Cell Culture Technology [EB/OL].（2018-6-12）. [2021-3-1]. https://www.fda.gov/food/workshops-meetings-webinars-food-and-dietary-supplements/public-meeting-foods-produced-using-animal-cell-culture-technology#：～：text = Public%20Meeting%20on%20Foods%20Produced%20Using% 20Animal%20Cell，12%2C%202018%20Time%3A%208%3A30%20a.m.%20until%203%3A00%20p.m.

[58] GFI. 2019 State of the Industry Report Cultivated Meat [EB/OL].（2020-3-11）. [2021-3-1]. https://gfi.org/wp-content/ uploads/2021/01/INN-CM-SOTIR-2020-0512.pdf.

[59] USDA. Joint Public Meeting on the Use of Cell Culture Technology to Develop Products Derived from Livestock and Poultry [EB/OL].（2018-10-23）. [2021-3-1]. https://www.fda.gov/food/workshops-meetings-webinars-food-and-dietary-supplements/joint-public-meeting-use-cell-culture-technology-develop-products-derived-livestock-and-poultry.

[60] USDA. USDA and FDA Announce a Formal Agreement to Regulate Cell-Cultured Food Products from Cell Lines of Livestock and Poultry [EB/OL].（2019-3-7）. https://www.usda.gov/media/press-releases/2019/03/07/usda-and-fda-announce-formal-agreement-regulate-cell-cultured-food#：～：text = WASHINGTON%2C%20March%207% 2C%202019%20%E2%80%94%20The%20U.S.%20Department，derived%20from%20the%20cells%20of%20livestock% 20and%20poultry.

[61] S.3053-A bill to provide for the regulation，inspection，and labeling of food produced using animal cell culture technology，and for other purposes. [EB/OL].（2019-12-16）. [2022-1-1]. https://www.congress.gov/bill/116th-congress/ senate-bill/3053/text.

[62] Regulation（EU）2015/2283 of the European Parliament and of the Council of 25 November 2015 on novel foods， amending Regulation（EU）No 1169/2011 of the European Parliament and of the Council and repealing Regulation （EC）No 258/97 of the European Parliament and of the Council and Commission Regulation（EC）No 1852/2001 （Text with EEA relevance），vol[EB/OL].（2015-11-25）[2021-3-1]. https://eur-lex.europa.eu/eli/reg_impl/2017/2470/oj.

[63] Andy L L R J. Singapore：Singapore Food Agency releases updated guidance regarding the safety assessment requirements of novel foods [EB/OL].（2021-1-18）. [2021-3-1]. https://www.globalcompliancenews.com/2021/01/ 18/singapore-singapore-food-agency-releases-updated-guidance-regarding-the-safety-assessment-requirements-of-novel-foods28122020/.

[64] GFI. State of the Industry Report：Cultivated Meat [EB/OL].（2019）. [2021-3-1]. https://gfi.org/resource/cultivated-meat-eggs-and-dairy-state-of-the-industry-rep.

[65] Parrett M. Report identifies top five cultured meat companies [EB/OL].（2020-9-15）. [2021-3-1]. https://www. newfoodmagazine.com/article/120089/report-identifies-top-five-cultured-meat-companies/.

[66] Choudhury D，Tseng T W，Swartz E. The Business of Cultured Meat[J]. Trends in Biotechnology，2020，38（6）： 573-577.

[67] Tai S. Legalizing the Meaning of Meat[J]. Loyola University Chicago Law Journal，2019，51（3）：743-795.

[68] Regulation E C. 2283 of the European Parliament and of the Council On novel foods，amending Regulation（EU） No 1169/2011 of the European Parliament and of the Council and repealing Regulation（EC）No 258/97 of the European Parliament and of the Council and Commission Regulation（EC）No 1852/2001[J]. Off. J. Europ. Union， 2015，327：1-22.

[69] Agency S G S F. Requirements for the Safety Assessment of Novel Foods and Novel Food Ingredients [EB/OL].

（2021-12-13）. [2022-1-1]. https://www.sfa.gov.sg/docs/default-source/food-import-and-export/Requirements-on-safety-assessment-of-novel-foods_13Dec2021_final.pdf.

[70]　董桂灵. "培育肉" 的研究进展及相关专利申请[J]. 中国发明与专利，2019，16（7）：71-75.

[71]　Macqueen L A，Alver C G，Chantre C O，et al. Muscle tissue engineering in fibrous gelatin: Implications for meat analogs[J]. NPJ Science of Food，2019，3：20.

[72]　Tom B A，Yulia S，Shahar B S，et al. Textured soy protein scaffolds enable the generation of three-dimensional bovine skeletal muscle tissue for cell-based meat[J]. Nature Food，2020，1：210-220.

[73]　Meat M. Growth Medium without Fetal Bovine Serum（FBS）[M]. Netherlands：Mosa Meat，2020.

第二部分　各课题研究报告

第7章　生物培育肉监管政策发展战略研究

7.1　发展现状及前景

随着经济的不断发展和人口的快速增长以及中等收入人群数量的大幅增加，全球的肉品需求持续增长[1, 2]；而依赖动物饲喂的传统肉类生产方式是一种以占用大量土地和水资源并以环境污染为代价的肉类供应模式[2, 3]，难以满足人类对肉品安全、动物福利和环境保护等越来越高的要求[4, 5]。因此，人类急需一种高效、环保、安全、可持续的新型肉类生产方式以满足未来人类的肉品需求[6-8]。

生物培育肉是利用动物细胞体外培养的方式控制其快速增殖、定向分化，并收集加工而成的一种新型肉类食品[9, 12]。目前已经受到美国、欧盟、以色列、日本、新加坡等国家或地区的高度重视，被认为是最有可能解决未来人类肉品生产和消费困境的方案之一，具有极高的潜在商业价值[4, 13-15]，主要发达国家或地区对培育肉的产业布局已经开始。

7.1.1　行业发展现状及趋势

1. 发展现状

2013 年第一块牛源生物培育肉诞生[9]，引起了媒体和投资者的极大兴趣，带动了一大批生物培育肉公司的涌现。到目前为止，生物培育肉公司一直专注于生产与传统肉品相同的肉类选择。对 89 家生物培育肉公司的统计表明：至少有 19% 的公司专注于牛源培育肉生产，14%的公司专注于禽源培育肉生产，如鸡肉和鹅肝等，21%的公司专注于猪或水产品源性（如鱼和虾）培育肉的生产。另外，还有部分初创公司正在研究用于宠物食品原料的鼠源培育肉及袋鼠或马源培育肉的生产；从资本投入现状分析，2015 年至 2020 年间投资于生物培育肉行业的公开披露资本金额达到约 3.2 亿美元，其中大约 2.4 亿美元用于猪源或牛源培育肉的研发，另有 4950 万美元用于水产品源性培育肉的研发；从商业模式分析，虽然目前主要的商业模式是企业对消费者（B2C），但企业对企业（B2B）的商业模式已经开始出现，随着行业的成熟，覆盖培育肉生产全过程的产业链正加速形成。国际生物培育肉企业概况统计表如表 2.7.1 所示。

表 2.7.1 国际生物培育肉企业

企业名称	国家	主打产品	融资/百万美元
Aleph Farms	以色列	牛肉	14.4
Artemys Foods	美国	未公开	0.13
Atlast Food Co.	美国	支架	7
Because Animals	美国	宠物肉	2.5
Biftek	土耳其	牛肉、培养基	0.4
Bio Tech Foods	西班牙	猪肉	6.12
Biomimetic Solutions	英国	支架	0.1
BlueNalu	美国	海鲜	84.8
Cell Farm Food Tech	阿根廷	干细胞	0.2
Cubiq Foods	西班牙	脂肪	18
Finless Foods	美国	海鲜	3.75
Fork & Goode	美国	未公开	3.54
Future Fields	加拿大	培养基	0.13
Future Meat Technologies	以色列	禽类、牛肉	43
HigherSteaks	英国	猪肉	0.2
IntegriCulture	日本	禽类、培养基	12.45
Mea Tech	以色列	牛肉	9
Meatable	荷兰	牛肉、猪肉	13.5
Upside Foods	美国	牛肉、禽类	201
Mirai Foods AG	瑞士	牛肉	2.4
Mission Barns	美国	猪肉、禽类	3.49
Mosa Meat	荷兰	牛肉	86
New Age Meats	美国	猪肉	5
Peace of Meat	德国	鹅肝	6.6
Shiok meats	新加坡	海鲜	20.4
SuperMeat	以色列	禽类	4.22
VOW Food	澳大利亚	袋鼠	6
Wild Earth	美国	宠物肉	15.5
Wild Type	美国	海鲜	16

注：数据来源于 2019 State of the Industry Report 及 https://www.crunchbase.com/

目前，陆续有公司推出了鸡源、鱼源、鸭源、牛源、鹅源、袋鼠源等诸多生物培育肉产品，全球生物培育肉公司的基本情况统计表如表 2.7.2 所示。仅在2019 年，全球就有 29 家公司成立。截至 2020 年底，共有 89 家公司生产生物培育肉或为其产业链中的生产商提供服务，其中超过三分之一的公司总部落户美国，以 Mempheis Meat 为代表；其次是欧洲，包括英国、荷兰、德国、法国等国家均有生物培育肉相关企业，以荷兰 Mosa Meat 为代表；在亚洲，以色列、中国、日本等均有企业投入到生物培育肉的研发当中，但数量相比欧美少了很多（图 2.7.1）。在 89 家公司中，北美洲 31 家，其中有 27 家位于美国，24 家位于亚洲，23 家位于欧洲，大洋洲 4 家，南美洲 3 家，非洲 2 家。另外，全球还有众多的非营利组织参与其中推动生物培育肉产业的发展，如 The Good Food Institute和 New Harvest 等[16]。

表 2.7.2　全球生物培育肉公司的基本情况统计表（统计截至 2020 年 12 月）

公司名称	启动时间	国家	业务范围
China Meat Research Center	2019 年	中国	猪肉、鸡肉、鸽肉
Nanjing Zhouzi Future Food Technology Co.	2019 年	中国	猪肉
SiCell BioTechnologies	2019 年	中国	培养基
CellX	2020 年	中国	肉品
Avant meats	2018 年	中国	水产品（鱼胶）
Modern Meadow	2011 年	美国	生物工程蛋白质
Eat Just	2011 年	美国	鸡肉、植物基鸡蛋
Upside Foods	2015 年	美国	牛肉、鸡肉、鸭肉
Bond Pet Food	2015 年	美国	宠物食品（鸡肉）
Wild Type	2016 年	美国	水产品（三文鱼）
BlueNalu	2017 年	美国	水产品（黄尾金枪鱼、鲑鱼）
Balletic food	2017 年	美国	猪肉、牛肉、鸡肉
Finless Foods	2017 年	美国	水产品（金枪鱼）
Wild Earth	2017 年	美国	肉品（鼠肉宠物食品）
New Age Meats	2018 年	美国	猪肉
Mission Barns	2018 年	美国	猪肉、鸭肉、鸡肉
Fork&Goode	2018 年	美国	肉品
Because Animals	2018 年	美国	宠物食品
Matrix Meats	2019 年	美国	支架材料（3D 纳米结构）
BIOMILQ	2019 年	美国	母乳
Orbillion Bio	2019 年	美国	肉品

公司名称	启动时间	国家	业务范围
Clean research	2019 年	美国	水产品（鱼肉）
Labfarm foods	2019 年	美国	牛肉
Agulos Biotech	2019 年	美国	细胞培养基
Artemys Foods	2019 年	美国	肉品（未具体披露）
Excell（Atlast Food Co.）	2019 年	美国	支架材料（菌丝细胞培养试剂盒）
Cultured Decadence	2020 年	美国	海产品
Novel Farms	2020 年	美国	肉品
Boston Meats	2020 年	美国	生物培育肉口味和质地的提升
Pristine Pet Food	2020 年	美国	宠物食品
Ohayo Valley	2020 年	美国	牛源生物培育肉
Blue Ridge Bantam	2020 年	美国	禽源生物培育肉品
Craveri Laboratories（BIFE）	2019 年	阿根廷	肉品
Cell Farm	2019 年	阿根廷	牛干细胞、肉品
Heuros	2018 年	澳大利亚	肉品
Vow	2019 年	澳大利亚	袋鼠肉
Magic Vally	2020 年	澳大利亚	肉品（未具体披露）
Peace of Meat	2018 年	德国	鹅肝酱、脂肪
Alife Foods	2019 年	德国	肉品（未具体披露）
Ospin Modular Bioprocessing	2019 年	德国	生物反应器
Planetary Foods	2019 年	德国	水产品
Innocent Meat	2020 年	德国	肉品
Bluu Biosciences	2020 年	德国	培育水产品
Ochakov Food Ingredients Plant	2019 年	俄罗斯	牛肉
ArtMeat	2019 年	俄罗斯	马、鲟鱼
Gourmey	2019 年	法国	鹅肝酱
Cell MEAT	2020 年	韩国	肉品（未具体披露）
Mosa Meat	2013 年	荷兰	牛肉
Meatable	2018 年	荷兰	猪肉、牛肉
Cultured Blood	2018 年	荷兰	培养基、生物反应器
Appleton meats	2016 年	加拿大	牛肉
Future Fields	2018 年	加拿大	培养基
SeaFuture	2018 年	加拿大	水产品
Cell Ag Tech	2019 年	加拿大	水产品
Bene Meat	2020 年	捷克	肉品（未具体披露）

续表

公司名称	启动时间	国家	业务范围
Mzansi Meat Co	2020 年	南非	肉品
Mogale Meat Company	2020 年	南非	肉品（未具体披露）
IntegriCulture	2015 年	日本	鸡肉、鹅肝酱、培养基
Nissin Foods	2018 年	日本	牛肉
NUProtein	2019 年	日本	生长因子
Mirai Foods AG	2019 年	瑞士	肉品
Biftek.co	2020 年	土耳其	培养基、牛肉
BioTech Foods	2017 年	西班牙	肉品（未具体披露）
Cubiq foods	2018 年	西班牙	鸡脂肪
Novameat	2018 年	西班牙	肉品（猪肉、牛肉）
Shiok meats	2018 年	新加坡	水产品（小虾、蟹、龙虾）
TurtleTree Labs	2019 年	新加坡	牛奶
Cellivate Technologies	2019 年	新加坡	生物反应器（培养皿/微载体）
SingCell	2020 年	新加坡	为生物培育肉类和干细胞公司提供集成测试、工艺开发和 GMP 生产解决方案
Ants Innovate	2020 年	新加坡	生物培育肉块
Magic Caviar	2020 年	新西兰	鱼子酱
Super Meat	2015 年	以色列	鸡肉
Aleph farms	2017 年	以色列	牛肉
MeaTech	2017 年	以色列	牛肉
BioFood Systems	2018 年	以色列	牛肉
Future Meat Technologies	2018 年	以色列	鸡肉、羊肉、牛肉
Redefine meat	2018 年	以色列	肉品
Future meat technology	2018 年	以色列	生物反应器
BioMilk	2020 年	以色列	牛奶
Bruno Cell	2020 年	意大利	肉品（未具体披露）
MyoWorks	2017 年	印度	细胞支架
Clear meat	2017 年	印度	鸡肉
Cellular Agriculture Ltd.	2016 年	英国	牛肉、生物反应容器（中空纤维）
HigherSteaks	2017 年	英国	肉品
CellulaREvolution	2018 年	英国	生物反应器（连续流生产）
Biomimetic Solutions	2019 年	英国	支架材料、组织工程
Multus Media	2019 年	英国	培养基
Hoxton Farms	2020 年	英国	动物脂肪
Luyef Biotechnologies	2019 年	智利	生物培育肉的工业化研发

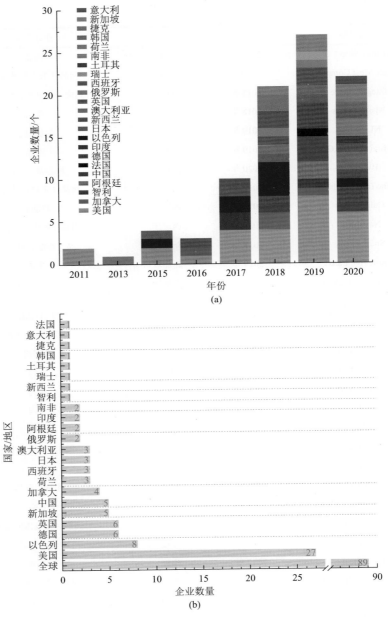

图 2.7.1　全球生物培育肉公司的基本情况总结（截至 2020 年 12 月）

近年来，随着行业的成熟，产业的专业化程度也在加速发展。2019 年前，生物培育肉公司主要尝试系统开发单一源性生物培育肉产品，开展从种子细胞、培养基筛选等全面的技术工作，主要的商业模式是 B2C。目前，行业已开始向多元化发展，B2B 模式已经出现，例如出现了专门生产细胞培养基和细胞生长因子的公司（Multus Media，Heuros，Luyef，Biftek，Future Fields，Cultured Blood 等），专注于提供种子细胞系的公司（Cell Farm Foods）等（表 2.7.3），其中有 15 家公司是产业链供应商，12 家是水产生物培育肉生产商，62 家是关于畜禽生物培育肉生产商，为生物培育肉研发公司提供原料及配料等供应，生物培育肉的产业链正加速形成。

　　未来，随着技术的不断突破、升级和成熟，生物培育肉相关行业的专业化水平必然会越来越高、产业分工越来越精细，产业链越来越完善，生物培育肉的生产成本可随之大幅度的降低，生物培育肉的工业化生产也将实现[17]。

表 2.7.3　全球生物培育肉公司的产品情况总结（统计截至 2020 年 12 月）

数量	企业类型	主营产品或服务
62 家	畜禽生物培育肉生产商	生产牛肉、鸡肉、猪肉、鸭肉、马肉、袋鼠肉、鹅肝、鼠肉产品
12 家	水产生物培育肉生产商	生产金枪鱼、鲑鱼、甲壳类、鱼鳔、鲟鱼水产品
15 家	产业链提供商	提供细胞培养基、细胞系、支架和生物反应器等服务

2. 发展趋势

　　基于巨大的市场化前景，生物培育肉吸引了投资者的极大关注，截至 2020 年底，生物培育肉相关公司获得了近 1.8 亿美元的直接资本投资，其中 2020 年全球该行业得到的资本投资总额几乎等于前 5 年的投资总额（图 2.7.2）。除了常

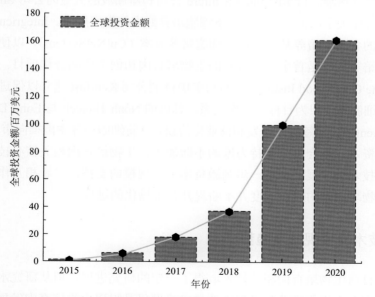

图 2.7.2　每年全球生物培育肉公司获得投资金额（统计截至 2020 年 12 月）

见的畜禽源性生物培育肉产品外，水产品源性的生物培育肉也是此行业的重要内容，2019 年 Wild Type 公司筹集了 1250 万美元，BlueNalu 公司筹集了创纪录的 2000 万美元，Shiok Meats 公司获得了 460 万美元的融资，用于在新加坡开发虾源生物培育肉产品。从资本来源分析，参与生物培育肉类行业的投资者遍及全球 21 个国家，其中大部分来自美国，著名的投资人包括比尔·盖茨、李嘉诚等[16]。

　　另外，全球有多个政府机构通过设立项目、建设研发中心等方式对培育肉领域进行资助，大力推进相关研究。印度政府已承诺出资 60 万美元用于建立生物培育肉农业卓越中心，新加坡食品局宣布投入用于生物培育肉相关研究的资金约为 1.08 亿美元，日本科学技术厅也已向 Integriculture 公司投资开展生物培育肉的相关研究，比利时政府已向相关研究机构投资了 360 万欧元，其中 120 万欧元用于 Peace of Meat 公司发展生物培育肉，欧盟委员会已向荷兰的一家生物培育肉初创公司 Meatable 注资了 300 万美元[16]。其他研究投资来自非营利组织，包括 Good Food Institute 和 New Harvest。欧盟由 BioTech Foods 牵头、Organo technie 和 Nobre 参与的"Meat 4 All"项目已被列入欧盟研究与创新视野 2020 框架计划，项目从 2020 年 8 月 1 日开始，2022 年 7 月 31 日结束，共投资 272 万欧元[18]。美国政府向加州大学戴维斯分校的研究团队拨款 355 万美元[19]，用于生物培育肉研究。

　　生物培育肉领域多家企业开启了合作关系的构建，以色列初创企业 MeaTech 收购了比利时细胞培养脂肪开发商 Peace of Meat，这可能预示着生物培育肉行业即将掀起合并热潮。日本的 IntegriCulture 公司和新加坡的人造肉公司 Shiok Meats 宣布建立合作关系以扩大 Shiok 旗下细胞培养虾肉的生产规模。Integriculture 正在调整自家的食品级培养基及大规模细胞培养方案（CulNetSystem），以便其适用于虾类细胞培养，这是首个公开宣布的生物培育肉初创企业间合作项目。美国非营利机构 The Good Food Institute 宣布与美国试剂公司 Kerafast 建立以促进高质量细胞培育肉细胞系使用为目标的合作关系。韩国的 Noah Biotech 与 Eone Diagnomics Genome Center 公司签署了研发和商业化协议，欲将细胞培养牛肉推向市场。未来，随着市场资本、社会资金支持力度的不断加大，生物培育肉相关核心技术也会加速突破，技术的发展又会进一步刺激资本更大规模的支持，二者相互作用将会大大加速生物培育肉的研发进度并不断提升其市场化的进程。

7.1.2　技术发展现状及趋势

　　尽管目前生物培育肉相关技术取得了一定的研究进展，但从研究水平来看，生物培育肉在大规模商业化进程中的技术难题仍是阻碍生物培育肉发展的瓶颈。

目前，动物细胞培养的最常见工业用途是生产治疗性单克隆抗体，其售价比肉类食品高出几个数量级。而针对生物培育肉的各方面的突破性技术目前仅限于实验室规模的研究生产，对于大规模商业化的生物培育肉生产仍有很多技术瓶颈有待突破，尤其在低成本、规模化生产以及肉类产品的市场化进程上，这些挑战是阻碍生物培育肉商业化进程的主要障碍，而这些突破性的技术也将成为生物培育肉未来的发展方向。

1. 无血清培养技术

目前尚没有专门针对生物培育肉而设计出的培养基产品，而是通过基础培养基加血清的方式进行细胞培养。在大多数其他动物细胞培养应用中，血清在培养基配方中起着重要的作用，主要使用的血清包括胎牛血清、鸡血清及马血清等。胎牛血清中富含有丝分裂因子，常用于细胞增殖，也用于细胞系和原代培养，而马血清常常用来做有丝分裂后的神经元培养。胎牛血清是提取怀孕母牛胎儿体内血液的血清部分，这种获取血清的方式在道德和动物福利方面的影响是消极的，并且不同批次产生的胎牛血清之间的固有成分及含量存在很大的差异性，不同批次之间某一细胞因子的浓度差异非常大，无法做到成分含量的统一。血清的成分可能有几百多种，目前对其准确的成分、含量及其作用机制仍不清楚，尤其是对其中的多肽类生长因子、激素和脂类等尚未充分认识，并且不同批次的胎牛血存在不确定的差异，血清替代物或其他细胞生长因子的使用仍然是生物培育肉研发[20]的主要挑战。因此，在未来研究过程中，研究开发成分明确，可以用来控制不同细胞分裂、分化以及成肌细胞肌管形成的培养基将成为解决生物培育肉规模化生产或商业化的重中之重；此外，如何通过使用不同培养基来影响生物培育肉产品的感官和营养品质也是生物培育肉未来发展的一个重要技术方向。另一方面，如何通过培养基和不同细胞特点来尽可能地节约使用培养基[21]，或者通过分子试验替换生产血清将成为未来最主要的发展方向。

在针对无血清培养基的建立方面，主要是寻找和研究血清替代物，包括血清提取物，组织提取物或水解产物、生长因子、激素、载体蛋白（如白蛋白和转铁蛋白）、脂质、金属、维生素、多胺和还原剂等。这些因子的含量及组合数量几乎是无限的，它们之间的使用配比会相互影响，无法仅通过简单地随机选择任意组合来设计最佳的培养基，系统开展不同成分的选择以及搭配将会耗费巨大的工作量、时间和成本。在使用无血清培养系统时，还需要注意以下几个方面：首先，可以在传代培养过程中选择无血清依赖的细胞株进行细胞增殖培养，因为无血清培养基比含血清培养基更能促进这类特定细胞或细胞亚型的增殖[22]；其次，由于无血清培养基中缺乏毒素中和活性，其中不可避免的杂质对细胞的影响可能比含血清的培养基强，因此培养过程需要时刻关注细胞的生长状态，实时 pH 变化，营养供应，细胞的氧化应激等[23, 24]；此外，胰蛋白酶的使用浓度及黏附因子的选择等在无血清培养时也需要关注。

2. 基因调控转化技术

肌发生是指以修复组织损伤或从头形成为目标的肌肉组织发育过程，其过程在胚胎发育和成年肌肉再生中需要一系列复杂的调控路径，涉及各种分子机制和不同类型细胞的共同作用[25]。该过程主要参与的细胞包括卫星细胞和成肌细胞，它们在特定条件下能够实现肌肉的形成或再生，而这个过程的实现与几种已知的生长因子、转录因子和信号通路的活性密切相关。从啮齿动物到人类，当前已经在几种不同动物模型中研究了这些信号传导因子及其功能[26]。

在成肌细胞中，早期的肌源性调节因子 MRFs、基因 *Myf5* 和 *MyoD* 主要驱动细胞的增殖[27]，这些基因的表达调控是成肌细胞扩增的必要条件，因此对于骨骼肌的形成必不可少。在细胞分化过程中，*MRF4* 和肌细胞生成素的表达被上调，驱动成肌细胞的分化和融合[28]，同时上调的这些基因有助于维持成熟的肌肉结构。除了它们的生物学功能外，这些基因还可以作为重要标记基因，用于监测和优化生物培育肉研究中肌肉形成所处的阶段，同时这些基因表达的相关因子值得关注，可为生物培育肉细胞培养过程中培养基中的功能因子相关研究提供参考。

大量研究表明许多生长因子和细胞因子在肌卫星细胞的激活，成肌细胞的增殖以及分化中具有重要作用，例如成纤维细胞生长因子（FGFs）[29]、肝细胞生长因子（HGF）、胰岛素样生长因子（IGFs）、转化生长因子 β（TGF-β）和其他细胞因子。在 *FGF* 基因家族中，尤其是 *FGF2*，是成肌细胞增殖的有效激活剂，同时 *FGF2* 表达升高可以有效抑制成肌细胞的分化。HGF 可以有效活化肌卫星细胞，同时对细胞具有一定的趋化功能从而在肌肉损伤修复过程中起主要作用。IGF 通过刺激成肌细胞的增殖和分化，以及通过刺激发育中肌管内的蛋白质合成来促进肌肉发育。尽管目前证据尚不充足，但有研究表明 TNFα 可能促进成肌细胞分化[30]，LIF 促进成肌细胞增殖[31]。TGF-β 配体（例如 TGF-β1 和肌生长抑制素）可抑制成肌细胞的增殖和分化，同时抑制肌管的进一步融合。与成纤维细胞共培养的过程中，成纤维细胞的存在有效促进成肌细胞的增殖、分化和融合[32, 33]。

上述信号传导分子通过多种分子途径起到刺激肌发生的作用。同许多生长因子受体一样，IGF-1 受体是酪氨酸激酶相关信号［如磷脂酰肌醇-3 激酶（PI3K）-Akt 和细胞外信号相关激酶（MAPK/ERK）信号传导途径］级联传导的主要激活剂[34-36]。

这些途径可以协同雷帕霉素蛋白复合物 1（mTORC1）的靶标激活下游转录因子，促进细胞增殖并增加蛋白质合成，从而推动肌肉组织发育[36-38]。同样的，许多细胞因子受体如 IL-6 受体，可以调用 JAK-STAT 信号通路，在 MAPK 信号通路的串扰作用下抑制肌发生[39]，而 TGF-β 受体是丝氨酸/苏氨酸激酶受体，可以激活其自身涉及 SMAD 的独特信号通路蛋白质磷酸化[40, 41]；相反的，几种 miRNA 在肌肉细胞中发挥重要功能进而抑制该通路，同时促进 p38/MAPK 通路。多种 Wnt 蛋白信号传导途径也通过 G 蛋白偶联受体的卷曲家族在肌发生中起作用[33, 42]。β-catenin 介导的 Wnt3a 途径通过拮抗 Notch 信号从而对肌原性细胞增殖和分化产生刺激作用，而 Wnt7a 可以激活非经典 Wnt 极化（PCP）途径[43]。综上所述，这些信号因子可以对成肌细胞增殖、分化起到促进和抑制作用，在新的培养基设计过程中，合理的搭配这些因子将会在培育肉的细胞培养过程中起到重要的作用，同时为培养基高效率、低成本提供可能。

传统的细胞合成蛋白质是一种非常昂贵的生产方式（疫苗、抗体），与之相比，成肌细胞生产食源性动物蛋白的优点是相对廉价和安全。肌肉蛋白的合成主要通过 mTOR 介导的信号来调节，氨基酸不仅可以作为蛋白质本身的组成部分，还可以作为蛋白质代谢的调节剂[44]。已知亮氨酸及其代谢产物通过激活 mTORC1 在促进肌细胞蛋白质合成中起重要作用[45]。亮氨酸代谢物 β-羟基-β-甲基丁酸酯（HMB）已被证明可以增强肌肉蛋白的合成并促进体内肌肉组织的肥大[46]。因此，亮氨酸和 HMB 可能是增强体外肌肉细胞培养过程中培养基成分的有效促进物[38]。但是，这一研究尚未得到充分的证实。

目前用于体外成肌和蛋白质合成的生长因子和信号分子仅通过制备方法获得其成本非常高，寻求新的途径刺激细胞增殖分化的方法亟待研究。这预示着我们可以在植物或真菌中寻找与动物源具有高度同源性的基因序列，验证其在肌肉细胞培养中使用的可行性。有关研究揭示了通过大豆肽提取物刺激胰岛素相关的细胞信号通路的可行性[47]。此外，小麦和棉花中的一些因子（序列同源性较高）有望替代牛血清白蛋白。同时，可以考虑将动物源的蛋白因子的基因序列通过转基因技术使其在植物或者真菌中得以表达，然后通过植物或真菌提取后应用到培养基中进而促进细胞的增殖及动物蛋白的产生。

3. 多细胞共培养技术

生物培育肉的制造过程主要分为三个主要阶段：①细胞增殖阶段，这个阶段的目的是通过细胞增殖产生大量的生物培育肉的基本元件——细胞，为形成更多的肌纤维做准备；②分化阶段，成肌细胞分化后形成肌管，为产生肌肉蛋白做准备，脂肪细胞分化生脂[48, 49]，为生物培育肉的脂肪生成做准备，成纤维细胞进行表达调控，产生诸如胶原、透明质酸等细胞外基质，支持其他细胞的形态及结构；③肌肉形成阶段，这个阶段的复杂性最高，是产生生物培育肉与体内形成的肉相似性最关键的一步，同时也是目前最亟待解决的技术难题。因此多种类型细胞共培养在生物培育肉的制造过程中将成为未来发展的主要方向和趋势。

生物培育肉的最终产品将由多种类型的细胞包括肌肉干细胞、脂肪细胞及成纤维细胞等培育形成的多组分包括肌肉、脂肪及结缔组织等共同组成。生物培育肉涉及的最主要的细胞类型包括肌卫星细胞或肌前体细胞、成肌细胞、肌细胞（也称为肌管或肌纤维）、脂肪前体细胞、脂肪细胞和成纤维细胞[50]。成肌细胞以及心肌细胞代表了一系列肌肉细胞，脂肪干细胞及脂肪前体细胞代表了脂肪细胞，可用于生产生物培育肉的脂肪成分，成纤维细胞是结缔组织细胞，可以为产品提供质地和结构以及各种诸如胶原蛋白、透明质酸等细胞外基质[51]。生物培育肉生产的主要技术障碍是如何同时生长和控制所有这些细胞类型，从而实现不同细胞在共培养的前提下能够各自的分裂、分化、成肌、成脂、成型而不受其他细胞的影响。

尽管脂肪形成是一个高度有序的过程，但调节脂肪形成的细胞外因子比控制肌发生的相关因子复杂性要低。当需要在生物培育肉中使用时，胰岛素和 IGF 可刺激转录因子-过氧化物酶增殖物激活受体 γ（PPARγ）和 CCAAT 增强子结合蛋白（C/EBP）活化，从而使多能干细胞或脂肪干细胞分化为脂肪细胞。相反，Wnt/β-catenin 信号传导可抑制脂肪生成[52]。

成纤维细胞的分化和增殖在生物培育肉中还不是最为迫切的问题，因为在大多数情况下它们不是培育肉所需的主要细胞类型，而是在进一步完善细胞培养的过程中起到强化作用。成纤维细胞在生物培育肉中的作用不是提供大量的肉，而是支持肌细胞和脂肪细胞的生长，并制造足够的细胞外基质以产生更真实的肉制品。总体而言，生物培育肉细胞培养过程中需要提供一些上述重要的生长因子或其替代物，以允许所需细胞类型适当的增殖和分化。

4. 细胞的三维培养技术及支架材料

与传统的二维培养不同，细胞的三维培养能够最大程度的模拟细胞在体内的情况，重现了细胞的体内环境，可以形成氧气、营养物质、代谢物和可溶信号的梯度，使细胞呈现出空间立体生长的状态，构建细胞三维培养技术是组织工程的主要研究方向，也是培育肉研究的关键。生物 3D 打印[53]是增材制造技术与生物制造技术的有机结合，利用计算机在明确的空间位置上，可同时精确定点地打印各种种子细胞、生物因子等物质，解决传统组织工程难以解决的问题，实现活细胞的三维成形以及活细胞组装成大尺度的活体组织，是体外构造活性的三维细胞结构最为理想的手段。支架材料不仅为细胞生长提供支持和保护，更重要的是细胞与支架材料之间的相互作用可以调节细胞的形态发生过程，从而影响细胞生存、迁移、移植和功能代谢。理想的支架材料要具有良好生物相容性、三维立体多孔结构、一定的机械强度和良好的材料-细胞界面等[54]。

水凝胶是一类高含水量，三维网络结构的高分子材料[55]，能够模拟细胞所处的细胞外基质，为细胞的生长提供良好的水环境以及适当的物理结构和机械性能，并使细胞间的相互作用与生化信号交换成为可能，是细胞三维培养支架材料的首选基材[56]，因此胶原蛋白、明胶、海藻酸盐、丝素蛋白等多种天然的水凝胶材料已被广泛应用于组织工程三维培养体系。

生物培育肉细胞三维培养体系的构建，主要通过将水凝胶两端进行固定，形成类似肌腱张力的结构，然后将细胞接种到水凝胶体系中。在成肌细胞增殖分化过程中，水凝胶可以像大孔支架一样为细胞提供附着点，同时水凝胶固定点可以塑造肌纤维的形态及大小，支撑成肌细胞分化形成肌纤维组织；值得一提的是，水凝胶的固定点形成的张力可以促进肌管融合及蛋白质合成[57]。通常用于骨骼肌组织工程的水凝胶由生物聚合物[58]组成，例如纤连蛋白、胶原蛋白、透明质酸、藻酸盐、琼脂糖和壳聚糖等[59, 60]。其中纤粘连蛋白是一种天然存在的蛋白，是在凝血酶介导的纤连蛋白酶原促凝集作用下产生的，它作为生物体内组织从头形成或再生的临时支架，可实现体内细胞在组织间进行增殖、分化与组织融合。Gholobova 等研究结果显示具有纤连蛋白存在的水凝胶可以促进细胞形成血管结构[61, 62]，这意味着在细胞体外培养过程中可利用纤连蛋白形成细胞血管化结构，为培育肉制造过程中内部营养成分的交换提供了思路。

透明质酸是在身体和肌肉细胞外基质中普遍存在的简单糖胺聚糖[63]。它参与伤口愈合并且可以调节细胞行为，例如脂肪生成，血管生成和组织形成[64]，作为细胞外基质的主要成分之一，在肌肉组织中含量存在较大的差异。透明质酸易于被细胞重塑和降解，因此可用于模拟生物培育肉的基质的某些生化和物理特性，同时其对细胞迁移和成肌细胞的成熟具有至关重要[65]。此外，透明质酸具有非常好的细胞相容性和良好的黏弹性，具有高保水性，并且可以在无动物的平台上合成。透明质酸-胶原蛋白复合材料显示出更优异的机械和生物学特性，可用于脂肪细胞的支架材料。

胶原蛋白是组织工程中最常用到的材料之一，作为人体中最丰富的蛋白质。胶原蛋白在肌肉的 I 型和III型肌纤维中具有较高含量[66]。它们在组织中起到结构和支撑的作用,可作为细胞黏附的锚点,同时促进细胞的迁移和组织发育。由于其较高的拉伸强度胶原蛋白在细胞中可以产生平面结构,同时含有胶原蛋白的水凝胶主要用于生产机械稳定的大孔支架。胶原蛋白-纤连蛋白混合物可以用作肌肉再生的水凝胶,已被证明可促进细胞增殖和肌管融合[67]。

海藻酸盐是一种廉价的海藻多糖,它由两种单体组成,其中古罗糖醛酸可以与 Ca^{2+} 相互作用,形成交联结构,并且交联度可调节。但是海藻酸盐为表面非极性结构,其性质表现为细胞惰性,因此通常用 RGD 肽(精氨酰-甘氨酰-天冬氨酸短肽)功能化处理,RGD 肽可为细胞附着提供锚固点。调节单体比例和 RGD 浓度可以影响成肌细胞的增殖和分化。最近的研究表明,海藻酸盐改性的水凝胶可以影响间充质干细胞的行为[68]。虽然海藻酸盐不能被细胞重塑或降解,但可以通过控制降解动力学来改变其结构。与单独的透明质酸相比,藻酸盐-透明质酸复合物可以改善藻酸盐凝胶的再生性能,同时提供更好的凝胶化[69]。

壳聚糖是一种可食用的葡萄糖胺聚合物,可用于骨骼肌组织工程[70]。它通常来自动物,但是也可以从蘑菇中产生[71]。壳聚糖提供与糖胺聚糖相似的结构,并可以提供抗菌特性,但是像海藻酸盐一样,它需要化学修饰以促进细胞黏附和生物降解性。壳聚糖可以形成具有单向微管孔的支架,成肌细胞在微管孔中可以形成长 500μm,厚 50μm 肌管[72]。由于壳聚糖的特性,其生物聚合物也可用于调节水凝胶的机械性能。

上述的所有支架材料在单一特点方面均有各自的利弊,但如此多的支架材料,如何科学地利用其优势,规避其劣势并将不同材料进行高效的组合搭配,从而促进生物培育肉的发展是一项复杂的工程学研究。在生物培育肉未来的研究中,如何合理地搭配这些支架材料从而实现低成本、高效率的生物培育肉制造技术亦将成为未来技术的突破难点及发展趋势。

7.1.3　市场发展现状及趋势

1. 消费者接受度

对于任何新技术,都存在着是否能接受市场考验的问题,消费者的态度对于市场的接受程度至关重要。大部分新产品刚进入市场时消费者的接受度是不高的,但随着消费者对产品熟悉度的提高和相关市场的打开,消费者对产品的接受度也将随之提高。通过对不同消费者群体的测试问卷等方式汇总结果,分析生物培育肉产品进入市场前的消费者态度,对于生物培育肉产品研发设计导向以及开展生物培育肉相关科普、宣传有着重要的意义。

　　生物培育肉虽然被认为是传统肉类产品的替代产品，但业界并不确定消费者对于生物培育肉的态度。2018 年对 3030 名消费者的调查发现，美国消费者中有 30%，中国消费者中有 59%，印度消费者中有 50%极有可能尝试或购买生物培育肉产品[73]。这些消费者对生物培育肉食品潜在的好处包括减少环境污染，减少饲养和屠宰动物以及减少公共健康风险等充满信心。

　　在欧洲，法国和德国更为关注生物培育肉[74]。与法国相比，德国的消费者预期的接受度要高于法国。很多人预测传统肉制品从业人员会反对这一项可能威胁到他们工作的技术，但调查显示，与不从事养殖业的人相比，从事畜牧业或肉类加工的人更有意向购买生物培育肉。虽然，部分农民可能会反对生物培育肉产品，但他们也认识到由于生物培育肉产业有可能使他们摆脱集约化的工业生产系统，将生物培育肉视为人类既负担得起又能解决肉类巨大需求的一种方式。在消费者比较关心和感兴趣的问题上，一些调查的结果表明，与有关动物和环境的信息相比，有关抗生素耐药性和食品安全的生物培育肉信息对欧洲消费者的说服力要大得多。这可能是因为与动物福利和气候变化问题相比，这些问题更鲜为人知[75]。而在生物培育肉产业所能带来的有益的方面，消费者最容易认识到生物培育肉对动物和环境的好处，而对其他好处则敏感度不太高[76]。如果这些生物培育肉带来的好处被宣传或解释为由个人而不是社会产生的，可能会抵消消费者从个人风险和社会利益的角度考虑购买生物培育肉的倾向[77]。因此，科普及宣传人员应该注意传播信息广泛，以确保生物培育肉产业与消费者的切身利益是显著相关的。与非转基因生物培育肉相比，转基因生物培育肉（或含有转基因成分的生物培育肉）可能会受到消费者更多的抵制。转基因作物目前在欧洲基本上是被禁止的[78]，因此包含这些成分会降低欧洲的接受度[76, 79, 80]。所以，利用细胞培养和转基因技术的肉制品，可能会被认为是比仅使用细胞培养技术或仅使用转基因技术的肉更难被消费者接受的产品。

　　美国也开展了针对生物培育肉的消费者调查。俄克拉荷马州立大学（Oklahoma State University）的民意调查发现，47%的受访者希望禁止屠宰场和工厂化养殖，68%的受访者表示，他们对动物在食品行业的使用方式感到不安，但这并不意味着他们愿意接受生物培育肉[81]。2017 年的一项美国调查表明，尽管大多数受访者愿意尝试生物培育肉，但只有三分之一的人肯定或可能愿意定期吃生物培育肉或作为养殖肉的替代品[82]。男性比女性更容易接受，政治上自由的受访者比保守的受访者更容易接受。与养殖肉类相比，素食主义者和纯素食主义者更可能感知到生物培育肉的好处，但他们比肉食者更不愿意尝试。主要的担忧是预期的高价格，有限的口味和吸引力，以及担心产品来源的不自然性。结论是，美国人可能会尝试生物培育肉，但很少有人相信它会取代养殖肉类在他们饮食的地位。不过，即使最悲观的民调也显示，20%～30%的美国人愿意尝试生物培育肉[83]。随着时间的推移，消费者通常会对新兴食物更加宽容。当寿司最初被引进西方时，消费者对它充满了怀疑，但现在寿司店在城市街道上已是司空见惯的景象，"生物培育肉"也可能如此。

有许多关于消费者接受能力的预测结果，这些结果因文化差异而不同，但是先前对肉类食品的熟悉度，以及尝试新食物的强烈意愿都被证明是能够被不同文化接受的主要因素。关于如何有效地宣传和推出这类产品，在消费者中建立信任、熟悉度和兴趣，还需要更多的研究。

2. 投资预测

生物培育肉公司从 2015 年开始至今，投资资本和交易数量持续上涨。2018 年 7 月，荷兰马斯特里赫特大学（Maastricht University）支持的人造肉初创公司 Mosa Meat 宣布完成 750 万欧元 A 轮融资，由科技公司 Merck 的风投部门 M Ventures 和瑞士肉类加工商 Bell Food Group 领投，现有投资者 Glass Wall Syndicate 参投。2020 年是生物培育肉领域投资大爆发的一年，投入资本比 2019 年增加了近五倍，募集的 3.66 亿美元（已披露金额）整整占生物培育肉领域从 2016 年至 2020 年募集资金总额的 72%，生物培育肉企业的投资额占替代蛋白领域（包括植物基和发酵）投资总额的 14%，是 2019 年占比 7%的 2 倍。Upside Foods 和 Mosa Meat 在 2020 年都争取到了 B 轮融资（分别为 1.86 亿美元和 7500 万美元），带来了本领域的首批 B 轮融资，成为生物培育肉行业的领跑者。其次，荷兰公司 Mosa Meat 和美国公司 BlueNalu 截至 2021 年 2 月 9 日融资额均超过 8000 万美元。此外，以色列的 Future Meat Technologies 及新加坡的 Shiok meats 都获得了超 2000 万美元的融资。其他公司如西班牙的 Cubiq Foods、以色列的 Aleph Farms，以及荷兰的 Meatable，也都获得了 1300 万美元以上的融资（图 2.7.3），为培育肉公司提供材料与服务的企业（B2B）2020 年只收到了 500 万美元投资，但比起往年 35 万美元的总投资额（已披露金额），也有近 14 倍的增长，不过这一行业领域对未来投资者来说仍意味着重大机遇。

2020 年该领域的投资呈现多元化趋势，细胞培养海鲜开始引发投资者热情，这一细分领域内的企业 2020 年募集了 4500 万美元资金，高于 2019 年的 1700 万。基于细胞培养的乳制品也经历了本细分领域的首批重要投资，Turtle Tree labs 争取到了 950 万美元的投入资本，BIOMILQ 募集了 350 万美元。

虽然大批风投刺激了行业发展，推动生物培育肉领域的深入研究，本行业仍需更多投资以持续重要研发、规模化生产及降低成本，以便更好地与传统制造的动物蛋白相竞争。

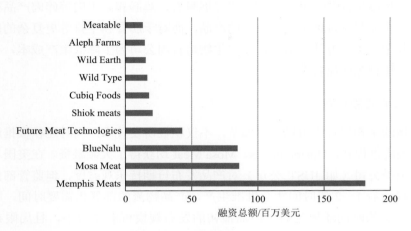

图 2.7.3　生物培育肉企业融资情况

3. 成本

持续降低成本、提升收益，一直以来都是生物培育肉行业商业化发展的关键。2013 年，荷兰科学家 Mark Post 教授通过六年的研究终于推出世界首例生物培育肉产品，并将其制作成世界上第一个生物培育牛肉汉堡。该汉堡由 10000 多条单独的肌纤维组合而成，并且对外宣称该汉堡造价 28 万美元（2470000 美元/kg）。虽然成本高昂，但生物培育肉这项技术的成功引起了各界人士的关注。2018 年以后，越来越多基于生物培育肉类领域的公司成立，并从概念验证阶段发展到原型开发阶段。很多公司也预测了培育肉的生产成本，Upside Foods 在 2018 年宣布，其细胞培养鸡肉的造价成本不到 1000 美元一磅，相当于 2200.46 美元/kg；但比起普通肉类 7.2 美元/kg 左右的市场成本仍有较大距离。Aleph Farms 在 2019 年初宣布，其细胞培养牛肉饼的造价成本为 100 美元一磅，相当于 220.05 美元/kg；Mosa Meat 在 2019 年宣布，其细胞培养牛肉的造价成本为 110.20 美元/kg；Future Meat Technologies 在 2021 年初，发布了一个远超市场预期的数据，其细胞培养鸡肉产品，每份大约 1/4 磅（113g），生产成本只要 7.50 美元。

因为目前生产技术不稳定，初创公司统计的生产成本很大程度上是隐藏的，很难预测大规模生产的效果，而且不同的计算方式导致结果相差 10 倍或更多[84]。GFI 高级科学家 Liz Specht 博士进行了一项成本分析[85]，报告指出生长培养基是培育肉最耗费成本的环节，因为细胞培养过程需要在培养基中加入动物血清，并且培养基需要持续不断地更换，为细胞提供生长所需的糖、盐和氨基酸等营养物质。以细胞为基础的肉类一旦达到工业规模生产，培育的肉类很可能实现与传统肉类实现价格平价[86]。从目前的技术发展里看，鸡肠和碎牛肉等碎肉产品很可能成为第一个能与常规肉类成本抗衡的产品，而对于肋骨和牛排等更复杂的肉块将需要更复杂的生产方法。另外，一些生物培育肉公司为了降低生产成本，在产品中加入了植物源性原料[87]。

4. 发展趋势预测

全球的生物培育肉市场如火如荼，不仅积极研发技术，同时还积极推进技术落地。融资进程看，Upside Foods、Mosa Meat 均获得了大额融资。在美国尽管生物培育肉类公司（如 JUST 公司）对产品发布日期持乐观态度，但监管部门可能在申请提交后 1～2 年时间才会批准生产，产品物流的部署也需要时间，所以真正进入餐桌的时间还要延后。产品最初的发布规模可能非常小，且局限在特定场合。中国市场看，生物培育肉产业刚刚起步，目前投资规模在千万人民币左右。尽管对市场做出准确预测还为时过早，但不可否认的是，市场的整体机遇规模巨大。

任何深度技术行业都需要跨界合作，合作关系将继续成为细胞培养产品扩大生产规模及分销的基石。BlueNalu 也与健康及环境友好型食品领域的领军者 Pulmuone 签署了谅解备忘录以将生物培育肉引入韩国；Aleph Farms 宣布与跨国工程公司 Black & Veatch 建立合作关系以打造净零排放供应链并实现可持续的规模化生产。3D Bioprinting Solutions 宣布与 KFC Russia 建立合作关系，这是世界上生物培育肉企业与快餐店的首次合作，计划试点 3D 打印的生物培育肉块并最终实现其商业化。

未来，城市化、人口增长、中等收入阶层的崛起等原因都促使了人类对肉类的消费量逐渐增加。整体看，生物培育肉行业前景广阔，未来也会有更多不同形态企业、凭借自身个性化优势进入该领域，共同推进该行业不断发展。

7.1.4　主要生物培育肉企业情况

1. Upside Foods

Upside Foods 公司是美国生物培育肉初创企业的代表，已获得比尔·盖茨、美国最大的肉类公司 Tyson Foods 等多项投资，总融资额约 2 亿美元。该公司在 2016 年 2 月宣布已成功生产出培养来源的牛肉组织所制造的牛肉丸，2017 年则成功培育出鸭肉与鸡肉。Upside Foods 执行长兼联合创始人 Uma Valeti 指出，生产成本将于未来几年降低，并计划于 2021 年开始向一般消费者提供生物培育肉产品。

该公司拥有多项生物培育肉相关技术的专利，主要采用细胞改造的方式，目的是提高肌肉干细胞的干性维持、体外增殖能力、扩大细胞培养的密度、降低大规模培养的成本。Upside Foods 公司，将干细胞中转入生肌转录因子 MyoD 使其过表达，进而通过外源调控诱导该细胞转化成肌肉细胞。另外，还通过靶向基因修改，使得 p15 蛋白和 p16 蛋白失活，并转入端粒酶逆转录酶维持端粒酶活性来保持原代干细胞的干性。在另一项技术中，通过激活抑制 HIPPO 信号通路的蛋白，增加细胞增殖速率及培养密度。此外，Upside Foods 公司向细胞中引入编码谷氨酰胺合成酶（GS）、胰岛素样生长因子（IGF）和白蛋白的核苷酸序列来解决细胞培养基中营养物质消耗过快导致成本提高，限制大规模培养的问题。

2. Aleph Farms

Aleph Farms 是以色列生物培育肉初创企业，于 2018 年推出了全球首款在实验室中生产的"人造牛排"，证明了该技术能够模仿经典的牛排风味、形状、质地、结构，迈出了将生物培育肉产品推向市场的关键一步。

该公司提出当包括多种细胞类型（例如卫星细胞、ECM 分泌细胞和内皮细胞）共培养时，能够刺激成肌细胞表现出更优的生存、增殖和肌管形成能力。因此制备了由大豆蛋白、非组织蛋白及多糖组成的三维多孔支架，用于体外共培养成肌细胞与各类祖细胞生产更接近真实肉质的培育肉。此外，该公司优化了生物培育肉培养基的成分及生产技术，从而能够制造出与真实肉具有相似营养价值和感官特性（颜色、味觉和香气）的培育肉。培养基组成包括维生素 B_{12}、类胡萝卜素、花青素等天然着色剂，血红素等含铁物质，还包括维生素 D、维生素 E、辅酶 Q_{10}、脂肪酸等。

3. IntegriCulture

IntegriCulture 是总部位于日本东京的生物培育肉初创企业，由 Yuki Hanyu 博士于 2015 年创立，旨在利用培养鹅肝细胞的方式来制作鹅肝这道深受世界各地的人们喜爱等美味佳肴。实验室培育鹅肝的生产成本目前在 150~1500 英镑之间，最终目标是将降至成本 1.5 英镑。

该公司将含有鸟类或爬行动物卵的胚胎膜培养上清液作为活性成分添加在培养基中，以促进动物细胞的生长。并开发出一种食品级培养液和通用大规模细胞培养技术"Uni-CulNet System"，且证实在牛、家禽细胞上有效。另外，还开发出了一整套包含生长诱导系统、生长诱导控制装置、生长诱导控制方法和生长诱导控制程序的控制设备，实现了人工构建机体环境，模拟体内细胞相互作用，低成本大规模培养动物细胞。此外，该公司正与东京女子医科大学合作，目的是更好地了解如何在人工培育的肉类中创造纹理和脂肪。该公司还希望未来为长途旅行者或太空旅行的宇航员制造肉食品。至于其他里程碑式的产品还包括开发基于细胞的皮革、毛皮和可以用于医疗用途的物品。

4. Mosa Meat

Mosa Meat 是由制造出世界上第一个生物培育肉汉堡的荷兰科学家 Mark Post 教授创立的，这是全球最早的培育肉公司，也开创了培育肉行业。该公司的技术几乎都处于保密阶段，很少对外披露。在公开的资料中，他们设计了一种用于从成肌细胞、肌细胞或间充质细胞中生产肌肉组织的装置和方法。通过在装置中添加细胞和可交联支架生物材料，并在圆周槽中添加培养基并孵育形成组织环，最后可用切割器切割来收集组织环。

5. Future Meat Technologies

Future Meat Technologies（FMT）成立于 2018 年，至今已完成 2675 万美元的战略融资，其技术包括直接从动物身上提取细胞，在实验室培育肉制品等。

FMT 的培育肉生产技术与其他公司所运用的不同点在于，其生产方式不涉及基因编辑技术，它的种子细胞为提取自结缔组织的成纤维细胞，并运用植物基营养液来供给养分，让细胞生成脂肪或者肌肉。

6. Modern Meadow

Modern Meadow 是位于美国纽约布鲁克林的初创公司，目前已宣布能在实验室的容器里通过生物制造工程和 3D 打印技术来培育牛肉和人造生物皮革。

该公司主打 3D 生物打印技术，首先将逐个细胞打印融合成可培养的组织，在培养皿中培养几个星期后，就可以制备出一块完整新鲜的肉。他们改良 3D 打印挤出末端组件，用以接收细胞和多细胞聚集体的悬浮液，并通过喷嘴连续挤出多细胞圆柱体，形成生物组织，提高三维组织的组装速度，这种方式能降低组织培养成本、节省时间、提高效率。在培养方式上，该公司的技术通过在含明胶的悬浮微载体上培养肌肉细胞，随后将长满细胞的微载体聚集融合，在短时间内获得可用于组织加工的生物单元。此外，他们将培养的动物肌肉细胞与果胶组合后制成薄片的脱水食物，通过这种方式改善了口感，提供了高脂肪、高钠小吃如薯片的替代物。

除上述几个知名生物培育肉企业外，还有许多相关企业致力于生物培育肉产业链的上下游产品研发，如无血清培养基、细胞支架、生物反应器、改善外观口感的添加剂等[2]。日本中外制药株式会社开发出利用鱼肉的酶分解物或鱼肉提取物制成的血清替代物，添加在无血清培养基中还可提高细胞中蛋白质产量。以色列耶路撒冷希伯来大学的益生研究开发公司开发出灌注系统控制输送溶液到生物反应器腔室，以一定速率通过培养细胞，再通过透析器中的透析液降低溶液的氨含量后，返回所述生物反应器腔室，以循环利用培养液，降低成本。另外，为提高生物培育肉的外观，使其呈现真肉的颜色，通过需要在肌肉组织中添加富含血红素的血红蛋白，以模拟真实肉制品的颜色。美国非凡食品有限公司将特定信号肽与含血红素的血红蛋白制备成融合多肽，在重组细菌细胞中成功表达分泌性血红蛋白；并将经分离和提纯的血红素蛋白和多种风味前驱因子组合成风味添加剂，赋予食品以类似肉的风味。

7.2　发展面临的竞争与挑战

肉类食品为人类提供了主要能量、蛋白质和微量营养素的摄入，长久以来，肉类膳食被认为是提高营养、补充蛋白及改善健康饮食的重要环节[88]。近年来，随着经济发展、人口增长和收入增加，全球的肉品需求快速增加。然而，由于传统肉类加工基于畜牧业供给原料肉，其生产系统的特点是资源密集型，肉类生产引发了动物福利以及对环境破坏等一系列问题[89]，传统肉类生产方式已难以满足人类未来的蛋白消费需求和可持续发展理念。一场追求高效、环保、可持续的替代蛋白肉类科技变革正在发达国家悄然兴起。替代蛋白是在现有传统蛋白以外的新的蛋白来源选择[90]。目前，包括生物培育肉、植物蛋白仿肉制品和微生物蛋白仿肉制品等在内的替代肉品被认为是最有可能替代传统肉品的新型替代动物蛋白制品。

和其他替代蛋白不同，生物培育肉是其中唯一提供真实动物蛋白的替代肉类。生物培育肉面对的竞争与挑战是全方位的[91]，既要面对与其他替代蛋白类产品竞争，同时也要接受在行业内部科技与技术的挑战。技术层面上，生物培育肉是生物技术、组织工程、细胞培养等领域的交叉综合。为了降低生物培育肉的生产成本，扩大生产规模，生产过程中所使用的生长因子的替代方案是培育肉生产最具挑战性的技术之一。常规生物培育肉的生产涉及胎牛血清的使用，在伦理和造价上都颇具争议。目前主要通过筛选血清中关键的营养成分及生长因子，利用生物合成等方法获得各组分，最终形成血清的替代物[92]。除此之外，生物反应器和细胞支架的开发系统配置也是生物培育肉生产面对的较大挑战。生物反应器系统需要使所有细胞都能接触培养基，同时优化空间要求[93]。在细胞增殖阶段，在引入支架之前，许多细胞类型需要附着在表面以支持生长。而细胞必须在只有一个细胞直径厚度的融合单层中生长，这需要大量的表面积。因此，系统需要包含支架以提供细胞黏附的空间，就像它们黏附在生物反应器的内壁面一样，这增加了可用表面积的量。支架必须模拟细胞外基质（ECM）的特征使细胞贴附，最显著的是孔隙率、结晶度、降解、生物相容性和功能[94]。很少有材料可以模拟所有这些特性，因此，混合具有互补特性的不同材料的研究亟待发展。

在克服生物培育肉生产技术挑战的同时，生物培育肉的生产者和倡导者必须考虑一系列的社会问题，包括消费者的诉求和接受度、媒体报道、宗教地位、监管和潜在的经济影响。媒体是向公众提供信息的重要渠道，在评价公众对于食品技术的看法方面发挥着关键的作用。早期媒体对于生物培育肉类的报道大多是中立或积极态度的，这积极地影响了一部分公众对生物培育肉的基本印象。生物培育肉的消费者接受度也一直是行业内外的关注重点。对生物培育肉消费者接受度研究的系统回顾发现，消费者对生物培育肉的顾忌主要与以下因素有关：自然、安全、健康、味道、质地和价格[95]。自然与安全是消费者的关注重点，这两方面的解决依靠生产企业的技术革新使生物培育肉生长最大程度上接近动物细胞生长规律，并通过优化生产工艺使生物培育肉的生产符合食品安全要求。

经过近几年的大量生物培育肉初创公司的研发投入，生物培育肉生产的各个环节虽有了很大的进展，但其面对的竞争与挑战依旧很大。

7.2.1　传统肉

动物肉类被认为是高质量的蛋白质来源，其蛋白质拥有与人体相似的所有必需氨基酸，这使其在食用过程中为人类提供了极高的营养价值[96]。随着生活水平的进一步提高，尤其是发展中国家对动物源食品，特别是肉类的需求将持续增长。而传统的畜牧养殖需要占用大量的土地，消耗大量的水，排放大量的温室气体，导致全球饲料、食物等资源紧张、气候变化和其他环境问题严峻[97]。一些研究表明，加工肉摄入总量较多会与几种慢性疾病的高风险相关，其中包括结肠直肠癌、冠心病和 2 型糖尿病[98]。出于这些环境和健康方面的考虑，现在鼓励高消费国家减少肉类消费，特别是红肉和加工肉[99]。但这可能会对部分关键营养素需求量大的人群构成多方面的挑战，例如维生素 B_{12} 摄入量不足、蛋白质摄入量低于老年人的要求、与儿童生长相关的锌摄入量低等。然而，吃肉是一种人类与生俱来的本能，并与人类发展共同进化，它比任何其他食物都能引起人们强烈的情感反应，因此无法从客观角度减少人们对肉类的需求。近些年来，由于非洲猪瘟等动物疫病的爆发，传统养殖业的出栏动物减少，而市场需求持续增加，导致生猪价格一直呈上升态势，这些结果进一步加剧"人造肉"市场化的迫切性。

传统肉制品随消费者口味的变化和要求持续地推陈出新，形成了现阶段品类丰富、深加工水平高的现状。在肉制品消费市场，传统肉制品占据着首要地位，短期可能不会有替代肉类做到完全的替代，但从长期的角度来看，肉类替代产品的市场化是填充传统肉制品越来越大供给空缺的重要途径。

7.2.2　植物蛋白素肉

植物蛋白素肉也称素肉、植物仿肉，主要利用大豆蛋白、豌豆蛋白等通过物理与生物处理，形成类似天然肉的形态结构。与传统动物肉相比，在口感、质地、色泽和风味方面，植物蛋白素肉目前还无法做到完全仿真。植物蛋白经过水化、高温挤压以及机械剪切加工后使蛋白质变性，内部的分子空间结构重新排列分布，从而获得具有分层、纤维状的组织结构，这是使植物蛋白素肉呈现类似动物肉纤维的关键。目前，能有效形成纤维状蛋白质结构、规模化生产可行性高的植物蛋白肉加工工艺主要包括纺丝法、挤压法和热剪切法[100]。其生产流程主要包括三个步骤：①蛋白质分离和功能化，从植物中提取目标植物蛋白质，经过水解提高其功能性，例如溶解性和交联能力；②配方，将植物蛋白与食品黏合剂、植物脂肪和面粉等成分混合，形成肉质。添加营养素匹配或超过肉的营养成分；③加工，植物蛋白质和其他成分的混合物进行蛋白质重塑（如拉伸、揉捏、修剪、挤压、折叠、挤压等）。

传统的植物蛋白素肉制品在中国已有几千年的食用历史，传统植物蛋白素肉制品的兴起最早是为部分素食爱好者提供一种类似于肉制品味道的素食产品用来产生食"肉"的口感，主要以各类豆制品（如豆腐）、面筋模拟肉制品[101]。在我国，传统素食产品的生产企业有上海的功德林、宁波素莲、鸿昶等，这些素食产品生产企业开拓了中国植物蛋白素肉制品的基础市场。采用大豆为原料加工的具有肉类风味的传统"素肉"，也可以视为植物蛋白素肉的一种。但是在口感、质地、风味、营养等方面与真实肉制品存在较大差距。因此，如何通过生物工程与食品科学等技术促进我国植物蛋白食品向着符合消费者需求、绿色安全的方向发展，实现有类似真实肉制品的色、香、味、质构、营养的新一代植物替代蛋白食品升级换代，对我国蛋白制品、肉制品行业乃至食品行业安全都至关重要，也为我国现代食品工业可持续发展提供重要理论和技术支撑。

随着经济的发展，现代人的饮食结构发生了巨大的变化，在吃腻了大鱼大肉、生猛海鲜后，为了身体健康，素食走进越来越多人的视野。由于这部分新兴的消费者并非纯素食的拥护者，对植物蛋白素肉制品的要求并不再是简单的与肉类相似，而是期待口感、味道都与传统肉制品高度一致。以此为目标，植物蛋白素制品的原料已不仅仅限于大豆蛋白和谷蛋白，一些其他植物来源的蛋白（例如藜麦蛋白、螺旋藻蛋白、鹰嘴豆蛋白等）也被逐渐用于植物肉制品[102]。新型的植物性肉制品被视为一种新趋势，其特点是产品的设计和营销在味道、质地和营养方面几乎等同于传统肉制品。

国际上，Beyond Meat 等植物肉品牌供应商针对西餐的食材要求，植物肉产品的质地构造多以肉糜、肉酱、肉饼等肉类形态为主。美国 Impossible Foods 公司通过添加由酵母合成的植物性血红蛋白制作改良版植物蛋白人造肉，完全不含胆固醇、动物激素和抗生素等，提升了植物肉的口感与风味，得到广泛推广。虽然现阶段植物蛋白素肉在外形质构、风味与天然肉有明显区别，但是已经具有了较好的研究基础。在中国，生产新型植物肉的食品企业如雨后春笋般涌现，出现了星期零、珍肉、未食达等一批创业公司，也有部分传统肉制品公司开发相关产品，主要以火腿肠、肉饼、肉排为主。由于现代人对身体健康、环境保护、动物福利等方面的关注和意识的提高，植物肉制品依托其蛋白质含量高、生物利用率高、对动物无害、保护生态环境等特点，必将打开更大的消费市场。

7.2.3　昆虫蛋白肉

昆虫作为一种优质的动物蛋白质来源，大量养殖可以对抗集约化动物养殖的有害影响。昆虫养殖的优点包括温室气体排放低、需水量少、空间需求小（例如垂直养殖）、生长快速、繁殖力高以及较高的食物转化效率[103]。例如：一只蟋蟀的可食用质量分数达 80%，而一头牛的可食用质量分数只有 40%。许多昆虫物种被证明富含蛋白质、健康脂肪和矿物质。食用昆虫通常被认为是具有与传统肉类或家禽产品相同或更好的营养成分，因为它们是蛋白质、单不饱和、多不饱和脂肪[104]、纤维和矿物质的密集来源[105]。但与传统肉制品一样，昆虫作为一类动物源蛋白来源，不免需要考虑相同的食用安全问题，如污染物、重金属积累、病原体、农药残留、过敏原等问题。

在中美洲、南美洲、非洲和亚洲的部分地区，吃昆虫是一种常见的文化习俗。

在北美、欧洲等更成熟的西方市场，这种吃法也在慢慢地被接受。Eat Grub（英国）是一个打破常规的新型可持续食品品牌，旨在通过引入昆虫作为其产品的材料来源，革新饮食文化。然而，由于大部分消费者对昆虫的恐惧，让人们放弃其他种类的肉制品转而食用昆虫并不是一件容易接受的事情，尤其在西方文化中实现昆虫消费的主流接受完全是一个挑战[106]。虽在我国，部分地区自古就有昆虫入菜以及入药的传统，例如山东及东北地区有食用蚕蛹、豆天蛾幼虫、蟋蟀、蝉等昆虫的习惯，蚂蚁、水蛭被作为一种中药材用于医疗[107]。但由于与生俱来的味道和质地差异，全昆虫的食物可能无法满足消费者对禽、肉的渴望。目前国内外昆虫食品公司主要都集中于如何将昆虫的营养浓缩，例如昆虫补剂、昆虫粉末等，或者将其与其他食品重新组合制作成含有昆虫组分的食品[108]，例如泰国的 Bugsolutely 公司将蟋蟀粉与面粉混合制成了一种含有 20%蟋蟀面粉的蟋蟀意大利面 Cricket Pasta，美国的 EXO 公司将蟋蟀与其他蛋白质混合制成了 EXO 蛋白能量棒。这些产品都很好地规避了让消费者看到整只昆虫的食用恐惧，另一方面通过与传统休闲食品重组，使消费者放下心中防备安心食用。随着人们对这类蛋白的认知和接受度增加，将迎来食用昆虫更大的发展空间。

7.2.4　微生物蛋白肉

微生物蛋白肉是以发酵培养微生物蛋白为主要原料，经加工而成的具有类似肉制品外观、质地、营养、风味和色泽的食品。随着社会发展和技术进步，微生物细胞工厂技术将引领食品生产方式的变革，有望终结农药化肥的使用，减少对土地的依赖和污染，推动农业工业化发展，从而使国家竞争力和全球产业竞争格局发生彻底重构。

国外自 20 世纪 80 年代开始就曾多次尝试将微生物蛋白用于食品，当时的研究主要集中在利用甲醇、甲烷生产甲基营养菌蛋白，用于动物饲料[109]。英国 Feed navigator 公司的 FeedKind 蛋白可以实现水产饲料中鱼粉的完全替代，预计将来产能可以达到 8 万吨干物质/年[110]。氢氧化细菌（HOB）能够实现每千克氢气到 2.4kg 干生物量的转化，芬兰 Solar Foods 公司宣布，他们将在 2021 年之前将 HOB 的一种食品 Solein 推向市场[111, 112]。美国初创公司 Air Protein 公司用"空气造肉"利用特殊微生物（Hydrogenotrophs）将 CO_2 转化为可食用营养蛋白，外观类似全麦面粉[113]。Quorn^{TM} 可能是真菌蛋白的最成功的例子，它在全球大约 20 个国家被商业化和销售。Quorn^{TM} 由需氧子囊菌 Fusarium venenatum 的培养物制成，目前 Quorn^{TM} 产品制造的真菌蛋白产量达 25000 吨/年，全球市场价值约为 2.14 亿欧元，预计未来每年将以 20%的速度增长[114]。瑞典人造肉公司 Mycorena 于 2019 年推出了被认为是肉类理想替代品的真菌蛋白"PromycVega"，最近又推出了盒装素食肉丸产品[115, 116]。美国 Nature's Fynd 公司发酵真菌蛋白产品 FY 蛋白含有 9 种必需氨基酸的完整蛋白质，已经被制作成肉类和乳制品的替代品在市场上销售，并设计了气-液发酵方式，极大地减少土地和水资源使用[117]。

　　我国微生物蛋白主要用于饲料生产领域，在食品领域的应用较少。目前国内微生物蛋白的研究和应用正在努力缩小与国外的差距。包括生产技术、发酵技术、产业化技术等已经取得显著进展。我国部分基础研究工作集中在发酵技术、底物利用等方面，例如以木薯淀粉、玉米粉、麸皮和马铃薯渣等为原料混菌发酵生产可食性单细胞蛋白，筛选得到混菌发酵组合，并优化蛋白产出培养条件。目前已筛选出胶红酵母、酿酒酵母、产朊假丝酵母、米曲霉和黑曲霉等优良的食用菌种。成都大学王卫等人，利用食品级白地霉和扣囊拟内孢霉的发酵作用，成功生产了一种菌蛋白调理仿真肉制品，并获得了专利[118]。2021 年中国农业科学院饲料研究所与北京首朗生物技术有限公司联合研究团队首次实现了从一氧化碳到蛋白质的合成，并获得农业农村部颁发的中国首个饲料原料新产品证书。

7.2.5　人造蛋白制品

　　人造奶、人造蛋与生物培育肉同属于替代蛋白类食品。牛奶含有丰富的蛋白质、脂肪、维生素和矿物质等营养物质，作为最古老的天然乳制品之一[104, 119]。我国也一直有"学生饮用奶计划"以改善全国中小学生的营养状况，可见牛奶的营养全面和产业体量巨大。但乳制品（生乳汁）的生产和饮用都存在一些缺点。以生产及饮用牛奶为例，第一，牛奶必须从尚在哺乳期的奶牛身上获取，如此一来便造成了部分母牛反复怀孕等侵害动物福利的行为发生[120]；第二，奶业本身也是养殖业的一部分，传统养殖业造成的环境污染和资源浪费问题奶业同样存在；第三，抗生素及农药残留，由于饲料生产过程的农药残留和对泌乳期奶牛的用药不当导致其分泌的乳汁中含有农药及抗生素残留，因此可能会导致人体内产生耐药菌株；第四，部分人群体内缺少乳糖酶，导致这类人群饮用牛奶后易发生乳糖不耐症。故随着人们环保意识、动物福利及动物保护意识的提升，人造奶随之产生，人造奶以牛奶为基础，通过化学和生物发酵的方法调配出与牛奶口味相似，营养成分更高的乳制品[121]。人造奶对比传统奶，是一种更清洁，营养更强的乳制品[122]。早在 2014 年，乳制品生产公司 Muufri 就尝试利用经过基因改造的酵母来替代奶牛，生产人造奶。从营养健康的角度，人造奶虽可以模拟牛奶等乳制品的口感和风味、大部分蛋白质，但牛奶中的天然活性营养如乳铁蛋白、免疫球蛋白、乳清蛋白、磷酸肽、低聚糖、共轭亚油酸、神经节苷脂、鞘脂类、乳矿物质、生长因子和核苷酸等并不容易"人造"。作为一种替代蛋白饮品，人造奶品质的不断提升和成本控制还需要在基础研究上不断努力。

　　鸡蛋是人类饮食的重要组成部分[123]。中国是最大的鸡蛋生产国和消费国，每年生产 5290 亿个鸡蛋；其次是美国，每年生产 1070 亿个鸡蛋。目前，市面上和研制中的人造蛋多依赖植物基蛋白制作[124]。来自硅谷的 Spero 初创公司试图通过南瓜子制作人造蛋，Clara Foods 则是通过改造酵母细胞使之能产生蛋清蛋白，并通过发酵法收集发酵的蛋清蛋白以制作人造蛋。目前在部分国家和地区的市场进行销售的 Just Egg 公司人造蛋，是由绿豆分离蛋白、菜籽油、木薯粉等原料制成。该产品与天然鸡蛋相比，不含胆固醇成分，热量、脂肪含量低，是一种健康的鸡蛋替代物。以 Just Egg 的人造蛋 2019 年公布的数据为例，1.5 盎司成本为 0.22 美元，相对于传统鸡蛋的价格要高出许多。与人造肉、人造奶一样，其发展过程中也并将面临降低成本的问题。目前的人造蛋研发多侧重于鸡蛋熟制后的口感和主要营养元素的复制方面，更多种类的营养物质的添加也可能是未来的发展方向[125]。

7.3　监管体系构建的战略需求

　　近年来，欧洲和美国明显加快了生物培育肉的市场化进程。2018 年 1 月起实施的欧盟《新食品原料法规》明确将生物培育肉列为新型食品[126]；2019 年 3 月，美国农业部和食品药品监督管理局宣布已经联合建立了针对生物培育肉的监管体系[127, 128]。2020 年 12 月，新加坡食品局批准上市了全球首个生物培育肉产品[129]。我国作为全球人口数量最多的国家，每年的肉品生产和消费数量巨大且增速迅猛[2]。据国家统计局数据 2018 年我国肉类产量达到 8624.63 万吨[130]，占当年全球总产量的 25.6%[131]。2019 年我国人口数量达到 14 亿[132]，占世界总人口的 19%[133]，具有发展生物培育肉产业的广阔市场，然而生物培育肉的生产工艺技术复杂[9, 134]，我国亟需提前布局和建立相应的监管体系，以保护本国生物培育肉相关产业的发展，预防其他国家在该领域对我国进行技术垄断，为保障我国未来的肉品稳定供应提供多样化的选择。

　　通过总结美国、欧盟、新加坡、日本、以色列在生物培育肉监管方面的相关研究和创新探索，结合我国生物培育肉的发展现状和相关的监管实践，遵照战略性、指导性和实操性原则，提出我国建立生物培育肉监管体系的政策性建议，为相关部门制定生物培育肉的监管体系提供科学依据。

7.3.1　监管的必要性

　　自从 2013 年世界上第一块"生物培育肉"诞生,短短几年时间内,产业发展、法律监管和科研技术等方面都取得了瞩目的进步。该技术在 2019 年被《麻省理工科技评论》选为人类的"十大突破性技术",被认为是最有可能解决未来人类肉品生产和消费困境的解决方案之一,具有极高的潜在商业价值[14, 135, 136]。从食品安全角度出发,将生物培育肉纳入监管体系对其进行规范,培育肉产品才能进入市场,从而使民众放心食用。具体从以下方面分析其监管的必要性。

　　从生物培育肉技术优劣角度上分析,生物培育肉是一种利用动物细胞体外培养的方式控制其快速增殖、定向分化并收集加工而成的新型肉类食品。相较于传统养殖肉有以下几个优点:①保障肉类供应安全[137, 138];②缓解传统畜牧业的环境问题[139],包括温室气体排放,土地利用和水资源利用[7];③保证人类健康,减少畜牧业与食源性疾病,饮食相关疾病,抗生素抗性和传染性疾病相互关联[140, 141];④动物福利。这些优势,正是世界各个国家面临的社会难题,生物培育肉这种新技术出现,给了解决这些问题的方法和途径,顺应当前社会的发展,如此来看,生物培育肉发展势不可挡。

　　从产业发展角度分析,生物培育肉的发展势头,先是在投资界出现。从 2015 年第一家生物培育肉公司出现,此后 6 年,生物培育肉直接相关的企业已经有 89 家。投资金额达到上亿美元,且逐年增长。没有相应的监管体系,产业在发展初期可能没有明显的问题;但是随着规模的扩大,以及产品上市的时候,如果没有规范的监管体制,对产业的发展也是不利的。从培养基的监管得当,生产规范做好,各种原材料问题基本就得到了保障,在生产中污染引入越小,规模做的越大,生产工艺与流程就会比较成熟,生产带来的问题也就在可控范围内。2020 年全球首例获得上市销售许可的生物培育肉产品——美国 Eat Just 公司的生物培育肉(鸡源)通过新加坡 SFA 的安全性评估并被允许作为鸡块的配料在新加坡上市销售[129],推动了其他国家完善监管体系,推动产品的上市,从而在生物培育肉产业占有一席之地。

7.3.2　监管的特殊性

　　生物培育肉是人类首次利用干细胞体外培养方式生产食品的探索,颠覆了人类对肉品的传统认知,具有概念和技术的原创性,基本生产流程见图 2.7.4 所示。

从图中可以看到, 生产流程中既包括了医学中常用的干细胞获取和体外培养技术:
①细胞库构建; ②细胞增殖; ③细胞分化等, 也包含了食品化加工、标签标识等
细胞收获后加工过程。从监管角度分析, 生物培育肉监管的特殊性在于: 它属于
一种跨领域的食品。细胞增殖发育是现代生物医学的领域, 但最终的成品是属于
食品领域。无论是将生物培育肉作为一种医用制品亦或是一种食品进行管理都将
有失偏颇, 需要综合考量医学和食品学两方面的因素, 以确保食品安全[142]。

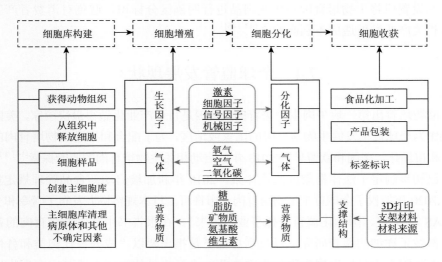

图 2.7.4　生物培育肉的生产流程示意图

7.3.3　监管的原则

　　虽然欧盟、美国早已在生物培育肉监管层面进行了顶层设计, 新加坡甚至率
先公布了一个相对客观的具体监管措施, 但仍然还可以看出目前针对生物培育肉
的监管是不全面的, 欧盟至今尚无一例生物培育肉的上市申请获批, 美国仍没有
赋予其《联合监管协议》以法律地位, 新加坡的监管举措依然是开放的, 对于生
物培育肉安全性这一核心问题仍在探索中, 监管内容仅对细胞的稳定性有相关要
求, 但对种子细胞的转基因问题、生物培育肉的营养问题、生物培育肉的质量控
制等核心问题仍有诸多疑问, 需要通过进一步的监管评估和技术发展才能日臻完
善[143]。纵观世界各个国家的监管办法, 结合生物培育肉的特殊性, 提出以下监管
原则: ①明确生物培育肉的食品属性, 监管体系应围绕生物培育肉的食品属性特
点进行构建, 这样才能激发社会的创新活力, 促进更多的技术和资本向该行业倾
斜, 加快生物培育肉的工业化进程; ②综合考虑技术变革可能带来的新型食品安

全问题，生物培育肉的最大创新是革新了人类有史以来的肉品生产模式，即用工厂代替农场进行肉品生产，这可以有效实现生产和加工过程的标准化控制，然而，在生产过程中也用到了动物干细胞、培养基、支架材料等新技术或新材料，监管体系的设置应综合考虑技术变革可能带来的新型食品安全问题；③明确区分生物培育肉和传统肉品，生物培育肉是肉制品的一种，与传统肉品在生产过程上有本质的区别，在生产成本、营养成分、食用方式等方面也必然存在差异，相应监管体系的设置应将生物培育肉与传统肉品进行明确区分标识，避免对消费者产生误导给相关产业发展造成不利影响[9, 143-146]。

7.4　全球监管发展现状

欧盟培育出第一块牛肉生物培育肉，美国是目前产业化做得最快国家，美国和欧盟作为全球最早发展生物培育肉的国家或地区，为了配合和推进生物培育肉的工业化和市场化，美国和欧盟早在 2013 年就启动相关生物培育肉的监管探索[147-149]，目前已初步制定了法律框架或监管体系。2019 年新加坡启动新食品管理规定后，并于 2020 年授权了全球首个生物培育肉上市许可。日本规格协会发布了《令和 2 年度 JAS 的制定、国际化调查委托事业报告书》，在报告书中就生物培育肉的各个方面都做了详细的调查研究。以色列总理更是指出要以"成为替代肉类和替代蛋白质的强国"为目标发展生物培育肉产业。本章将具体介绍上述国家在生物培育肉监管发展趋势研究。

7.4.1　美国

1. 美国培育肉产业发展

截至 2020 年底，共有 89 家生物培育肉和海产品行业初创企业公开宣布成立。其中超过三分之一的公司位于美国，使美国成为全球生物培育肉行业的领导者。然而，这一领导地位也是岌岌可危。如果没有公共部门对生物培育肉研发和培训的额外支持，未来美国本土成立更多尖端生物培育肉公司的可能性就更小[87]。

Upside Foods 公司 1.86 亿美元的 B 轮投资显示了投资者对生物培育肉技术的信心[150]。加州大学戴维斯分校获得了数百万美元的国家科学基金会拨款[19]，代表美国政府认可生物培育肉是一个有价值的研究领域。美国国家科学基金会对加州大学戴维斯分校生物培育肉研究的支持是生物培育肉产业的一个重要里程碑，这是美国政府首次对生物培育肉研究领域进行科研资助。对生物培育肉研究的公共投资可以激发更多的研究，刺激经济增长和创造就业机会，创造养活美国人和全世界的新机会，并使食品供应多样化，使其能够抵御极端天气、人畜共患疾病风险，迎合不断变化的消费者偏好。

1）企业推动

目前美国是成立相关初创企业最多、涉及产品种类最全的国家，业务范围涉及畜、禽、水产品等不同种属生物培育肉的生产、生物培育肉制备专用培养基、3D 打印装备、支架材料等，逐渐形成完整的产业链条。2019 年 8 月 29 日，美国的 Artemys Foods、New Age Meats、BlueNalu、Finless Foods、Fork&Goode、JUST 和 Upside Foods 组成了肉类、家禽和海鲜创新联盟（Alliance for Meat，Poultry&Seafood Innovation，AMPS），企业基本情况如表 2.7.4 所示[17, 151]。AMPS 的宗旨是：①向消费者科普生物培育肉的行业概况及相关产品和技术；②秉承安全透明的原则协助 FDA 建立对生物培育肉的具体监管法规[152]。相关从业企业或者企业联盟的积极配合进一步加快了监管体系的建立和完善。完善的监管体系是推动生物培育肉工业化和市场化的关键，美国政府迅速制定相关的监管方案间接体现出美国政府鼓励创新的态度，促进美国的生物培育肉产业快速发展。

表 2.7.4　AMPS 的参与企业基本状况统计表[36-37, 40]

企业名称	成立时间	融资金额*	主营业务
Upside Foods	2015 年	$2 亿	生物培育肉（牛、鸡、鸭源）
New Age Meats	2018 年	$500 万	生物培育肉（猪源）
BlueNalu	2017 年	$2480 万	培育水产品（黄尾金枪鱼、鲑鱼源）
Finless Foods	2016 年	$375 万	培育水产品（金枪鱼源）
Fork&Goode	2018 年	$354 万	生物培育肉（具体未披露）
JUST	2011 年	$3.73 亿	生物培育肉（鸡源）
Artemys Foods	2019 年	$12.5 万	生物培育肉（具体未披露）

*统计数据截至 2020 年 11 月

2）学术推动

2020 年秋季，美国政府向加州大学戴维斯分校的研究团队拨款 355 万美元（Award#2021132、PI David Block、co-PIs Keith Baar、J. Kent Leach、Karen McDonald、Lucas Smith），用于生物培育肉研究。这笔资金将在五年内发放，研究人员将获得 115 万美元预付款，并在项目前两年证明取得足够进展后再获得 240 万美元。这项来自国家科学基金会（NSF）的拨款是美国政府当前在生物培育肉研究上的最大投资，这也是美国政府首次在生物培育肉领域向一所大学而不是一家公司提供投资[19]。

　　加州大学戴维斯分校生物培育肉研究团队的主要研究内容是：建立细胞系，优化培养基和培养过程，研发生物培育肉支架，并进行技术和生命周期分析。以"为可持续发展生物培育肉产业奠定科学和工程基础"为主题，研究团队集中于以下四个目标。①开发一种有效的干细胞增殖和分化成肌肉组织、脂肪组织和结缔组织的策略，以保持细胞系的稳定性和可扩展性（研究团队领导：Lucas Smith；教师参与者：Keith Baar）。②建立一种廉价的、以植物为基础、无血清培养增殖和分化细胞系的模式（研究团队负责人：Keith Baar；教师参与者：David Block、Karen McDonald、Somen Nandi、Anita Oberholster、Ameer Taha、Payam Vahmani）。③研发生物材料和工艺，支撑生物培育肉 3D 组织结构（研究团队领导：J. Kent Leach；教师参与者：Anita Oberholster、Ameer Taha、Payam Vahmani and Jiandi Wan）。④完成生物培育肉生产工艺过程中经济和环境评估（研究团队负责人：Karen McDonald；教师参与者：Somen Nandi、Ned Span and Daniel Sumner）。

　　加州大学戴维斯分校积极创建生物培育肉联盟（CMC），该联盟于 2019 年秋季与生物技术项目联合成立，是一个非正式的组织，主要由教师、管理人员、工作人员和高级科研人员（如研究生和博士后）组成，他们对生物培育肉和相关技术的发展感兴趣。组织者会在整个学年中定期安排会议和活动，跟踪协会短期和长期战略目标，并分享合作的校外资助机会和学术活动的信息。几个校友在生物培育肉和替代蛋白质产业工作，会推荐学校研究生在指定重点生物技术项目实习。

　　虽然全球各地的生物培育肉公司都在进行类似的研究，但大部分技术交流仍在公司内部。每一家公司的进步都是令人激动的，但不能指望任何一家公司能迅速开发出所有关键技术的解决方案，以价格优势实现大规模生产并使生物培育肉商业化。生物培育肉产业不仅需要初创公司的创新和商业化，更需要一个公共研究的平台，利用该平台建立一个专门为该行业培训的人才队伍，并为继续教育提供场所，这也是学术研究中心的核心价值，同时能推动该领域更有效率和快速地发展。

　　不过，学术界在生物培育肉研究方面仍然存在差距。目前，希望将其专业知识应用于生物培育肉的学术团体数量远远超过现有的资助机会。此外，收集初期数据来支持拨款提案可能会很困难，因为新来者仍然面临进入障碍，比如获得细胞系。GFI 的高级科学家艾略特·斯沃茨博士说，"学术研究通常是创意和技术转化为新兴生物技术产业的桥梁。目前，这种创意流动不过是涓涓细流，因为世界上专门进行生物培育肉研究的学术实验室很少。加州大学戴维斯分校获得国家科学基金奖创造了一个积极的反馈，从而使更多的资助机会催化学术界开展更多的生物培育肉相关研究。更多的学术研究推动技术创新及发展，而且，考虑到这些资助为学生提供的培训机会，最终，该行业将拥有更大的人才库[19]。"

　　调研发现，美国在各个方面积极推动生物培育肉产业发展，包括在生物培育肉监管法规、市场化、学术研究等方面持续高效的探索。总结美国生物培育肉发展的特点主要包括以下几个方面。

　　（1）产业政策方面，美国非常重视有关生物培育肉监管政策和法规的制定。政府多次开展座谈会，探讨并听取各方意见，并结合美国本土的政策法规、规范和指南、管理机构和部门的职责等，不断改进监管政策，最终确定联合监管的框架。在推进过程中，也在不断讨论相关立法、评估和监督职能等细节，逐渐完善。

　　（2）产业投资方面，基于巨大的市场化前景，生物培育肉吸引了投资者的极大关注。超过三分之一的公司总部落户美国，生物培育肉投资越来越受到重视。美国公司不仅产品类别涵盖丰富，国家和地方政府、企业各方投入趋于合理，开始有产业的上、中、下游发展。例如，Upside Foods 在 2020 年初的 B 轮融资中筹集了 1.86 亿美元，使他们的总筹资额接近 2 亿美元，远远超越其他公司。这一突破标志着基于细胞的肉类行业历史上最大的融资时刻，并有望使 Upside Foods 公司达到将其产品推向消费者的历史性里程碑。

　　（3）科学发展方面，美国从政府、商业多层次进行学术投资，搭建公共研究平台，同时还建立一个专门为该行业培训的人才队伍，并为继续教育提供场所。

2. 美国监管体系

　　近年来，美国企业和研究机构投入了大量资源开展培育肉的研究，这也得到了美国政府的高度重视，因此专门制定了生物培育肉的监管方案及监管制度，为生物培育肉的产业化管理奠定基础。目前，美国已经建立了生物培育肉监管的政策法规框架、规范等，并对管理机构和部门的职责分工明确且具体，同时相关立法、评估和监督职能也在逐渐完善。

　　对于美国食品监管机构的监管模式来说，整体设计上按照从上到下的垂直方式来管理。美国食品安全监管机构设置以总统食品安全委员会作为美国最高管理机构，对政府所属的各个机构进行协调管理，包括卫生部、农业部、环境署、财政部、商务部、海关总署、司法部、联邦贸易委员会 8 个部门的协调管理[153]。在各个部门下又设置有相应下级机构，如卫生部下设食品药品管理局和疾病预防控制中心，农业部下设食品安全检验局和动植物健康检验局。在职权方面，部门职责权限明确：①卫生部下设的食品药品管理局（FDA）主要负责食品从生产到销售整个产业链的监管，工作主要包括监测、标准制订、召回等；疾病预防控制中心主要负责食源性疾病的调查与防治[154]；②农业部（USDA）下设的食品安全检验局主要负责肉、禽、蛋类产品的监管和法律法规制定；动植物健康检验局主要负责监管果蔬类和其他植物类，防止动植物有害物和食源性疾病[155]。

美国的监管机构在建设生物培育肉监管体系过程中的重大事件（如表 2.7.5 所示）中，发挥了强有力的推动作用。最初，2018 年 5 月美国众议院议员们在开支法案中提出，农业部负责监督生物培育肉的生产和标签，然而这诱发了激烈的辩论，反对意见包括对 USDA 管理能力的质疑或对额外监管法规的顾虑。但是一些立法者和行业组织认为，此举可能会导致不必要的新规定，并指出草案是在食品专家或相关企业没有参与讨论的情况下起草的。众议员罗莎·德劳罗（D-CT）在 5 月 9 日就该法案举行的听证会上说："在采取这项重大政策之前，我们应该让专家多参与进来"。美国农业部负责确保肉类，家禽和蛋类产品的质量，但一些专家质疑它是否具有监督生物培育肉生产的专业能力，生物培育肉生产过程与美国农业部检查员熟悉的饲养场和屠宰场截然不同。新的肉类产品的制造与食品和药物管理局监管的人体细胞和组织更相似。FDA 还负责加工食品，海鲜和转基因动物的安全。尚不清楚两家机构可以使用哪种程序评估生物培育肉的安全性[149]。同年 7 月，FDA 单独就该议题召开听证会并声明："根据联邦食品、药物和化妆品法，FDA 对'食品'有管辖权，包括'用于食品的物品'和'用于此类物品成分的物品'，因此，用于动物细胞培养的物质和将用于食品的产品本身受 FDA 的管辖"。USDA 则就此回应：根据联邦法律，肉类和家禽的监管是 USDA 的职权范围，因此我们希望任何以"肉类"名义销售的产品都应由 USDA 负责，我们期待着与 FDA 合作，让公众参与到这个问题中来。从上述的材料中可以清楚地看到，无论是 USDA 还是 FDA 都尝试获得对生物培育肉监管的主导权，但从技术层面分析又无法由一家独立承担，因此，由 USDA 与 FDA 共同承担生物培育肉的监管将是最优的选择[156]。

2019 年 10 月 23～24 日，FDA 与 USDA 联合召开了听证会，向公众再次介绍并征求公众对利用细胞培养技术生产畜禽生物培育肉的建议和意见，美国对生物培育肉的监管最终确定由 FDA 和 USDA 共同监管。同时，该次会议基于目前的技术水平对生物培育肉的监管技术路线进行了明确划分[157]（见图 2.7.5），奠定了美国对生物培育肉的监管技术框架。11 月 16 日，USDA 部长 Perdue 和 FDA 专员 Gottlieb 就利用畜类和家禽细胞生产生物培育肉的监管问题发表联合声明，FDA 将负责管理细胞在试验室阶段的整个生产过程，USDA 则负责监督细胞的获取与最后的食品化和标签标识环节[158]。美国优质食品研究所负责人杰西卡·阿尔米认为，该监管框架将利用 FDA 在管理细胞培养技术和活体生物系统方面的经验，以及美国农业部在管理供人类食用的牲畜和家禽产品方面的专业知识，这一监管框架可以成功实施，并确保这些产品的安全，他相信这两个机构能够相互协调，保证通过细胞培养得到的肉类对消费者无害并且贴上正确的标签，完全不需要为此制定新的法规或者额外条例。

目前，美国农业部和 FDA 正在积极优化技术细节，但他们说，他们有权协调各自的监管系统，以便不需要额外的立法。对此，阿尔米难掩兴奋："这两个部门为可预见的透明管理提供了便利，这对该工业是一个非常鼓舞人心的消息。"来自生物培育肉初创公司"新时代肉类"（New Age Meats）的布莱恩·斯皮尔斯则表示，新的监管框架减少了不确定性，使推动美国开发创新技术，使培育肉朝着更美味、更健康、更可持续地发展。此外，联合框架还能更快地提供更多研发和制造岗位。

表 2.7.5　美国在建设生物培育肉监管体系过程中的重大事件表

时间	议题	目的	结果	主办方
2018 年 5 月 9 日	Draft USDA spending bill[149]	提出将由 USDA 负责生物培育肉类产品的生产和标识监管	这诱发了激烈的辩论，反对意见包括对 USDA 管理能力的质疑和对额外监管法规的顾虑等	USDA
2018 年 7 月 12 日	Food Produced Using Animal Cell Culture Technology[156]	向公众介绍在食品生产中使用动物细胞培养技术的概况，并向公众及相关专业人士征求监管建议及意见	根据联邦食品、药物和化妆品法，FDA 对"食品"有管辖权，包括"用于食品的物品"和"用于此类物品成分的物品"，因此，用于动物细胞培养的物质和将用于食品的产品本身受 FDA 的管辖	FDA
2018 年 10 月 23～24 日	The Use of Cell Culture Technology to Develop Products Derived from Livestock and Poultry[157]	向公众再次介绍并征求利用细胞培养技术开发畜禽产品的建议和意见	该次会议基于目前的技术水平对生物培育肉的监管技术路线进行了明确划分，奠定了美国对生物培育肉的监管技术框架	USDA &FDA
2018 年 11 月 16 日	Statement from USDA Secretary Perdue and FDA Commissioner Gottlieb on the regulation of cell-cultured food products from cell lines of livestock and poultry[158]	划分 FDA 和 USDA 对生物培育肉监管职责	FDA 将负责管理细胞在试验室阶段的整个生产过程，USDA 则负责监督细胞的获取与最后的食品化和标签标识环节	USDA &FDA
2019 年 3 月 7 日	Formal Agreement Between the U.S. Department of Health and Human Services Food and Drug Administration and U.S. Department of Agriculture Office of Food Safety[128]	正式确认 FDA 和 USDA 对生物培育肉监管职责	FDA 与 USDA 就生物培育肉监管达成协议并形成监管联合体，以监管源自畜类和禽类的生物培育肉食品	USDA &FDA
2019 年 12 月 16 日	Food Safety Modernization for Innovative Technologies Act[159]	为联合监管机构管辖使用动物细胞培养技术生产人类食品提供法律依据	正式提交给美国参议院农业、营养和林业委员会	参议员 Michael B. Enzi

在监管措施制定过程中也面临着新的问题，生物培育肉的出现完全打破了已

第 7 章　生物培育肉监管政策发展战略研究

有的监管界限，种子细胞来自动物、生产中使用生物制剂、产品可食用等具体特点同时涉及 USDA 和 FDA 的管辖范畴，无论是 USDA 还是 FDA 都尝试获得对生物培育肉监管的主导权，但从技术层面分析又无法由一家独立承担。通过多次听证会和公众意见征集，结合生物培育肉实际的生产过程监管特点，最终确定在畜类和家禽细胞生产生物培育肉的监管方面，FDA 将负责管理细胞在试验室阶段的整个生产过程，USDA 则负责监督细胞的获取与最后的食品化和标签标识环节（见图 2.7.5）。

　　以上事实表明美国已经从监管方面为推进生物培育肉的产业化迈出了关键性一步，同时也说明美国正在积极推进以生物培育肉为代表的运用创新性技术生产人类食品的新方案。

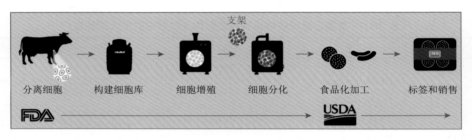

图 2.7.5　美国对生物培育肉的监管路线图[17]

3. 美国监管特点

　　美国市场监管的制度和体制是以自由市场经济、联邦制、三权分立和两党政治为基础，以法律体系完善、执行罚则严格、企业相对集中、社会组织发达、诚信系统健全为条件逐步建立起来的，并随着经济发展和社会进步在不断进行调整和完善。归纳起来大体有以下几个特点。

　　（1）以市场机制为基础，政府间接行使监管权力。美国的市场监管主要是为了克服市场失灵，为市场机制发挥作用营造条件。市场能够解决的，社会中介组织或行业自律能够解决的，消费者依靠法律手段能够解决的，政府不主动干预。从 2015 年全球陆续有生物培育肉公司成立，推出了鸡源、鱼源、鸭源、牛源、鹅源、袋鼠源等诸多生物培育肉产品，尤其在美国成立的公司和生物培育肉产品最多。从监管角度分析，无论是将生物培育肉作为一种医用制品亦或是一种食品进行食品进行管理都将有失偏颇，需要综合考量医学和食品学两方面的因素，以确保食品安全。因此到 2018 年在企业和研究者都参与的基础上，美国政府开展一系列的听证会，来规范美国生物培育肉市场。

（2）独立监管与联合监管相辅相成。美国在联邦层面设置一大批专业化的独立监管机构，如联邦贸易委员会（FTC）、食品与药品管理局（FDA）、消费品安全委员会（CPSC）、环境保护署（EPA）等。按照国会授权，独立监管机构具有制定规章、调查、起诉和裁决案件等权力，旨在尽可能地减少政治因素对监管决策的影响，从而使监管更具专业性、持续性、灵活性和公正性。独立监管机构并非完全脱离于行政体制之外，其负责人由总统或内阁部长提名，其预算纳入联邦预算。同时，联邦独立监管机构与其他职能部门、地方政府间互相协作，依照法律实行联合监管[163]。在对生物培育肉的监管方面，是独立监管还是联合监管，美国在 2018 年 5 月到 2019 年 3 月多次听证会讨论，从开始的仅有由 USDA 负责生物培育肉类产品的生产和标识监管，到 FDA 也在尝试对生物培育肉监管的主导权。但是结合生物培育肉实际的生产过程监管特点，都无法由一家独立承担，因此最终确定在畜类和家禽细胞生产生物培育肉的监管方面，FDA 将负责管理细胞在试验室阶段的整个生产过程，USDA 则负责监督细胞的获取与最后的食品化和标签标识环节。

虽然美国已经建立了一个完整的监管框架，但其仍缺乏相应的细节举措：①联合框架下，参照哪些法律、监管程序和标准；②各参与机构之间如何共享监管信息；③虽然 USDA 对肉类、家禽、蛋制品有最终标签标识的管辖的权利，但是如果生物培育肉产品没有被标识为肉类应如何管理；正如美国政府责任署主席在报告中提出的：FDA 和 USDA 需要落实现有监管生物培育肉的举措，并完善相关细节问题[152]。

7.4.2　欧盟

1. 欧盟培育肉产业发展

世界上第一块"生物培育肉"诞生于欧盟，2013 年由荷兰马斯特里赫特大学生理学家波斯特博士耗时两年、花费 28 万美元完成[9]。生物培育肉在欧盟的监管状态已得到确认，它不是某种食品的附属种类，而必须被授权为欧洲的新型食品[126]。欧盟是由 27 个欧洲国家组成的地区性、政府间、综合性的国际组织。欧盟目前共有 27 个成员国。分别是：法国、德国、意大利、荷兰、比利时、卢森堡、丹麦、爱尔兰、希腊、葡萄牙、西班牙、奥地利、瑞典、芬兰、马耳他、塞浦路斯、波兰、匈牙利、捷克、斯洛伐克、斯洛文尼亚、爱沙尼亚、拉脱维亚、立陶宛、罗马尼亚、保加利亚、克罗地亚。欧盟组织涵盖地区广，饮食又是跨国界活动。由于其特殊性，需要平衡来自不同成员国家间的利益诉求，如进口国要求保证公众健康、加强监管，出口国认为该监管属于排斥外来产品的贸易保护措施，因此，必须在利益冲突中寻找共通点，建立具有防御性的生物培育肉等食品安全监管体系。

由 BioTech Foods 牵头、Organotechnie 和 Nobre 参与的"Meat 4 All"项目已被列入欧盟研究与创新视野 2020 框架计划，项目从 2020 年 8 月 1 日开始，2022 年 7 月 31 日结束，共投资 272423125 欧元。目前生物培育肉产业面临的挑战是要达到供应肉类加工业所需的生产能力[16]。

"Meat 4 All"的目标是扩大生物培育肉生产技术，努力提高市场接受度并进行安全评估测试，以实现家禽生物培育肉的产业化和商业化。该项目将满足全球对动物蛋白不断增长的需求，同时解决传统养殖业的主要缺点：健康问题、环境可持续性和动物福利。通过扩大这项技术，"Meat 4 All"将创造一个新的发展领域，使欧洲工业能够利用这个市场的巨大潜力，在整个欧盟提高竞争力并创造增长该项目将使 BioTech Foods 成为生物培育肉领域的全球领导者，具备供应肉类加工业所需的生产能力，项目目标是：①到 2021 年，将生物培育肉生产工艺规模从 135 千克扩大至 10 吨；②保证大规模生产产品的营养价值；③开发 100%非动物源性培养基；④保持健康要求至最终产品；⑤保持 80%以上利用生物反应器生产的产品在可接受的价格区间；⑥100%可追溯非转基因动物细胞；⑦生产可加工成香肠或冷切肉形式的原始生物培育肉形式，到 2023 年将平均售价降至 6 英镑/千克；⑧培育行业领导者；⑨开展旨在确定和预测市场和消费者需求的品尝实验。

该创新支持计划，其目的是鼓励联合创造和测试创新产品，这些产品、服务或业务流程有可能彻底改变现有市场或创造全新的市场[16]。

2. 欧盟监管体系

不同于美国的联合监管制度，生物培育肉在欧盟的监管状态已得到确认，它不是某种食品的附属种类，而必须被授权为欧洲的新型食品。目前，全球对新型食品监管最为严格的当属欧盟，其法律法规相对自成体系。因此欧盟完善的监管法律制度对生物培育肉的监管以及我国食品安全监管法律体系建设都具有重要启示意义。

欧盟的食品安全监管机构包括决策机构、风险管理部门、风险评估和风险交流机构。其中，决策机构包括欧盟理事会、欧洲议会和欧盟委员会。而风险管理机构是欧盟委员会（EC）下的欧盟健康与消费者保护总署的食品和兽类办公室（FVO）。风险评估和风险交流机构是欧盟食品安全局（EFSA）。借助疯牛病事件的契机，EFSA 争取和获得了作为欧盟机构的合法性。但是，EFSA 没有制定规章制度的权限，其定位为咨询、风险信息交流和风险评估。EFSA 监控整个食品链，根据科学的分析得出风险评估，从而为欧盟和成员国的政策法规制定提供根据。此外，EFSA 负责风险交流与消费者直接对话，通过与成员国间的科研机构建立合作网络来进行风险信息交流[164, 165]。

欧盟具有一个较完善的食品安全法规体系，涵盖了"从农田到餐桌"的整个食物链，形成了以"食品安全白皮书"为核心的各种法律、法令、指令等并存的食品安全法规体系新框架。欧盟食品安全的法律体系构成可以从两个方面来进行理解。一是欧盟对其食品安全领域的原则性规定。例如食品安全基本法，对食品安全法进行后续补充发展的法律就属于食品安全领域的原则性规定。二是在食品安全领域确立的原则性规定的指导下，由此而形成的食品安全领域的一些具体的措施和要求。在欧盟的法律渊源中，它的法规、指令以及决议在欧盟成员国内均具有法律强制效力。欧盟要求其成员国在具体实施方面，所有成员国必须强制执行欧盟法规。可以看出欧盟在法律法规的设置和订立过程中，它的法律渊源是非常复杂的，欧盟关于食品安全领域的立法是几乎能够涵盖食品供应链的各个方面。

2015 年，欧盟修订后的《新食品原料法规》（No 2015/2283）[166]明确规定，由细胞培养物或源自动物的组织培养物产生的食物都将被视作一种新食品，该规定从 2018 年 1 月起生效。按照目前欧盟对新食品原料的定义新食品主要包括了以下四大类：①由动物、植物、微生物、真菌、藻类及矿物来源组成、分离和生产的食品；②由细胞培养物和组织培养物组成、分离以及生产的食品；③新工艺和新结构的食品（包括纳米食品和进行了分子修饰、具有新的分子结构的食品，以及采用新工艺生产，改变了原有成分和结构的食品、维生素、矿物质等）；④食品补充剂作为普通食品。此外，新食品原料不包括转基因食品、食品用酶制剂、食品添加剂、食用香料以及食品和食品配料生产使用的提取溶剂。对于符合新食品原料定义和范围的生物培育肉食品，申请人需要向欧盟委员会（EC）递交申请材料，EC 在核实申请材料的有效性后 1 个月内可以要求欧洲食品安全局（EFSA）提供评估意见。在 EFSA 发布评估结论 7 个月内，EC 应向食品常务委员会提交批准新食品原料及列入列表的实施方案。若 EC 没有要求 EFSA 进行评估，则在接收到有效申请材料后的 7 个月内发布新食品原料申请的处理结果（见图 2.7.6）。

新的条例适用于欧盟所有国家的新食品，也适用于从欧盟成员国以外进口的新食品。（EU）No 2015/2283 的发布旨在为欧洲地区消费者提供更多的食物选择，同时，也希望新的食品原料的应用，能够为欧洲的农业食品工业创造更好的发展环境。

　　新条例主要的改变在于通过建立集中审批系统（centralised authorisation system）提高了审批过程的效率，使得安全、创新的食品能够更快地进入市场。欧洲食品安全局负责对申请新食品的原料进行风险评估，如果该原料被认为是安全的，将由委员会（Commission）提出一项关于批准此原料成为新食品的提案。（EU）No 2015/2283 条例还规定，为了申请新食品所提供的新的科学证据和具有专有权的数据（proprietary data）5 年之内不得用于其他新食品的申请[166]。

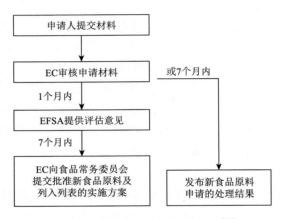

图 2.7.6　欧盟新食品申请路线图[16]

3. 欧盟监管特点

　　欧盟成员国依然是独立的国家，由于这种特殊的情况，欧盟在食品安全监管中，既要降低食品安全风险，还要兼顾成员国之间的不同差异和各自的利益诉求。同时欧盟食品安全监管机构不具备制定规章制度的权限，只负责提供风险评估结果，由欧盟各成员国根据本国的实际情况设立食品安全管理机构和监督体系。归纳起来大体有以下 2 个特点。

　　（1）完备的食品安全监管法律体系。如上所述，欧盟建立的食品安全法律体系，既包括食品安全基本立法，如层层递进的三部曲立法，从白皮书到绿皮书到基本食品法进行原则性规定，也有相应的补充性法规和完备的指令与技术标准，涵盖食品生产销售、运输储存各环节的完备监管立法。

　　（2）法规和技术要求相融合，操作性强。欧盟将食品安全的行政管理法规和技术要求相融合，对于政府管理具有更强的可操作性。如欧盟的许多食品安全法规标准通常由两部分组成，前部分是政府管理的程序性要求，后部分是具体的技术性要求，操作简便[77, 165]。

对于生物培育肉的技术上市前的风险评估以及通过目录清单机制批准生产上市是欧盟对新食品监管关注的焦点问题。然而，对新技术的不信任可能加剧对其上市前风险评估的复杂度，从而一定程度上抑制创新发展[167, 168]。

7.4.3　新加坡

1. 新加坡监管体系

新加坡政府非常重视食品安全，国家的食品安全监管机构和职责明确。新加坡在过去 5 年中，在全球粮食安全指数（GFSI）排行榜中持续位列前五，这表明新加坡政府进行的食品监管十分有效。由于新加坡是一个食品的净进口国，粮食安全指数高更体现了新加坡人们的强购买力以及消费者对安全、优质食品的趋向性。对食品安全的高要求不仅仅体现在对现有食品安全的严格监管，更体现在对新型食品谨慎接受的态度和针对新型食品迅速制定监管方法反应速度上。在生物培育肉监管领域，新加坡走在了世界前列，成为第一个制定了适应本国食品安全监管的生物培育肉监管方法和允许培育肉产品本国市场进行销售的国家。新加坡的食品监管制度及生物培育肉相关监管政策对生物培育肉的监管有指导意义。

新加坡的食品监管主要是由国家环境和水资源部（MEWR）下属的食品局（Singapore Food Agency，SFA）全权负责[169]。在此之前，新加坡食品监管主要由专业的食品监管机构-新加坡食品农业兽药厅（Agri-Food and Veterinary Authority，AVA）食品管理局（Food Control Division，FCD）监管、检查并执行执法的权利。除此之外新加坡环境厅环境卫生局（National Environment Authorith，NEA）、新加坡海关（Singapore Customs）也从其专业领域参与食品安全监管，形成了各部门相互协调，共同监管食品安全[170]。

新加坡食品局的成立是多部门整合、多个法律法规修改的结果[171]。2018 年 7 月 26 日新加坡国家发展部、环境和水资源部联合撰文发布《新加坡食品局负责监督食品安全，国家公园委员会负责动物、野生动物以及动植物的健康监督管理》的消息，确定了成立新加坡食品局的计划[172]。2019 年 3 月 18 日新加坡发布了《新加坡食品局法案 2019》，该法案的建立主要是为了新加坡食品局而制定，废止了《农粮兽医局方案》和《牛法案》。并就新的食品局的职责对应修订其他相关法案，主要包括《销售食品法》《饲料原料法》《公共环境卫生法》《国家环境局法》等。这些法案明确了新加坡食品局的职能、权利和相关任命信息，介绍了农粮兽医局将移交的相关食品安全监管职能及人员调整方向以及修订相关法案的情况。2019 年 4 月 1 日起，新加坡关于食品的全产业链监管开始统一由国家环境和水资源部（MEWR）下属的食品局负责，此时的 SFA 整合了由新加坡农粮兽医局（AVA）、国家环境局（NEA）和卫生科学局（HSA）承担的与食品相关的职能，成为新加坡唯一的食品安全监管、检测、制定食品标准的机构[173]。

　　生物培育肉相关项目自此由新加坡食品局接手并管理。

　　新加坡作为一个净进口国，容易受到影响全球粮食供应的外部冲击和全球趋势的影响。粮食安全对新加坡来说是一个生死攸关的问题，因此，SFA 不断审查其食品监管的战略，以确保新加坡的食品供应及安全状况。

　　在食品安全供应方面，SFA 通过三项策略确保安全食物供应——"三大食物篮子"策略，即多元化进口来源；提高当地生产；鼓励企业在海外种植粮食。在全球新冠肺炎疫情爆发期间，粮食生产受到严重影响，导致粮食出口国重新优先考虑粮食供应流动，以服务本国市场为先。"进口来源多样化"有助于新加坡减少对任何特定食品的单一来源的依赖。新加坡的食物来源多样化，食品供应采集超过 170 个国家和地区。为了进一步加强这一多元化战略，2019 年，SFA 引入了新的进口许可条件，与供应国家及地区采取业务连续性计划，以减轻其供应中断的影响。在疫情的影响下，"提高当地生产"可以在全球供应中断时建立缓冲，进一步提高本地生产将减少新加坡对粮食进口的依赖。新加坡政府的目标是到 2030 年在本地生产出新加坡所需营养的 30%，而目前这一比例还不到 10%。作为一个土地空间有限的国家，新加坡的土地使用面临着许多相互竞争的需求。在如此严峻的土地限制下，新加坡政府达成"30×30"的目标十分明确。技术进步将是解锁的关键，基于此才能使新加坡实现"以更少的资源获得更多增长的收获"的潜力方式。

　　科学技术的应用和研究是推动可持续发展的关键，新加坡政府大力推动食品方面的科学研究以保障本国食品的稳定、高质量的供应。2021 年 4 月 27 号，新加坡南洋理工大学（Nanyang Technological University，NTU Singapore）、新加坡食品局（SFA）和新加坡科技研究局（Agency for Science，Technology and Research，A*STAR）启动了未来食品安全中心（Future Ready Food Safety Hub，FRESH），以建设新加坡的食品安全科学能力[174]。未来食品安全中心的建立连接了新加坡食品研究、食品监管、科学技术评估三个方面的人才和力量，立足于食品科学研究未来食品更多的可能性及其安全性。食品科学研发在推动创新和填补现有技术差距方面发挥着关键作用。为了支持新加坡的"30×30"目标，政府制定了"新加坡食品故事研发计划"，政府已经从其研究、创新和企业 2020（RIE2020）计划中，为该计划拨款 1.44 亿美元[175]。2019 年 12 月，SFA 和 A*STAR 发起了两个资助主题：①可持续城市食物解决方案，②未来食物：替代蛋白质。这两个提案都得到了社会各界很好的回应，并于 2021 年进行了评估。SFA 在很长的一段时间里从农业生产力基金（APF）中持续拨款累计 3800 万美元，以支持 100 多个农业和水产养殖场提高生产力的投资，该激励措施持续到了 2020 年底，鼓励企业在海外种植粮食。多年来，新加坡政府一直支持当地农场的海外扩张。

　　SFA 的职责是：确保人人享有安全食品。除了食品供应，建立健全的食品安全体系对于确保新加坡所吃的食品安全至关重要。漫长而复杂的供应链涉及许多方面，SFA 透过监管制度、预期机制和反应机制，采取策略，确保、管理和加强食物安全。支持食品安全监管和监测计划的是新加坡的国家食品科学中心（NCFS），它是国家的食品安全检测和诊断实验室。随着人们对新食品的兴趣和趋势不断增长，SFA 在 2019 实施了一个新的监管框架，要求企业在将新食品投放市场之前，必须寻求 SFA 的批准，并经过科学的上市前评估。该框架有助于替代蛋白质进入新加坡市场，同时确保其对消费者的安全性。为了进一步支持新加坡对新型食品的评估，SFA 将成立一个国际专家工作组，为食品安全提供科学建议。为了在新加坡建立一个丰富的实验室服务生态系统，SFA 建立一个第三方实验室网络，以满足食品行业对食品检测的需求。同年，新加坡创建 SFA 营运中心（SOC），这将提高新加坡当局对从农场到餐桌的食品供应链的监控能力，实现食品安全的实时监控和相关事件的管理。SOC 能够汇总数据，并为现场操作提供实时参考，包括事件管理等。通过供应链追溯，提供供需趋势、价格指数和总体库存，对关键食品项目进行及时干预和战略概述。SOC 作为新加坡粮食安全预警系统的一部分，SFA 能够借此进行预测分析，并对不同的粮食供应中断情况做出相应的反应。新加坡政府在 2019 年与所有的独立实验室进行了考察，评估了他们是否有能力来进行食品行业相关的检测工作。新加坡还组织了一些关键领域的培训，例如放射性测试、诺瓦克病毒测试、肉类、肉制品和饮料中的药物和残留物测试等。自 2020 年 1 月起，在这些第三方实验室的支持下，SFA 能够更好地将关键检测资源集中在食品行业的内部质量检测需求上。

　　新加坡积极联合食品安全责任和利益相关者参与食品安全的方方面面。尽管 SFA 建立了确保食品安全的监管体系和有利环境，但食品经营者在维持良好的食品安全标准和为其提供给公众的食品安全承担责任方面，仍扮演着关键角色。相应地，消费者有权利要求他们消费的食品是安全制备的，同时消费者自己也应坚持良好的食品卫生做法。面对食品生产从业方，SFA 积极地与食品业界进行交流，以提高业界对食物安全措施的认识，鼓励食品行业推行"危害分析及关键控制点"

（HACCP）等食物安全管理体系，并协助他们遵守监管要求。2019 年 6 月，新加坡举办了新加坡食品局 2019/20 年度报告，首次为食品行业进行长期规划，讨论跨行业战略提议，并商讨相应的合作想法。为确保食物安全，SFA 与高等院校合作，共同对食品从业人员与食物卫生管理相关人员进行培训。面对消费者，SFA 一直致力于提高消费者食品安全的共同责任意识，教育消费者错误食用食品的危害和保持食品安全习惯的重要性。这通过学习课程、学校/工作场所的讲座、社区活动和社交媒体得以实现。新加坡当局通过这一系列举措，为食品安全保驾护航。

　　2. 新加坡监管特点

　　生物培育肉的本质是一种食品，是一种既可以为人类提供营养又能为人类果腹的食品。从表 2.7.6 可以看到，首先，新加坡 SFA 将其作为一种食品进行监管，从生产工艺、有害物质残留、营养学、添加剂使用等目前传统食品监管中常见的问题着手，制定了契合生物培育肉本质的监管架构；其次，该监管框架切实强调了对生物培育肉安全性的重视，具体包括了对种子细胞的稳定性、安全性以及支架材料、有害物质等全方位的监管，生物培育肉是一种全新的食品形式，人类历史上从来没有食用该类物质的传统，因此在初始阶段加强对生物培育肉安全性的监管既是保护消费者权益的必要举措也有助于树立生物培育肉在消费者心中的良好形象[178]；同时，明确的标签标识要求体现了对消费者知情权和选择权的尊重。在将动物细胞用于生物培育肉生产之前，人类长期将其用于医学研究，因此人类对生物培育肉的认识和接受必将是一个循序渐进的过程，明确的标签标识既有助于引导消费者做出正确的选择，也可以避免引发与传统肉品的混淆；最后，SFA 还强调："目前生产生物培育肉的科技仍然处于早期阶段，安全评估所需的信息将会随着生物培育肉生产技术的发展而不断变化"。

表 2.7.6　新加坡申报生物培育肉产品上市所需安全评估材料[43]

序号	申报信息	具体内容
1	生产工艺	生物培育肉的生产过程描述
2	产品表征	a）营养成分； b）与文献相比的生长因子残留水平
3	种子细胞	a）细胞系的确认和来源； b）选择和筛选细胞的方法描述； c）细胞系从动物组织中提取后的处理和存储信息； d）对于细胞系的修改或驯化的描述以及这可能引起的导致食品安全问题物质的过表达

序号	申报信息	具体内容
4	培养基	a）培养基的组分，包括所有添加物的成分和纯度。申报企业应该标明培养基中所添加的每一种物质是否符合食品添加剂联合专家委员会的推荐性规范； b）阐明培养基在产品中的残留水平或是否完全去除，如果培养基被完全去掉，申报企业应该提供能表明培养基被完全去除的证明信息
5	支架材料	支架材料的种类和纯度
6	细胞稳定性	如果细胞在培养前后发生了基因的改变，申报企业应该阐明所发生的基因改变是否会导致食品安全风险，如代谢产物的上调
7	有害物质	安全风险评估应该包括生物培育肉在生产过程中可能产生的全部潜在有害物质
8	相关研究	a）消化率分析； b）过敏原分析； c）基因测序等

随着生物培育肉生产技术的成熟和消费者接受度的提高，生物培育肉的形式、口感、成本以及在消费者脑海中的印象都将不断变化，及时制定与发展现状相符合的监管政策，既有助于维护消费者的合法利益，又利于保护和促进产业的进一步发展。

7.4.4　日本

1. 日本监管体系

日本作为亚洲的发达国家，本着监管全过程化、食品质量可追溯的原则，其食品检测标准和食品安全相关法律法规制定、食品安全监管体系建设的十分完善。尤其对于新食品的法规与标准的制定，日本食品安全监管部门以风险评估为基础，对全过程进行控制[179]。

日本食品安全监督主体主要有中央政府、地方政府、行业协会、食品生产者、消费者多个层级构成。每个层级都有相应的安全监管方法和职责。农林水产省是负责生鲜农产品生产和初加工阶段的食品安全规制部门[180]，厚生劳动省是负责食品加工、流通环节的规制部门[181]，两个部门共同负责食品安全风险管理；食品安全委员会是在内阁府设置的独立机构，负责食品安全风险评估；行业协会通过向政府规制部门提出建议，促进政府机构变革管理方式和管理手段，达到规范食品市场的目的；食品生产加工企业实行自我规制，消费者则可通过多种诉求渠道，表达自己的意见。

日本在生物培育肉产业发展方面，主要由企业联盟推进产业标准化，行业协会促进各界合作，日本规格协会[182]向政府出具战略调查报告。日本细胞农业协会在日本生物培育肉的监管、科研、公众宣传等方面都有积极的作用。日本细胞农业协会是一个非营利组织，其使命是基于人们的理解和信任，向社会推广细胞农业。通过教育讲座、学术会等活动对细胞农业进行宣传，倡导支持环境负荷低的可持续食品生产方式，以实现人与地球、空间环境共存的社会为目标[183]。该协会以细胞农业技术的飞速发展为背景，与众多对细胞农业感兴趣的人合作，谋求细胞农业产业及相关产业的发展，目标为提高人们的生活水平做出贡献。如图 2.7.7 所示，日本细胞农业协会联结了日本政界、企业商、科研团体、消费者团体，对日本本国的生物培育肉及其他细胞农业产业的发展有推动作用。

图 2.7.7　日本细胞农业协会参与群体[183]

日本的生物培育肉产业不仅仅有行业协会的大力推进，其生产企业也积极地组建联盟以谋求更大的发展空间和更快的发展速度。2020 年 5 月 7 日，由 Intergriculture 公司牵头，日本创立细胞农业开放创新平台"CulNet 联盟"[184]。截至 2021 年 6 月，已有 12 家企业加入，以融合文化为核心的细胞农业开放创新平台"CulNet 联盟"全面上线。该联盟旨在推动生物培育肉、化妆品、添加剂等的标准化，以促进细胞农业的未来推广。创立"CulNet 联盟"通用大规模细胞培养系统，于日本本国的生物培育肉产业而言，是集合本国相关企业以全产业链发展为前提，对生物培育肉全产业链进行缩减成本的挑战，使其培养过程更具有优势的，更能推动其产业发展[184]。

2020 年基于加强日本本国农林水产业的竞争力，通过加强标准认证以促进出口的战略性应用，日本规格协会对食品产业中的新领域的标准化、官方解释等进行有效分析、整理并生成了《日本规格协会构建的国际化调查委托业务报告》。报告中对生物培育肉涉及的法律修改建议、领域专业定义、推荐率先进行标准化管理的领域进行了详细的阐述和建议[185]。

法律法规方面，在日本，涉及食品安全的特定法律法规很多，包括食品质量卫生、农产品质量、投入品（农药、兽药、饲料添加剂等）质量、动物防疫、植物保护等 5 个方面。日本规格协会认为，从法律的角度来看，存在一个属性问题，即通过细胞培养生成的肉在法律上属于什么。日本有机农业标准（JAS 法）的第二条中"农产品、林产物、畜产品和水产品是指以这些作为原料或材料制造或加工后的产品"。因此，畜产品和可以称之为畜产品的食品，或者以畜产品作为原料或材料制造或加工后的产品也可以作畜产品。行业相关人士表示，如果是加工肉的话，安全性比较容易评价。虽然法律解释还有待于今后的讨论，但作为一种新的食品生产方法，有必要将其定位为"培育"。在细胞农业包含的范围问题上，除其直接生产的食品外是否还包括其副产品并没有明确规定。与日本细胞农业协会对生物培育肉的定义一样，日本食品监督管理部门也决定以生物培育肉为中心，讨论人造肉监管过程中需对本国相关法律、标准所作出的改变。

在培育肉的定义及监管细则方面，日本规格协会进行了全面的分析和归纳，如表 2.7.7 所示。一般被称为代替肉类的肉大致分为两种：①以植物成分为基础的食品（植物性肉类食品 PBM）；②以动物细胞为基础的食品。细胞农业生产的肉是以实际存在的动物细胞为基础的，也就是说，与其说是代替，不如说是其就是动物本身来源。进一步细分以动物细胞为基础的食品，可以分为细胞本身可以吃的东西（A）和增加酵母细胞提取目的蛋白质制作的产品（B）。事实上，"细胞农业"这个词本身目前也没有确切的定义。生产的过程，也考虑的是现有的植物营养素等混合的化学作为基础，动物来源的、细胞培养的、生物化学的工作为基础，所以这些反而是"化学"、"酿造"，所以将这些简单地归为"农业"的范畴，也是一个有争议的地方。因此，在讨论生物培育肉的时候，主要将焦点放在②-A 上，而为了方便起见，统一使用了"细胞农业"这个词。

表 2.7.7　日本替代肉类的分类

替代肉类来源	具体内容
植物源性成分	植物性肉类食品
动物源性成分	A 细胞本身可以食用（肉等）
	B 增加酵母细胞提取目的蛋白质制作的产品（牛奶、鸡蛋等）

基于对细胞农业发展的保护和细胞农业标准化有可能成为行业硬性标准的考

虑，日本规格协会建议在生物培育肉的领域中应该率先推进关于细胞农业的定义及关键风险因子的标准化，具体建议标准化内容在表 2.7.8 中示出。

表 2.7.8　在细胞农业领域设想的标准化候补事项

标准化内容	概况	备注
标准用语，定义	关于在国内和国外的名称和定义不同的术语的规定	在与国际认可接轨方面，日本率先标准化意义重大
生物反应器性能标准	用于细胞农业的生物反应器的规定（生物反应器中的产品标准或环境测量方法）	JIS 类别"CulNet 系统"集成有限公司生物反应器内环境的均匀性是一个关键因素
培养液的测试方法	关于培养液质量确认的试验方法规定	生物培育肉生产的关键因素
残留生长因子的测定方法	产品安全管理之一，规定测定方法	随着技术的发展，我们认为未来不需要生长因子，但这仅作为当前的候补事项
关于培养过程的标准 A	说明细胞培养在所谓生物培育肉中的定义、作为标准所需的规定及其定位，并制定	在细胞农业中，不仅仅是生成的产物，还分为细胞的采集、储存、培养、销售等各层。制定每个层的分支标准
关于培养过程的标准 B	关于细胞培养的过程管理的管理标准	在细胞农业中，不仅仅是生成的产物，也可以分为细胞的采集、保管、培养、销售等各层。其中，重点对日本有优势的培养过程进行标准化。相关的管理系统规定等可以作为参考

2. 日本监管特点

日本的生物培育肉监管严格遵循了日本食品安全监管的流程和要求。从日本规格协会的报告中可以看出日本的生物培育肉监管更侧重于标准化的建设，通过在行业发展初期设定标准对行业产品进行安全风险规避。在标准化的考虑中，对细胞农业、生物培育肉的定义、新兴产业对现有产业的挑战、产品及副产品的安全风险等进行了更为详尽的分析。

与其分类定义一样，通过细胞农业生产肉类的情况，与现有的畜牧业相悖，有可能会遭受反对。随着细胞农业的发展，畜牧业界自身也会萎缩的观点令人担心。关于这一点，相关专业人士提出了通过将细胞农业作为选择项来加以运用，可以与现有产业共存的可能性。例如，将畜牧业作为细胞农业的供应链之一，采取从牲畜身上提取细胞的方式，养殖场也可以在抑制饲养头数的同时，进行产业运营。特别是鉴于日本畜牧业的农户由于从业人员不足而减少的情况，通过给生物培育肉产业提供培育肉培养的种子细胞，可以维持畜牧业的养殖量并提高日本本国的食物自给率。有品牌的牛的细胞或该品牌的牛等牲畜品种的知识产权也面临被盗用的风险，养殖与育种产业多年的品种改良等成果受到知识产权法和种苗法等的保护，所以相关法律的修改，以及与其他生物培育肉开发的法律的匹配程度也是一个紧迫的问题。

　　在听取专业人士的意见同时，制定相关安全标准是必需的，以同样的方式吸引消费者。但是，现在市场上流通的肉，即使满足卫生标准等，从细胞层面来看，也不一定是高品质的，这也是事实。因此，仅针对培育肉制品制定严格到细胞水平的标准，存在法律制度上的公平性和实务上的便利性不平衡的问题。故目前即使在国外，以细胞为对象的法规也还没有完善。但不管怎样，为了细胞农业的技术和安全性的公平发展，有必要形成相关体系。例如：科学技术振兴机构（JST）的未来社会创造事业（创造应对未来环境变化的革新性粮食生产技术）正积极地举办相关论坛会议以从安全性的角度听取各方意见。

　　如前所述，关于细胞农业，日本有其优势。因此，日本考虑如何在保持优势的同时，形成领先于其他国家的规则。在制定标准的过程中，也设想了标准应用对象的多样化。不仅仅是对法律标准，实际标准和行业标准也进行了考虑。将法令细则的制度，法律法规细则委托给标准制定部门，使用统一的标准体系是使行业更容易跟上技术发展的速度。日本认为可以利用本国的领先优势，快速开发标准，尽快制定相关标准化的制度[185]。

7.4.5　以色列

　　在生物培育肉领域，无论是科学研究还是技术发展，以色列都走在前列。尤其是无血清培养、细胞大规模培养、细胞 3D 打印等技术重点难点部分，以色列的生物培育肉相关企业都进行了大胆的创新和挑战[186]。尽管其市场规模比美国或欧洲小，但它和新加坡很像，非常热衷于推进细胞农业的发展。虽然尚没有制定明确的监管条例，但在 2020 年 12 月以色列总理本雅明·内塔尼亚胡（Benjamin Netanyahu），成为首位品尝过生物培育肉的国家元首，并在品尝会上指出，届时以色列将"成为替代肉类和替代蛋白质的强国"为目标发展生物培育肉产业。以色列政府对生物培育肉的积极态度以及大力发展以色列生物培育肉产业的决心使我们有理由相信以色列当局会在未来对该领域制定详细的监管政策，研究其现有食品监管体系可以预判其政策监管偏好与方向。

　　以色列食品监管机构可分为四个部分，四个机构参与了以色列的食品、牲畜和植物安全监管。这些机构包括：卫生部下属的国家食品控制局（National Food Control Service）；以色列标准研究所（SII）[187]；农业部下属的以色列兽医和动物卫生局（IVAHS）；以及同样隶属农业部的植物保护和检验局（PPI）。国家食品控制局的工作是为消费者确保食品的安全、质量和真实性。国家食品控制局是负责制定食品标准和法规的监管机构，负责处理在以色列销售的食品以及进口食品许可证。国家食品服务部门负责监督以色列食品的各个方面，包括从收获、屠宰、到牛奶场领取牛奶、分类后的鸡蛋、捕获后的鱼从生产到消费的各个阶段[188]。以色列标准研究所是以色列的国家标准化机构，该机构是一个非营利性的公共组织，获 1953 年《标准法》授权[187]，由来自大公司和行业协会的代表管理。以色列标准的编写流程是：标准化启动并获得批准，起草标准是以征求公众的意见，公众批评和辩论公众的意见，标准的批准，标准的编写和出版。以色列标准研究所，有权为这项工作过程及技术作定义，规定规范或技术规则运作并将其发布为一项以色列行业标准。这些标准由以色列标准协会标准化分会的数百个公共委员会编写，该委员会有来自不同经济部门的数千名代表，包括制造商、消费者、承包商、进口商、科学研究机构、测试实验室和政府。整个经济体都在使用这些标准，包括制造商、建筑业、消费者、政府部门和商业企业使用这些标准。官方标准由以色列标准协会制定，以色列标准是一个自愿性标准。经济和工业部长可在与制造商和消费者代表协商后，宣布某一特定标准的全部或部分为"官方标准"，前提是满足以下基础：保护公众健康、保护公共安全、保护环境、在没有其他机制为消费者提供保护的情况下，提供资料、确保产品的兼容性或替代品[187]。

在 2020 年 12 月好食品集团以色列分部举办的一次活动上，以色列总理本雅明·内塔尼亚胡成为首位品尝生物培育肉的政府首脑，这标志着该行业取得了里程碑式的飞跃。好食品集团以色列分部向内塔尼亚胡提交了将以色列建设成一个生物培育肉和替代蛋白质行业大国的国家政策建议。内塔尼亚胡当即宣布，他已向内阁部长扎希·布雷弗曼（Tzahi Braverman）传达"指定一个机构为这些行业服务，以便联系并监督该领域所有的利益相关者"。这也是以色列官方首次发声将对生物培育肉领域进行监管和标准化[189]。

在世界上科学技术较为先进的国家开展此项活动，这是朝着生物培育肉商业化迈出的令人鼓舞的一步。与此同时，负责食品监管和标准的国家食品控制局派出了一个专家小组，进一步评估生物培育肉监管框架所需的安全评估。一些以色列生物培育肉行业专家认为，国家食品控制局不会直接制定监管方案，而是效仿美国或欧盟等监管机构的做法。但根据以色列的官方标准制定流程来看，官方标准往往是由行业标准演变而来。推测以色列标准研究所作为以色列的官方标准研究、制定、发布机构，可能牵头以色列生物培育肉监管相关标准的制定。

7.5　我国生物培育肉行业概况

生物培育肉的工业化生产以及产品的问世，仍需要克服许多技术难题，实现产业化仍然有很长的路要走。从国际上和国内的生物培育肉企业数量可以明显看出，我国生物培育肉的发展水平仍比较初级，产业链布局远不及主要发达国家或地区。近年来，欧洲和美国明显加快了生物培育肉的市场化进程，但我国的生物培育肉产业发展仍未受到足够的重视。在 2020 年全国两会上，全国政协委员、中国工程院院士孙宝国提出"关于加快细胞培养肉发展战略部署的提案"，意在加快推进我国生物培育肉的研究及产业化进程。未来随着国家政策的大力扶持和资本市场的进入，我国生物培育肉行业必然会得到快速的发展。

7.5.1　发展现状

1. 整体发展现状

近年来，随着国家的重视和技术的不断成熟，国内的众多高校、研究机构或企业纷纷展开生物培育肉相关研究，相关领域的论文发表呈快速增长趋势。另外，从 2019 年起我国的相关企业或研究机构在该领域也获得了多次资金支持（见表 2.7.9），这既反映了市场对于该行业未来发展前景的积极态度，也大大加快了我国在该领域的发展速度。

然而，相较于美国、荷兰、以色列、欧盟等在生物培育肉产业发展中处于领先地位的国家或地区，我国在生物培育肉相关技术积累、研发投入、市场参与度、政府关注度等方面仍然有相当大的差距。在研发投入方面，2020 年全球相关行业的融资规模达到了 1.61 亿美元，而且正呈快速增长的发展态势，相较之下我国在该方面的投资规模几乎可以忽略不计；在市场参与度方面，全球的参与主体是企业，截至 2019 年 12 月底全球就有 55 家相关从业企业，反观我国的参与主体大部分是从事基础研究的高校或研究机构；另外，在生物培育肉生产所需的产业链以及政府关注度方面，我国也有着不小的差距。

表 2.7.9　我国从事生物培育肉相关企业或研究机构概况统计表

名称	地点	主营业务	融资时间	融资金额
中国肉类食品综合研究中心	北京	食品科学研究专用设备开发	2019 年	2000 万元
南京周子未来食品科技有限公司	南京	食品及生物制品	2020 年	2000 万元
SiCell	上海	培养基	2019 年	100 万元
Avant Meats	香港	水产品	具体未披露	具体未披露
CellX	北京	生物培育肉	2020 年	数百万元

统计截至 2020 年 12 月

2. 发展面临的问题

1）监管框架尚未搭建，法律法规体系尚未布局。

目前我国现有体制与美国类似，农业部管理禽畜的养殖屠宰过程，市场监督总局管理实验室干细胞类药品的管理。然而，生物培育肉的出现完全打破了已有的监管界限，种子细胞来自动物、生产中使用生物制剂、产品可食用等目前没有可以涵盖生物培育肉的监管机构。我国也有类似于欧盟的《新食品原料安全性审查管理办法》[190]，但针对生物培育肉等没有相关的法律法规，也没有相关的行业标准，而且尚未进行布局。

2）产业发展环境有待优化。

生物培育肉不仅需要在基础研究上突破关键技术降低成本，而且需要大量资金对规模化生产的支持，推动产业的可持续发展，因此生物培育肉的前期投入大，短期难以收益。相较于国外投资的如火如荼，国内企业的投资很少，大部分还处于观望期，急需国家层面的政策和资金支持，带动产业发展。

3）跨学科间的协同需要加强。

生物培育肉相关产业涉及多学科合作完成。细胞培养阶段需要生物学科专家，最终食品化加工需要食品领域的专家，从实验室到工厂，缺乏工业化思维，如不能打破学科壁垒，做到产学研结合，势必阻碍产业的发展。

7.5.2　已有的相关监管体系

全国政协委员、北京工商大学校长孙宝国在 2020 年政协会议提出了"关于加快细胞培养肉发展战略部署的提案"。2020 年 7 月，中华人民共和国国家卫生健康委员会就此提案做出了正式的答复，答复明确指出，《食品安全法》第三十七条规定，利用新的食品原料生产食品，应当向国务院卫生行政部门提交相关产品的安全性评估材料。国务院卫生行政部门应当自收到申请之日起六十日内组织审查；对符合食品安全要求的，准予许可并公布；对不符合食品安全要求的，不予许可并书面说明理由。卫健委制定印发《新食品原料安全性审查管理办法》《新食品原料申报与受理规定》和《新食品原料安全性审查规程》等规章文件[190-193]，明确规定了新食品原料的申报、受理和安全性审查等工作程序。近年来，按照国务院"放管服"精神，不断向纵深推进新食品原料审批制度改革，持续简化程序、优化服务。按照相关规定，拟从事新食品原料生产、使用或者进口的单位或者个人，均可向卫健委申报新食品原料申请，并按照要求提交相关的新食品原料研制报告、安全性评估报告、生产工艺等材料。卫健委将按照《食品安全法》的有关规定，委托专业机构组织专家对新食品原料安全性评估材料进行审查，对符合食品安全要求的，予以公告后在全国范围适用。新食品原料生产和使用应当符合食品安全相关法规要求，标签及说明书中应当依据相关标准标注食品营养信息及特性、不适宜人群等。目前，卫健委正在修订《预包装食品标签通则》（GB 7718-2011）、《预包装食品营养标签通则》（GB 28050-2011）、《食品营养强化剂使用标准》（GB 14880-2012）、《预包装特殊膳食用食品标签》（GB 13432-2013）等食品安全国家标准，将有利于规范食品产业发展，更好地满足不同人群食品和营养方面的健康需求。详情见图2.7.8。

图 2.7.8　关于政协十三届全国委员会第三次会议第 3471 号
（科学技术类 187 号）提案答复的函

　　按照《中华人民共和国食品安全法》第三十七条规定：利用新的食品原料生产食品，或者生产食品添加剂新品种、食品相关产品新品种，应当向国务院卫生行政部门提交相关产品的安全性评估材料。按照《新食品原料安全性审查管理办法》，新食品原料是指在我国无传统食用习惯的以下物品：①动物、植物和微生物；②从动物、植物和微生物中分离的成分；③原有结构发生改变的食品成分；④其他新研制的食品原料。具体实施过程如图 2.7.9 所示。因此，在我国目前已有食品监管体系下，生物培育肉应该属于"其他新研制的食品原料"并按照新食品原料的相关规定进行管理，拟从事生产、使用或者进口的申请人应当提出申请并提交材料。

　　然而，相对于已获批的新食品原料，生物培育肉具有以下特点：①工艺，采用了多种生命科学中的生产工艺；②原料，大部分是首次应用于食品生产；③产品，在营养和结构方面模仿传统肉品；④理念，颠覆了人类对肉品的传统认知。因此，我国已有的食品监管体系虽然从形式上可用于生物培育肉的管理，但是，无论是对生物培育肉安全性的评价还是对生物培育肉的推动都是不够的，需要在上述已有基础上进一步完善相关的管理体系，以应对科技不断进步给食品监管提出的新挑战和促进相关产业的快速发展。

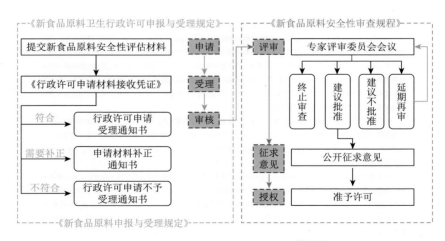

图 2.7.9　中国新食品申请路线图[190-193]

7.6　我国培育肉监管发展建议

　　传统肉类生产方式是以消耗大量粮食及水资源和严重的污染环境为代价的。随着经济发展、人口膨胀和中等收入人群的大幅增加，全球肉品需求正快速增加，传统肉类生产方式越来越难以满足人类需求。人类亟需一种高效、环保、可持续的新型肉类生产方式，以满足未来人类的肉品供应。国际上，主要发达国家或地区对生物培育肉产业已经开始谋划布局。近年来，欧洲和美国明显加快了生物培育肉的市场化进程。

针对生物培育肉研发的关键技术难题，包括种子细胞的高效获取、细胞大规模快速增殖、细胞的诱导分化、生物培育肉的加工、产品的风味、质构、营养以及生产设备等，鼓励开展科学创新研究，推进生物培育肉的研发进程。"'十四五'国家重点研发计划专项"及"国家中长期科技重大专项"等项目规划，对技术基础雄厚的科研单位加以重点支持，对在生物培育肉市场化发展方面走在前列的企业给予政策支持和资金扶持，加速生物培育肉的产业化进程。建议建立和完善生物培育肉产业的监管体系和法律法规。建议借鉴欧盟的管理方式，将生物培育肉定性为新食品原料，依据我国《新食品原料安全性审查管理办法》进行管理。建议借鉴美国的监管职责分工体系，加强对种子细胞供体动物的安全性和生物培育肉生产全过程的监管，对生物培育肉的安全风险进行评估，对生物培育肉生产中没有安全使用历史的组分、新的生产工艺进行系统的安全评估，在产品安全性和营养成分评价方面形成一整套独立的标准体系和客观的监管体系，促进生物培育肉产业的良性发展。

同时针对生物培育肉的生产体系制订专门的标准化指导技术文件，涵盖种子细胞获取和鉴定、种子细胞库管理、细胞增殖、细胞诱导分化、细胞收获、细胞后加工、支架材料制作、培养基成分、培养条件等生物培育肉生产全过程。开展公众科普，引导消费者正确认识生物培育肉。多渠道多角度对消费者开展科普宣传，引导消费者树立对生物培育肉的正确认知，提高生物培育肉的公众接受度。建议对生物培育肉的标签标识进行科学调研和论证，制定出既能够客观描述细胞培肉本质，又能够与传统肉品有明显地区分，同时又有良好公众接受度的标签标识。

目前，生物培育肉已成为国际肉类食品研究的热点，得到美国、欧盟、新加坡、日本、以色列等主要发达国家或地区的高度重视，被认为是一种最有可能解决未来肉品供应问题的新型肉类生产方式，主要通过动物肌肉干细胞的体外大规模、低成本组织培养实现，生产过程主要分为种子干细胞的分离获取（干细胞分离和鉴定）、干细胞的大规模培养增殖、干细胞的诱导分化、培育肉的收获和分离、食品化加工（风味、质构和营养）五个部分。

而我国生物培育肉研发尚处于起步阶段，产业化发展仍然有很长的路要走。与欧美国家相比，我国对食品营养风味的需求更具多样性，不仅要开发与欧美国家相似的技术，还需要大量的自主创新。因此，进行生物培育肉相关的研究对打破发达国家在该领域的技术垄断、保障我国未来肉品供应、占领培育肉生产技术制高点，具有重要的战略意义。

针对生物培育肉的现状，以及我国食品相关法律法规的规定，生物培育肉的相关政策、法律、法规、标签标识等亟需相关领域的专家进行有针对性性的商讨制定。为促进我国生物培育肉的发展奠定法律、理论基础，为生物培育肉市场化提供强有力的保障。具体举措如下：

（1）建立覆盖生物培育肉产业的监管体系。建议明确划分政府相关部门在生物培育肉生产各环节的监管主体和职责，合理分工；建议对生物培育肉生产中使用的新组分、新的生产工艺进行系统性安全评估，在产品的安全性和营养成分评价方面形成一整套独立的标准体系和客观的监管体系，促进该产业的良性发展。

（2）建立和完善生物培育肉相关的法律法规和行业标准。建议我国将生物培育肉定性为新食品原料，依据我国《新食品原料安全性审查管理办法》进行管理。针对生物培育肉的生产过程制订标准化指导技术文件，涵盖种子细胞库的管理、细胞的增殖、细胞的分化、细胞的获取、细胞的食品化加工、支架材料、培养基等生物培育肉的生产全过程。

（3）开展公众科普，引导消费者正确认识生物培育肉。建议多渠道多角度对消费者开展科普宣传，引导消费者树立对生物培育肉的正确认知，提高生物培育肉的公众接受度。建议对生物培育肉的标签标识进行科学调研和论证，制定既能够客观描述生物培育肉本质又能够与传统的肉品有明显区分，同时又有良好公众接受度的标签标识管理规范。

（4）建议借鉴欧盟的管理方式，将生物培育肉定性为新食品原料，依据我国《新食品原料安全性审查管理办法》进行管理。建议借鉴美国的监管职责分工体系，由农业农村部负责种子细胞供体动物的安全性监管、由国家市场监督管理总局负责生物培育肉整个培育和生产过程的监管、国家卫生健康委员会负责生物培育肉的安全风险评估、工业和信息化部负责推动生物培育肉的产业化。建议对生物培育肉生产中没有安全使用历史的组分、新的生产工艺进行系统的安全评估，在产品的安全性和营养成分评价方面形成一整套独立的标准体系和客观的监管体系，促进该产业的良性发展。

参 考 文 献

[1]　Alexandratos N，Bruinsma J. World agriculture towards 2030/2050: the 2012 revision[R]. Rome: Agricultural Development Economics Division Food and Agriculture Organization of the United Nations，2012.

[2]　Goefray H，Aveyard P，Garnett T，et al. Meat consumption，health，and the environment[J]. Science，2018，361（6399）：eaam5324.

[3]　中华人民共和国生态环境部[S]. 北京：中华人民共和国生态环境部，2020.

[4]　Datar I，Betti M. Possibilities for an in vitro meat production system[J]. Innovative Food Science & Emerging Technologies，2010，11（1）：13-22.

[5]　Poore J，Nemecek T. Reducing food's environmental impacts through producers and consumers[J]. Science，360（6392）：987-992.

[6]　王守伟，陈曦，曲超. 食品生物制造的研究现状及展望[J]. 食品科学，2017，38（09）：287-292.

[7]　Lynch J，Pierrehumbert R. Climate Impacts of Cultured Meat and Beef Cattle[J]. Frontiers in Sustainable Food Systems，2019，3：5.

[8]　Djekic，Ilija. Environmental Impact of Meat Industry-Current Status and Future Perspectives[J]. Procedia Food Science，2015，5：61-64.

[9]　王守伟，李石磊，李莹莹，等. 人造肉分类与命名分析及规范建议[J]. 食品科学，2020，41（11）：310-316.

[10]　王廷玮，周景文，赵鑫锐，等. 培养肉风险防范与安全管理规范[J]. 食品发酵与工业，2019，45（11）：254-258.

[11]　董桂灵. "培育肉"的研究进展及相关专利申请[J]. 中国发明与专利，2019，16（7）：71-75.

[12]　Szejda K，Urbanovich T，Wilks M. The Good Food Institute[R]. Washington，DC：Accelerating consumer adoption of plant-based meat：An evidence-based guide for effective practice，2019.

[13]　科技日报.人造肉，下一个风口？[EB/OL].（2021）.[2021-3-1]. https://tech.gmw.cn/2021-03/04/content_34659107.htm.

[14]　GERHARDT C. How Will Cultured Meat and Meat Alternatives Disrupt the Agricultural and Food Industry? [EB/OL].（2020-10-1）.[2021-3-1]. https://www.semanticscholar.org/paper/How-Will-Cultured-Meat-and-Meat-Alternatives-the-Gerhardt-Suhlmann/a9a1016f0eb1074257f1418ab0d8f3078e6b76a3.

[15]　Miller R K. A 2020 synopsis of the cell-cultured animal industry[J]. Animal Frontiers，2020，10（4）：64-72.

[16]　GFI. Meat cultivation：Embracing the science of nature [EB/OL].（2021）.[2021-3-1]. https://gfi.org/resource/cultivated-meat-nomenclature/.

[17]　Treich，N. Cultured Meat：Promises and Challenges [J]. Environ Resource Econ 79，33-61（2021）.

[18]　Roger Castellón.Meat4All.Fast Track to Innovation [EB/OL].（2020）.[2021-3-1]. https://www.ethicameat.com/about/meat4all/?lang = en.

[19]　中华人民共和国科学技术部，中国科学技术交流中心. 欧盟"地平线 2020"计划（Horizon 2020）[EB/OL].（2014-7）.[2021-3-1].

[20]　Agathocleous M，Harris W A. Metabolism in physiological cell proliferation and differentiation[J]. Trends in Cell Biology，2013，23（10）：484-492.

[21]　George F，Kerschen D，Van Nuffel A，et al. Plant protein hydrolysates（plant peptones）as substitutes for animal proteins in embryo culture medium[J]. 2009，21（4）：587-598.

[22]　Chen G，Gulbranson D R，Hou Z，et al. Chemically defined conditions for human iPSC derivation and culture[J]. 2011，8（5）：424-429.

[23]　Abdullah，Al-ani，Derek，et al. Oxygenation in cell culture：Critical parameters for reproducibility are routinely not reported[J]. Plos One，2018，13（10）：e0204269.

[24]　Andersen K G，Rambaut A，Lipkin W I，et al. The proximal origin of SARS-CoV-2[J]. Nature Medicine，2020，26（4）：450-452.

[25]　Charge S B，Runnicki M A J P R. Cellular and molecular regulation of muscle regeneration[J]. Physiological Reviews，2004，84（1）：209-238.

[26]　Lanen，Martin W J. The energetics of genome complexity[J]. Nature，2010，467（7318）：929-934.

[27]　Cooper R，Tajbakhsh S，Mouly V，et al. In vivo satellite cell activation via Myf5 and MyoD in regenerating mouse skeletal muscle[J]. Journal of Cell Science，1999，112（17）：2895.

[28]　Cornelison D，Olwin B B，Rudnicki M A，et al. MyoD（-/-）satellite cells in single-fiber culture are differentiation defective and MRF4 deficient[J]. Developmental Biology，2000，224（2）：122-137.

[29]　Wilkie R，Oneill I，Butterwith S，et al. Regulation of chick muscle satellite cells by fibroblast growth factors：interaction with insulin-like growth factor-I and heparin[J]. Growth Regulation，1995，5（1）：18-27.

[30]　Chen S E，Jin B，Li Y P. TNF-α regulates myogenesis and muscle regeneration by activating p38 MAPK[J]. Am J Physiol Cell Physiol，2007，292（5）：C1660.

[31]　Spangenburg E E，Booth F W. Multiple signaling pathways mediate LIF-induced skeletal muscle satellite cell proliferation[J]. American Journal of Physiology Cell Physiology，2002，283（1）：C204.

[32]　Mackey A L，Magnan M，Chazaud B，et al. Human skeletal muscle fibroblasts stimulate in vitro myogenesis and in vivo muscle regeneration[J]. Journal of Physiology，2017，595（15）：5115.

[33]　Carlson M E，Conboy M J，Hsu M，et al. Relative roles of TGF-β1 and Wnt in the systemic regulation and aging of satellite cell responses[J]. Aging Cell，2009，8（6）：676-689.

[34]　Engert J C，Berglund E B，Rosenthal N. Proliferation precedes differentiation in IGF-I-stimulated myogenesis[J]. Journal of Cell Biology，1996，135（2）：431-440.

[35]　Yu M，Wang H，Xu Y，et al. Insulin-like growth factor-1（IGF-1）promotes myoblast proliferation and skeletal muscle growth of embryonic chickens via the PI3K/Akt signalling pathway[J]. Cell Biology International，2015，39（8）：910-922.

[36]　Rion N，Castets P，Lin S，et al. mTOR controls embryonic and adult myogenesis via mTORC1[J]. Development，2019，146（7）：dev172460.

[37]　Laplante M，Sabatini D M. mTOR signaling in growth control and disease[J]. Cell，2012，149（2）：274-293.

[38]　Bar-peled L，Sabatini D M. Regulation of mTORC1 by amino acids[J]. Trends in cell biology，2014，24（7）：400-406.

[39]　Xie S J，Li J H，Chen H F，et al. Inhibition of the JNK/MAPK signaling pathway by myogenesis-associated miRNAs is required for skeletal muscle development [J]. Cell Death & Differentiation，2018，25（9）：1581-1597.

[40]　Belfiore A，Leroith D. Principles of endocrinology and hormone action[M]. New York：Springer，2018.

[41]　Derynck R，Zhang Y E. Smad-dependent and Smad-independent pathways in TGF-β family signalling[J]. Nature，2003，425（6958）：577-584.

[42]　Ding S，Swennen G M，Messmer T，et al. Maintaining bovine satellite cells stemness through p38 pathway[J]. Scientific Reports，2018，8（1）：1-12.

[43]　GrandF L，Jones A E，Seale V，et al. Wnt7a Activates the Planar Cell Polarity Pathway to Drive the Symmetric Expansion of Satellite Stem Cells[J]. Cell stem cell，2009，4（6）：535-547.

[44]　De Berardinis R J，Mancuso A，Daikhin E，et al. Beyond aerobic glycolysis：Transformed cells can engage in glutamine metabolism that exceeds the requirement for protein and nucleotide synthesis[J]. Proceedings of the National Academy of Sciences of the United States of America，2007，104（49）：19345-19350.

[45]　Anthony J C，Anthony T G，Kimball S R，et al. Signaling pathways involved in translational control of protein synthesis in skeletal muscle by leucine[J]. Journal of Nutrition，2001，131（3）：856-860.

[46]　Wilkinson D J，Hossain T，Hill D S，et al. Effects of leucine and its metabolite β-hydroxy-β-methylbutyrate on human skeletal muscle protein metabolism[J]. The Journal of Physiology，2013，591（11）：2911-2923.

[47]　Barnes M J，Uruakpa F，Udenigwe C J，et al. Influence of cowpea（Vigna unguiculata）peptides on insulin resistance[J]. Journal of Nutritional Health & Food Science，2015，3（2）：1-3.

[48]　RoseN E D，MacDdougald O A. Adipocyte differentiation from the inside out[J]. Nature Reviews Molecular Cell Biology，2006，7（12）：885-896.

[49]　Moyes C，Mathieu-Costwllo O，Tsuchiya N，et al. Mitochondrial biogenesis during cellular differentiation[J]. Am J Physiol，1997，272（4）：1345-1351.

[50]　Bentzinger C，Von Maltzahn J，Rudnicki M A，et al. Extrinsic regulation of satellite cell specification[J]. Stem Cell Research & Therapy，2010，1（3）：27.

[51]　Fernandes I，Russo F，Pignatari G，et al. Fibroblast sources：Where can we get them?[J]. Cytotechnology，2016，68（2）：223-228.

[52]　Jones A E，Price F D，Le Grand F，et al. Wnt/β-catenin controls follistatin signalling to regulate satellite cell myogenic potential[J]. Skeletal Muscle，2015，5（1）：1-11.

[53]　Reid G，Magarotto F，Marsano A，et al. Next stage approach to tissue engineering skeletal muscle[J]. Bioengineering（Basel），2020，7（4）：118.

[54]　敖强，柏树令. 组织工程系[M]. 北京：人民卫生出版社，2020.

[55]　Redeaelli F，Sorbona M，Rossi F. Synthesis and processing of hydrogels for medical applications [M/OL]. Woodhead Publishing，2017：205-228. https://www.sciencedirect.com/science/article/pii/B9780081002629000100.

[56]　Ruel-Gariepy E，Leroux J C. In situ-forming hydrogels—review of temperature-sensitive systems[J]. European Journal of Pharmaceutics and Biopharmaceutics，2004，58（2）：409-426.

[57]　Ghasemi-Mobarakeh L，Prabhakaran M P，Tian L，et al. Structural properties of scaffolds：crucial parameters towards stem cells differentiation[J]. World Journal of Stem Cells，2015（4）：728-744.

[58]　Qazi T H，Mooney D J，Pumberger M，et al. Biomaterials based strategies for skeletal muscle tissue engineering：existing technologies and future trends[J]. Biomaterials，2015，53：502-521.

[59]　Andersen T，Auk-Emblem P，Dornish M J M. 3D cell culture in alginate hydrogels[J]. Microarrays（Basel，Switzerland），2015，4（2）：133-161.

[60]　Campbell B，Oinons V，Kendall N，et al. The effect of monosaccharide sugars and pyruvate on the differentiation and metabolism of sheep granulosa cells in vitro[J]. Reproduction，2010，140（4）：541-550.

[61]　Jackman S R，Witard O C，Philp A，et al. Branched-chain amino acid ingestion stimulates muscle myofibrillar protein synthesis following resistance exercise in humans[J]. Frontiers in Physiology，2017，8：390.

[62]　Jockenhoevel S，Zund G，Hoerstrup S P，et al. Fibrin gel-advantages of a new scaffold in cardiovascular tissue engineering[J]. Eur J Cardiothorac Surg，2001，19（4）：424-430.

[63]　Sze J H，Brownlie J C，Love C A. Biotechnological production of hyaluronic acid：a mini review[J]. Biotech，2016，6（1）：67.

[64]　Zhu Y，Kruglikov I L，Akgul Y，et al. Hyaluronan in adipogenesis，adipose tissue physiology and systemic metabolism[J]. Matrix Biology，2019，78：284-291.

[65]　Suzuki J，Yamazaki Y，Guang L，et al. Involvement of Ras and Ral in chemotactic migration of skeletal myoblasts[J]. Mol. Cell. Biol. 2000，20（18）：7049.

[66]　Gillies A R，Lieber R L. Structure and function of the skeletal muscle extracellular matrix[J]. Muscle & Nerve，2011，44（3）：318-331.

[67]　Jiang X，Wu S，Kuss M，et al. 3D printing of multilayered scaffolds for rotator cuff tendon regeneration[J]. Bioactive Materials，2020，5（3）：636-643.

[68] Schulz A，Katsen-Globa A，Huber E J，et al. Poly（amidoamine）-alginate hydrogels：directing the behavior of mesenchymal stem cells with charged hydrogel surfaces[J]. Journal of Materials Science：Materials in Medicine，2018，29（7）：1-13.

[69] Ortuño-Lizarán I，Vilariño-Feltrer G，Martínez-Ramos C，et al. Influence of synthesis parameters on hyaluronic acid hydrogels intended as nerve conduits[J]. Biofabrication，2016，8（4）：045011.

[70] Fuoco C，Petrilli L L，Cannata S，et al. Matrix scaffolding for stem cell guidance toward skeletal muscle tissue engineering[J]. Journal of orthopaedic surgery and research，2016，11（1）：1-8.

[71] Hausman M S. Vitamin D2 enriched mushrooms and fungi for treatment of oxidative stress，Alzheimer's disease and associated disease states：U.S. Patent Application 12/887，276[P]. 2011-4-21.

[72] Jana S，Cooper A，Zhang M. Chitosan scaffolds with unidirectional microtubular pores for large skeletal myotube generation[J]. Advanced healthcare materials，2013，2（4）：557-561.

[73] Bryant C，Szejda K，Parekh N，et al. A Survey of Consumer Perceptions of Plant-Based and Clean Meat in the USA，India，and China[J]. Frontiers in Sustainable Food Systems，2019，3：11.

[74] Bryant C，Van Nek L，Rolland N. European markets for cultured meat：A comparison of Germany and France[J]. Foods，2020，9（9）：1152.

[75] EB. Public attitudes to meat consumption [EB/OL]. （2019-3-1）. [2021-3-1]. https://www.eating-better.org/blog/attitudes-to-meat-consumption.

[76] Bryant C，Barnett J. Consumer acceptance of cultured meat：A systematic review[J]. Meat science，2018，143：8-17.

[77] Verbeke W，Marcu A，Rutsaert P，et al. 'Would you eat cultured meat?'：Consumers' reactions and attitude formation in Belgium，Portugal and the United Kingdom[J]. Meat Science，2015，102（1）：49-58.

[78] 赵广立. 欧盟的转基因之路将何去何从？ [EB/OL]. （2015-2）. [2021-3-1]. https://www.guokr.com/article/440016.

[79] Mohorčich J，Reese J. Cell-cultured meat：Lessons from GMO adoption and resistance[J]. Appetite，2019，143：104408.

[80] Mancini M C，Antonioli F. Exploring consumers' attitude towards cultured meat in Italy[J]. Meat Science，2018，150：101-110.

[81] Matti W，Phillips C，Romanach S S. Attitudes to in vitro meat：A survey of potential consumers in the United States[J]. Plos One，2017，12（2）：e0171904.

[82] Szejda K，Urbanovich T. Plant-based and cultivated meat diffusion of innovation：Profiles of U.S. early adopter consumer segments[M]. Washington：The Good Food Institute，2019.

[83] Szejda K，Bryant C J，Urbanovich T. US and UK Consumer Adoption of Cultivated Meat：A Segmentation Study[J]. Foods，2021，10（5）：1050.

[84] Rubio N R，Xiang N，Kaplan D L. Plant-based and cell-based approaches to meat production[J]. Nature Communications，2020，11（1）：1-11.

[85] SPECHT L. Analyzing cell culture medium costs [EB/OL]. （2020）. [2021-3-1]. https://gfi.org/resource/analyzing-cell-culture-medium-costs/.

[86] Treich N. Cultured Meat：Promises and Challenges[J]. Environmental and Resource Economics，2021，79（10184）：1-29.

[87] 专访 CELLX：细胞培养肉创业，门槛该怎么跨？ [EB/OL]. （2022）. [2022-1-26]. https://newprotein.cn/?p=8304.

[88] Piazza J，Ruby M B，Loughnan S，et al. Rationalizing meat consumption. The 4Ns[J]. Appetite，2015，91：114-128.

[89] Thornton P K. Livestock production：recent trends，future prospects[J]. Philosophical Transactions of The Royal

Society B Biological Sciences，2010，365（1554）：2853-2867.

[90]　Ibsen D B，Steur M，Imamura F，et al. Replacement of red and processed meat with other food sources of protein and the risk of type 2 diabetes in European populations: the EPIC-InterAct Study[J]. Diabetes care，2020，43（11）：2660-2667.

[91]　Post M J，Levenberg S，Kaplan D L，et al. Scientific，sustainability and regulatory challenges of cultured meat[J]. Nature Food，2020，1（7）：403-415.

[92]　Nugent M A，Iozzo R V. Fibroblast growth factor-2[J]. International Journal of Biochemistry & Cell Biology，2000，32（3）：263-267.

[93]　Bodiou V，Moutsatsou P，Post M J. Microcarriers for upscaling cultured meat production[J]. Frontiers in Nutrition，2020，7：10.

[94]　Seah J S H，Singh S，Tan L P，et al. Scaffolds for the manufacture of cultured meat[J]. Critical Reviews in Biotechnology，2021（2）：1-13.

[95]　Bryant C，Barnett J J. Consumer acceptance of cultured meat：An updated review（2018-2020）[J]. Applied Sciences，2020，10（15）：5201.

[96]　Smet S D，Vossen E J. Meat: The balance between nutrition and health. A review[J]. Meat Science，2016：145-156.

[97]　Bonnet C，Bouamra-Mechemache Z，Réquillart V，et al. Regulating meat consumption to improve health，the environment and animal welfare[J]. Food Policy，2020，97：101847.

[98]　张月姝，武俊瑞，李春强. 红肉及加工肉制品与结直肠癌风险关系的研究进展[J].食品工业科技，2019，40（09）：323-328.

[99]　Cheah I，Shimul A S，Liang J，et al. Drivers and barriers toward reducing meat consumption[J]. Appetite，2020，149：104636.

[100]　Sha L，Xiong Y L. Plant protein-based alternatives of reconstructed meat：Science，technology，and challenges[J]. Trends in Food Science & Technology，2020，102：51-61.

[101]　Joshi V K，Kumar S. Meat Analogues：Plant based alternatives to meat products-A review[J]. International Journal of Food and Fermentation Technology，2015，5（2）：107-119.

[102]　Zhang T，Dou W，Zhang X，et al. The development history and recent updates on soy protein-based meat alternatives[J]. Trends in Food Science & Technology，2021，109.

[103]　Huis A V，Itterbeeck J V，Klunder H，et al. Edible insects：Future prospects for food and feed security. Food and Agriculture Organiation of the United Nations（FAO），Rome，Italy [J]. fao forestry paper，2013：45-55.

[104]　Miyaji M，Matsuyama H，Hosoda K，et al. Effect of replacing corn with brown rice in a total，mixed，ration silage on milk production，ruminal fermentation and nitrogen balance in lactating dairy cows[J]. Animal science journal=Nihon chikusan Gakkaihō，2012，83（8）：585-593.

[105]　Rumpold B A，Schluter O K. Nutritional composition and safety aspects of edible insects[J]. Molecular Nutrition & Food Research，2013，57（5）：802-823.

[106]　Hartmann C，Jing S，Giusto A，et al. The psychology of eating insects：A cross-cultural comparison between Germany and China[J]. Food Quality & Preference，2015，44：148-156.

[107]　吴泽奇，林景兰. 浅析昆虫蛋白的食用价值及未来展望[J]. 食品安全导刊，2020，000（012）：93-94.

[108]　Melgar-LAlanne G，Alvarez A. Edible Insects Processing：Traditional and Innovative Technologies[J]. Comprehensive Reviews in Food Science and Food Safety，2019，19（4）：1166-1191.

[109]　Hellwig C，Gmoser R，Lundin M，et al. Fungi burger from stale bread? A case study on perceptions of a novel protein-rich food product made from an edible fungus[J]. Foods，2020，9（8）：1112.

[110] 安迪苏. 安迪苏与恺勒司建合资公司开发创新水产饲料解决方案Feedkind单细胞蛋白[EB/OL].（2020-2-18）. http://www.bluestaradisseo.com/index.php/news_detail/id/199.

[111] 李薇羽. 空气变食物，芬兰公司Solar Foods放言"农业不受限"[EB/OL].（2019-7-22）. [2021-3-1]. http://vcearth. com/p/MmZmM2ZlMmMxY2VkNmY5OTE0NTU1OTExZjdjMzUzMGE=.

[112] 食经济. 重磅!芬兰"空气蛋白"即将商业化!每千克成本将低于38元…… [EB/OL].（2020-2-5）. [2021-3-1].

[113] Dyson L. Air Protein-Creating Meat Out Of Air— "We Have an Ultra-Sustainable，Clean Label Solution for the Future of Meat" [EB/OL].（2020-5-26）. [2021-3-1]. https://vegconomist.com/interviews/airprotein-creating-meat-out-of-air-if-we-cant-curb-consumer-demand-for-meat-we-can-redefine-it/.

[114] Foodaily每日食品. 深度 | 用发酵技术产蛋白，人类未来有救了? [EB/OL].（2020-12-22）. [2021-3-1].

[115] Trends M. The US\$ 200M Mycoprotein Industry Offers Huge Opportunities as Market Set to Grow [EB/OL].（2019-10-10）. [2021-3-1]. https://vegconomist.com/market-and-trends/the-us-200m-mycoprotein-industry-offers-huge-opportunities-as-market-set-to-grow/.

[116] Mycorena. Feeding the Future: Innovation，Technology，and Collaboration [EB/OL]. [2021-3-1]. https://mycorena. com/mycotalks.

[117] Techcrunch. After raising \$150 million in equity and debt，Nature's Fynd opens its fungus food for pre-orders [EB/OL].（2020-2-15）. [2021-3-1]. https://www.ximeiapp.com/article/2580343.

[118] 王卫，白婷，张佳敏，等. 一种菌蛋白调理素肉制品及其加工方法: 中国，CN110101074A[P]. 2019-08-09.

[119] Kuzuhara Y，Kawamura K，Yoshitoshi R，et al. A preliminarily study for predicting body weight and milk properties in lactating Holstein cows using a three-dimensional camera system[J]. Computers and Electronics in Agriculture，2015，111: 186-193.

[120] Ambrose D J，Kastelic J P，Corbett R，et al. Lower pregnancy losses in lactating dairy cows fed a diet enriched in alpha-linolenic acid[J]. Journal of Dairy Science，2006，89（8）: 3066-3074.

[121] Miwa N，Kumazawa Y，Nakagoshi H，et al. Method for modifying raw material milk and dairy product prepared by using the modified raw material milk: EP，EP1197152 A2[P]. 2004.

[122] Gurr M I. Review of the progress of dairy science: human and artificial milks for infant feeding[J]. Jourour of Dairy Research，1981，48（3）: 519-554.

[123] Elseddig H. The Effect of Open Poultry Houses Design on Physiological Performance of Layer Hens[M]. Khartoum: UOFK，2010.

[124] Jimenez A M，Roché M，Pinot M，et al. Towards high throughput production of artificial egg oocytes using microfluidics[J]. Lab on A Chip，2011，11（3）: 429-434.

[125] Bagliacca M，Profumo A，Ambrogi C，et al. Egg-laying differences in two grey partridge（Perdix perdix L.）lines subject to different breeding technology: artificial egg hatch or mother egg hatch[J]. European Journal of Wildlife Research，2004，50（3）: 133-136.

[126] Regulation（EU）2015/2283 of the European Parliament and of the Council of 25 November 2015 on novel foods，amending Regulation（EU）No 1169/2011 of the European Parliament and of the Council and repealing Regulation（EC）No 258/97 of the European Parliament and of the Council and Commission Regulation（EC）No 1852/2001（Text with EEA relevance），vol[EB/OL].（2015-11-25）[2021-3-1]. https://eur-lex.europa.eu/eli/reg_impl/2017/2470/oj.

[127] Piper K. The lab-grown meat industry just got the regulatory oversight it's been begging for[M]. Washington，DC: Vox Media，2019.

[128] USDA&FDA. Formal agreement between the U.S. Department of health and human services food and drug administration and U.S. Department of agriculture office of food safety[M]. Washington，DC: Food and Drug

Administration and U.S. Department of Agriculture，2018-2019.

[129]　Agency S F. Safety of Alternative Protein[M]. Singapore：Singapore Food Agency. 2020.

[130]　国家统计局. 肉类产量[Z]. 2018.

[131]　2018 年中国畜牧业产值、主要产品产量及生猪养殖情况 [EB/OL].（2019-11-1）[2021-3-1]. https://www.chyxx.
　　　　com/industry/201911/800491.html.

[132]　国家统计局. 总人口[Z]. 2021.

[133]　United Nations. Population[M]. New York：United Nations，2019.

[134]　Bhat Z F, Bhat H. Animal-free meat biofabrication[J]. American Journal of Food Technology，2011，6（6）：
　　　　441-459.

[135]　Lichfield G. 10 breakthrough technologies：the cow-free burger[J]. MIT Technology Review，2019，3-4：21-22.

[136]　National Academies of Sciences，Medicine. Preparing for future products of biotechnology[M]. Washington，DC：
　　　　The National Academies Press，2017.

[137]　United Nations，Population Division[M]. New York：United Nations，Department of Economic and Social Affairs，
　　　　Population Division，2019.

[138]　海关总署. 2020 年 12 月进口主要商品量值表[Z]. 2021.

[139]　王守伟. 中国肉类工业科技发展前景分析[J]. 肉类研究，2010，（09）：3-5.

[140]　李笑曼，臧明伍，赵洪静，等. 基于监督抽检数据的肉类食品安全风险分析及预测[J]. 肉类研究，2019，
　　　　33（01）：42-49.

[141]　李丹，王守伟，臧明伍，等. 我国肉类食品安全风险现状与对策[J]. 肉类研究，2015，29（11）：34-38.

[142]　Tai S. Legalizing the Meaning of Meat[J]. Loyola University Chicago Law Journal，2019，51（3）：743-789.

[143]　Stephens D N，Dunsford I，Silvio L D，et al. Bringing cultured meat to market：technical，socio-political，and
　　　　regulatory challenges in cellular agriculture[J]. Trends in Food Science & Technology，2018：S0924224417303400.

[144]　Ong S，Choudhury D，Naing M W. Cell-based meat：Current ambiguities with nomenclature[J]. Trends in Food
　　　　Science & Technology，2020，102：223-231.

[145]　Bryant C，Krelling F. University of Bath[M]. Washington，DC：The Good Food Institute，2020.

[146]　全球"人造肉"市场规模今年达 120 亿美元[EB/OL].（2019-9-29）.[2021-3-1]. https://www.bjnews.com.cn/
　　　　feature/2019/09/29/631080.html172 食品伙伴网. 【我们·食品】系列：2019 年 4 月 1 日起新加坡食品安全局
　　　　正式运营[EB/OL].（2019-4-19）.[2021-3-1].

[147]　Petetin L. Frankenburgers，Risks and Approval[J]. European Journal of Risk Regulation，2017，5（2）：168-186.

[148]　Schneider Z. In vitro meat：Space travel，cannibalism，and federal regulation[J]. Houston Law Review，2012，
　　　　50：991.

[149]　Servick K. U. S. lawmakers float plan to regulate cultured meat[J]. Science，2018，360（6390）：695.

[150]　王守伟，孙宝国，李石磊，等. 生物培育肉发展现状及战略思考[J]. 食品科学，2021，42（15）：1-9.

[151]　AMPSINNOVATION. PRODUCING MEAT，POULTRY AND SEAFOOD DIRECTLY FROM ANIMAL CELLS
　　　　[EB/OL]. [2021-3-1]. https://ampsinnovation.org/.

[152]　Office U S. Food Safety：FDA and USDA Could Strengthen Existing Efforts to Prepare for Oversight of
　　　　Cell-Cultured Meat [M]. Washington，DC：The Government Accountability Office，2020.

[153]　边红彪. 主要贸易国家食品安全监管模式综述[J]. 中国标准化，2014，9：79-83.

[154]　Burkett A B. Food safety in the united states: is the food safety modernization act enough to lead us out of the jungle[J].
　　　　Alabama Law Review，2012，63（4）：919-940.

[155]　蒋绚. 集权还是分权：美国食品安全监管纵向权力分配研究与启示[J]. 华中师范大学学报（人文社会科学

版），2015，54（001）：35-45.

[156] Thomas N. Animal Cell Culture Technology Public Meeting Transcript-Food Produced Using Animal Cell Culture Technology[M]. US：Food & Drug Administration office of foods and veterinary medicine. Harvey W. Wiley Federal Building；Capital Reporting Company. 2018：214.

[157] Beverages F. Joint Public Meeting on the Use of Cell Culture Technology to Develop Products Derived from Livestock and Poultry [EB/OL].（2018-10-26）. [2021-3-1]. https://www.fda.gov/food/workshops-meetings-webinars-food-and-dietary-supplements/joint-public-meeting-use-cell-culture-technology-develop-products-derived-livestock-and-poultry.

[158] Gottlieb S. Statement from USDA Secretary Perdue and FDA Commissioner Gottlieb on the regulation of cell-cultured food products from cell lines of livestock and poultry[M]. Washington DC：Commissioner of Food and Drugs-Food and Drug Administration（May 2017-April 2019），2018.

[159] Food Safety Modernization for Innovative Technologies Act. [EB/OL].（2019-10-16）. [2021-3-1]. https://www. govtrack.us/congress/bills/116/s3053.

[160] Gao，Gao-20-325[R]. Washington，DC：US Government Accountability Office，2021.

[161] FDA. USDA/FDA Launches Joint Webinar on Roles and Responsibilities for Cultured Animal Cell Human and Animal Food Products[M]. Washington，D.C：U.S. Food and Drug Administration，2020.

[162] PBFA. Plant-Based Meat Labeling Standards Released. Food Safety Modernization for Inn ovative Technologies Act. [EB/OL].（2019-10-9）. [2021-3-1]. https://www.plantbasedfoods.org/plant-based-meat-labeling-standards-released/.

[163] 冯润，罗浩. 美国市场监管体系建设的经验与启示[J]. 政法学刊，2014（1）：32-35.

[164] 李静. 欧盟食品安全监管体系的启示[J]. 中国农业信息，2012（11）：36-39.

[165] 陈莹莹. 欧盟食品安全监管法律制度及其对我国的启示[J]. 开封教育学院学报，2018，38（09）：255-257.

[166] Turck D，Jean-Louis Bresson，Burlingame B，et al. Guidance on the preparation and presentation of an application for authorisation of a novel food in the context of Regulation（EU）2015/2283[J]. EFSA Journal，2016，14（11）：4594.

[167] 陈潇，王家祺，张婧，等. 国内外新食品原料定义及相关管理制度比较研究[J]. 中国食品卫生杂志，2018，30（05）：536-542.

[168] Ververis E，Ackerl R，Azzollini D，et al. Novel foods in the European Union：Scientific requirements and challenges of the risk assessment process by the European Food Safety Authority[J]. Food Research International，2020：109515.

[169] 新加坡食品局[EB/OL]. [2021-3-1]. https://www.sfa.gov.sg/.

[170] 边红彪. 新加坡食品安全监管体系分析[J]. 标准科学，2018，535（12）：72-75.

[171] 可心. 新加坡：将于2019年成立食品局[J]. 中国食品，2018，000（016）：99.

[172] 食品伙伴网.【我们·食品】系列：2019年4月1日起新加坡食品安全局正式运营[EB/OL].（2019-4-19）. [2021-3-1]. http://bbs.foodmate.net/thread-1126456-1-1.html.

[173] 食品论坛.【我们·食品】系列：2019年4月1日起新加坡食品安全局正式运营 [EB/OL].（2019-4-19）. [2021-3-1]. http://info.foodmate.net/reading/show-6869.html.

[174] 新加坡南洋理工大学. 合作成立未来食品安全中心,南大主导新加坡未来食品安全 [EB/OL].（2021-4-29）. [2021-3-1]. http://www.unisg.com.cn/college/NTU/News/show/7860.htmlhttps://tech.gmw.cn/2021-03/04/content_34659107.html.

[175] 新加坡政府在食品科技领域增加投资，推动"未来食物"[EB/OL].（2019-3-29）. [2021-3-1]. https://www. shicheng.news/v/kR7kj.

[176] Safety of Alternative Protein[EB/OL].（2020）[2021-3-1]. https://www.sf a.gov.sg/food-information/risk-at-a-glance/safety-of-alternative-protein.

[177] Levelling up singapore's food supply resilience[EB/OL]. (2020-4-14) [2021-3-1]. https://www.sfa.gov.sg/food-for-thought/article/detail/levelling-up-singapore-s-food-supply-resilience.

[178] Mohorcich J，Reese J J. Cell-cultured meat：Lessons from GMO adoption and resistance[J]. Appetite，2019，143：104408.

[179] 汪江连. 日本食品安全监管现状及对我国的启示[A]//中国食品科学技术学会第五届年会暨第四届东西方食品业高层论坛论文摘要集[C]. 北京：中国食品科学技术学会，2007.

[180] 日本农林水产省[EB/OL]. [2021-3-1]. https://www.maff.go.jp/.

[181] 厚生劳动省[EB/OL]. [2021-3-1]. https://www.mhlw.go.jp/index.html.

[182] 日本规格协会[EB/OL]. [2021-3-1]. https://www.jsa.or.jp/.

[183] 日本细胞农业协会[EB/OL]. [2021-3-1]. https://www.cellagri.org/.

[184] INTEGRICULTURE 与 11 家公司组成联盟，致力于细胞农业的开放式创新平台[EB/OL]. (2021-7-26). [2021-8-1]. https://newprotein.cn/?p = 6059.

[185] 令和 2 年度 JAS の制定·国际化調査委託事業報告書[EB/OL]. (2021-3). [2021-3-20]. Https://www.maff.go.jp/j/jas/attach/pdf/yosan-32.pdf.

[186] 以色列驻上海总领事馆. 以色列的食品工业[J]. 食品与机械，2006（3）：146.

[187] 以色列 SII 认证[EB/OL]. (2021). [2021-3-1]. http://www.waltek.com.cn/middle-east-certificate/israel.html.189 2020 state of the Industry Report Cultivated Me at[EB/OL]. (2021). [2021-5-10]. chrome-ex ten sio n：//ibllepbp ahcoppkjjll babhnigcbffpi/https://gfi.org/wp-content/uploads/2021/04/COR-SOTIR-Cultivated-Meat-2021-0429.pdf.

[188] 郭林宇，徐然，万靓军，等. 资源约束条件下的食品安全保障——以色列的经验启示[J]. 世界农业，2016（12）：4.

[189] 好食品集团生物培育肉年度报告网站：https://gfi.org/wpcontent/uploads/2021/04/COR-SOTIR-Cultivated-Meat-2021-0429.pdf.

[190] 国家卫生计生委. 新食品原料安全性审查管理办法[Z]. 北京：国家卫生和计划生育委员会，2013.

[191] 国家食品安全风险评估中心. 《新食品原料安全性评估意见申请材料指南》（试行）[Z]. 北京：国家卫生计生委，2014.

[192] 国家卫生计生委. 新食品原料卫生行政许可申报与受理规定[Z]. 北京：国家卫生计生委，2021.

[193] 国家卫生计生委. 国家卫生计生委关于印发《新食品原料申报与受理规定》和《新食品原料安全性审查规程》的通知[Z]. 北京：国家卫生计生委，2013.

第 8 章 生物培育肉的生产技术发展战略研究

8.1 肌肉的构成及品质

随着人们消费水平的提高，肉类产品的品质越来越受到消费者的关注。消费者评价肉类产品时的依据主要是感官品质，包括肉的风味、肉的色泽、肉的口感等，科学研究将其归为以下 5 类[1]：

（1）食用质量，指肉的色泽、风味、嫩度和多汁性；

（2）营养质量，指肉中蛋白质含量及氨基酸组分、脂肪含量及脂肪酸组分（饱和脂肪酸、单不饱和脂肪酸和多不饱和脂肪酸比例）、维生素含量、矿物质含量；

（3）技术质量，指系水力、pH 水平、蛋白质变性程度、脂肪饱和程度、结缔组织含量、抗氧化能力；

（4）卫生质量，包括微生物指标、肉的腐败与酸败程度、各种抗生素和激素及生长促进剂水平、农药残留量和重金属离子浓度；

（5）人文质量，指养殖、屠宰等与动物福利相关方面。

狭义的肉类品质即肌肉的颜色、多汁性、嫩度、香气、滋味等食用质量和营养价值。也就是，与鲜肉或加工肉的外观、适口性、营养性等有关的一系列生物化学特性的综合。肌肉的组织结构决定着肉的口感，肌肉的化学成分则与肉的营养、风味密切相关。通过对肌肉组织学的了解，包括肌肉结构及组成，是肉类品质研究的基础。

8.1.1 肌肉组织的结构

肌肉组织是一种具有收缩功能的软组织，按照结构和功能，肌肉组织可以分为平滑肌（Smooth muscle）、心肌（Cardiac muscle）和骨骼肌（Skeletal muscle）。平滑肌主要构成机体的脏器和血管，负责机体代谢和代谢产物的运输。心肌仅存在于心脏中，其主要功能是负责心脏的正常跳动，由于平滑肌和心肌的收缩都不受机体意识的支配，所以又称为不随意肌（Involuntary muscle）。与平滑肌和心肌相比，骨骼肌分布更广，存在于动物机体的头部、颈部、躯干和四肢，参与机体的运动、姿势维持和呼吸等，其收缩通常受到意识的控制，所以又被称为随意肌

（Voluntary muscle）。人们消费的肉类产品主要为骨骼肌肌肉，骨骼肌的最小结构单元为肌纤维（Muscle fibers），多条肌纤维组成肌束（Muscle bundle），多条肌束按照一定规律排列，两端由肌腱（Muscle tendon）连接后并固定于骨头上，肌纤维和肌束之间存在结缔组织、脂肪组织和毛细血管等。肌纤维的长度、直径、收缩状态，以及结缔组织和肌肉脂肪的含量和排布等都会影响到肌肉的品质。

1. 肌肉的宏观结构

典型的骨骼肌由中间部的肌腹和两端的肌腱构成（图 2.8.1）。肌腹是肌的主体部分，由肌纤维肌束聚集构成，柔软有收缩能力。肌腱呈索条或扁带状，由平行的胶原纤维束构成，无收缩能力，肌腱附着于骨处与骨膜牢固地编织在一起。肌纤维又称肌细胞，是构成骨骼肌的基本单位，每条肌纤维的直径约 $10\sim100\mu m$，长度约 $1\sim40mm$，最长可达 $100mm$[2]。大约 $50\sim100$ 条肌纤维聚集后被结缔组织包裹形成一条肌束，其间含有毛细血管、纤维及脂肪等。一般认为，肌纤维的数目在出生时就已经决定，出生后的生长主要是肌纤维的变粗变大和增长。肌纤维的数目、大小、排列和功能在很大程度上决定着蛋白质合成和肌肉生长效率。

存在于肌肉组织中的结缔组织称为肌内结缔组织（Intramuscular connective tissue，IMCT），也统属于细胞外基质（Extracellular matrix，ECM），是维持肌肉的结构和功能的重要部分，也是决定肉品质（如嫩度、保水性）的关键成分。肌肉内的 IMCT 可分为 3 类——肌外膜（Epimysium）、肌束膜（Perimysium）和肌内膜（Endomysium）。包围每条肌纤维，把肌纤维隔开的膜称为肌内膜，围绕在

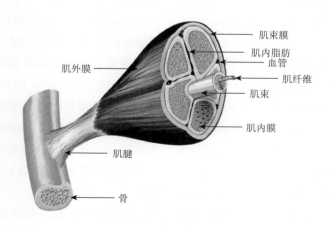

图 2.8.1　肌肉宏观结构

肌束上的结缔鞘膜就被称之为肌束膜，而包裹于肌束外面并且以肌腱形式和骨骼连在一起的膜就被称之为肌外膜。这些结缔组织由细胞和细胞外基质组成，其中以细胞外基质为主，包括胶原蛋白、弹性蛋白和蛋白聚糖。

肌肉脂肪通常由肌间脂肪（Intermuscular fat，IMAT）和肌内脂肪（Intramuscular fat，IMF）构成[2, 3]。肌间脂肪指同一切口中不同肌肉之间的脂肪。肌内脂肪沉积在肌纤维与肌束之间，造成肌肉的横切面出现大理石样纹理，肌内脂肪含量不同使肌肉中呈现不同程度的大理石花纹，直接影响色泽、风味、多汁性、嫩度等肉类品质指标，与肉的品质紧密相关[4]。肌内脂肪从化学成分而言涵盖质膜及细胞器膜的磷脂、甘油三酯及胆固醇。在哺乳动物及鸟类的肌肉组织中，甘油三酯作为一种能量储存形式近 80%来源于肌内脂肪细胞，剩余部分则存在于肌纤维线粒体附近的脂滴中[5, 6]。在鱼类肌肉组织中，肌内脂肪的沉积取决于肌纤维类型。在以氧化供能为主的红肌中，肌内脂肪以脂滴的形式存在于肌纤维中。在以糖酵解为主要供能方式的白肌中，肌内脂肪来源于肌束间等肌间隔中的脂肪细胞[7, 8]。

2. 肌肉的微观结构

每根肌纤维都被一层质膜包裹，这层质膜被称为肌纤维膜（Sarcolemma）。肌纤维膜包裹着细胞内的物质，调节葡萄糖等物质进出细胞，并以电脉冲或动作电位的形式接收和传导刺激，肌膜深面有许多椭圆形的细胞核，核内染色质少，核仁明显。肌纤维中的细胞质称为肌质（Sarcoplasm），它处于肌细胞膜和细胞核之间，这种水溶状液体内含有细胞的能量来源物质。肌纤维是一个多核细胞，其内含活跃的线粒体（Mitochondria）及肌浆网（Sarcoplasmic reticulum），肌浆网储存钙离子并通过改变细胞内钙离子的浓度来调节肌肉收缩。肌原纤维（Myofibrils）是肌纤维的主要组成成分，同时也是肌肉的伸缩装置。一条肌纤维由数百上千条肌原纤维组成，肌原纤维可占其固定成分的 60%～70%[9]。肌原纤维由肌丝（Myofilaments）构成，肌丝又可分为肌凝蛋白丝（Myosin filament）即粗肌丝（Thick filament），和肌动蛋白丝（Actin filament）即细肌丝（Thin filament）。肌凝蛋白丝和肌动蛋白丝呈条纹状，沿肌原纤维的走向有规律地排列。肌凝蛋白丝是由肌球蛋白（Myosin）聚集形成的。肌动蛋白丝由肌动蛋白（Actin）、原肌球蛋白（Tropomyosin）和肌钙蛋白（Troponin）形成。

在电镜下可以观察到肌纤维的超微结构（图 2.8.2），包含颜色较深的 A 带和较亮的 I 带。在 I 带中间的暗线为 Z 线，A 带中间的亮区为 H 区，中间的暗线为 M 线。两条彼此相邻 Z 线间的肌原纤维就为一个"肌节"（Sarcomere），肌节是肌肉收缩和舒张的最基本的机能单位和肌原纤维的基本单位。一个肌节由 1/2 I 带＋A 带＋1/2 I 带组成，I 带由细肌丝组成，A 带由相互重叠的粗肌丝构成。每一个粗丝周围有 6 条细肌丝。粗肌丝直径约 10nm，长 1.5μm，彼此平行排列，互相间隔约 45nm，它位于 A 带并决定 A 带的长度，粗肌丝除 M 线附近中央部分外，表面有许多小突起称为横桥。细肌丝直径约为 5nm，长约 1μm，一端固定于 Z 线上，每条细肌丝一部分位于 I 带，另一部分位于 A 带并插于粗肌丝之间。粗肌丝与细肌丝间隔约 10～20nm，同一肌节两细肌丝游离端之间的区域即 H 区。H 区的大小随肌纤维收缩的程度而异。当肌纤维处于松弛状态时，两端的细肌丝距离较大，此时 H 区较宽。当肌肉收缩时，细肌丝沿着粗肌丝被拉向 M 线，细肌丝和粗肌丝之间的重叠面积增加，而 H 区减少，肌纤维变短。

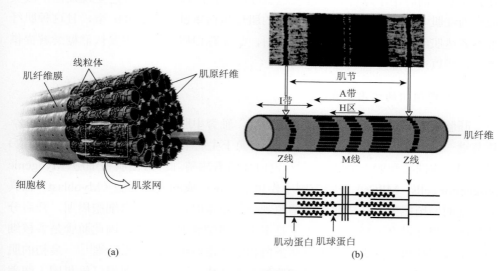

图 2.8.2 肌肉组织超微结构[10]

（a）肌纤维超微结构；（b）肌节结构

3. 肌纤维类型

在机体发育过程中，许多未分化的单核成肌细胞经分化融合形成圆柱状具有多核结构的肌管（Myotube），许多肌管相互连接组成肌纤维，肌纤维成束排列形成肌肉组织。肌球蛋白是骨骼肌中主要的收缩蛋白，由两对起调节作用的肌球蛋白轻链（Myosin light chain，MLC）和一对具有三磷酸腺苷酶（ATPase）活性的肌球蛋白重链（Myosin heavy chain，MyHC）组成，肌肉的收缩特性由肌球蛋白重链亚型决定。骨骼肌的肌纤维以肌球蛋白重链亚型为标准分为 4 种：慢速氧化型肌纤维（Ⅰ型，MyHC Ⅰ）、快速氧化型（Ⅱa 型，MyHC Ⅱa）、快速酵解型（Ⅱb 型，MyHC Ⅱb）和中间型肌纤维（Ⅱx 型，MyHC Ⅱx）。不同类型的肌纤维代谢类型不同，Ⅰ型肌纤维以有氧代谢提供能量，因而被归为氧化型肌纤维。它的直径较小，含有较多线粒体和肌红蛋白（Myoglobin），所以颜色红润；Ⅱb 型肌纤维所含糖原多，依靠糖酵解供能，因而也称为酵解型肌纤维，它的直径更大，颜色更偏向于灰白。Ⅱa 型肌纤维也属于氧化型肌纤维，Ⅱx 型肌纤维介于Ⅱa 型和Ⅱb 型肌纤维之间。

此外，肌肉组织根据所含肌纤维类型及其比例的不同，又分为慢肌与快肌。慢肌主要由Ⅰ型肌纤维组成，这种肌纤维所表达的肌球蛋白重链主要是Ⅰ亚型和Ⅱa 亚型，同时由于这种肌纤维表达肌红蛋白，所以肌肉的颜色呈现红色，故又被称为红肌[11]。快肌肌纤维主要表达的肌球蛋白重链亚型是Ⅱb 型，且这种肌纤维不表达肌红蛋白，所以肌肉颜色较白，故又称白肌。快肌主要依靠糖酵解提供能量，所以适合爆发性较强的运动[12]。

4. 肌肉组织的体内发育

胚胎期骨骼肌发育起源于轴旁中胚层，轴旁中胚层分化形成体节（Somite），体节进一步分化为生肌节（Myotome）。来源于生肌节的间充质干细胞（肌祖细胞）迁移到形成四肢和躯干的特定部位，同时伴随着增殖。此外，由肌祖细胞（Myogenic progenitor cells，MPCs）在特定因子作用下分化而成的成肌细胞（Myoblast）也具有一定的增殖能力。在成肌细胞增殖到一定数量时，它会退出细胞周期，开启分化程序，相互融合形成肌管。由于是多个成肌细胞融合而成，因此肌管是多核细胞，呈长圆柱形，其中含有由肌动蛋白和肌球蛋白组成的肌原纤维[13]。最初的肌管也称为初级纤维，它的特点是细胞核分布于中心，四周被肌原纤维包围。随着发育的进行，新的纤维即次级纤维会在初级纤维的基础上大量形成，与初级纤维不同的是，次级纤维的中心有肌原纤维的分布，因而形状也不相同。最后肌纤维的细胞核向细胞膜移动，形成成熟的肌纤维。

在胚胎发育晚期，骨骼肌中出现一群干细胞，即肌肉干细胞（又称肌卫星细胞），它们在机体出生后的肌肉生长期间高度活跃，并在成年个体肌肉组织的损伤修复中发挥重要作用[14]。肌肉干细胞位于肌纤维的肌膜与基底膜之间，一般为小梭形扁平的单核细胞，具有自我更新及成肌、成骨、成脂肪分化的能力。在成体期肌肉受到损伤时，肌肉干细胞会被激活，大量分裂、增殖并相互融合形成再生肌纤维，与受损伤细胞融合以修复受损伤的肌细胞。

8.1.2　肌肉的营养及风味

肉类可以定义成"供人类食用的动物的肉"，包括动物的可食用部分，如瘦肉、脂肪、肠等。从历史上看，肉类作为一种食物资源，对人类的进化和发展做出了显著贡献[15]。日常饮食中，大约 15%的蛋白质由肉类提供，相比于植物蛋白，肉类蛋白质具有更高消化率[16]。肉类含人体各种生理功能所必需的营养，包含优质蛋白质、所有必需氨基酸以及各种脂肪酸和微量物质（例如维生素 B 类复合物、铁、锌和硒等）。摄取肉类有助于促进机体生长发育、肌肉修复、帮助提高人体免疫力、促进大脑的发育等，如肉类中的肌酸能够为肌肉生长提供能量，二十二碳六烯酸（DHA）有助于大脑发育。解析肌肉的化学成分、了解肌肉营养、风味、色泽形成的机理，对培育肉的制造至关重要。

1. 肌肉的化学成分

肌肉由大约 60%水分、20%蛋白质，15%脂质，4%矿物质和 1%碳水化合物组成[17]。肌肉中 5%左右的水为以氢键的形式与蛋白质、多糖、磷脂等固体物质相结合的结合水，约 85%的水分存在于肌浆中，10%为存在于肌纤维间或肌束间的游离水[18]。游离水含量的变化是引起肌肉系水力的改变的主要原因。

肌肉中大概有 20%的蛋白质，按照溶解性和来源可以分为 3 类：肌浆蛋白（Myofibrillar proteins）、肌原纤维蛋白（Myofibrillar proteins）和基质蛋白（Stroma proteins）（表 2.8.1）。

肌浆蛋白约占肌肉总蛋白的 35%，包括大量糖酵解酶和其他酶，还有影响肉颜色的肌红蛋白和血红蛋白。此外，细胞色素也是肌浆蛋白的组分，与血红蛋白等参与活体肌肉的有氧输送[19]。肌红蛋白是水溶性蛋白，由一条含 8 个 α-螺旋结构的多肽链和内部的血红素围成的一个疏水区域组成，血红素辅基由位于中心的一个铁离子和卟啉环组成。铁离子（Fe^{2+} 和 Fe^{3+}）的化合价决定了肌红蛋白的氧化或还原形态。铁离子有 6 条键，4 条与卟啉环的吡啶氮结合，第 5 条与肌红蛋白肽链近端的 93 位组氨酸结合，第 6 条键可以与不同配体分子结合，形成不同种类的肌红蛋白分子，进而影响肉色[20]。

肌原纤维蛋白是肌肉进行收缩和舒张的关键物质，约占肌肉总蛋白的 55%。肌原纤维蛋白包括肌球蛋白、肌动蛋白等。肌球蛋白占肌原纤维蛋白的 50%～55%。在生理离子强度与 pH 下，肌球蛋白分子会自发聚集，形成粗肌丝。肌球蛋白呈长而细的分子结构，它的分子质量为 520kDa，由 6 条多肽链组成，包括 2 条分子质量为 222kDa 的重链和 2 对分子质量在 17～23kDa 的轻链。每一条重链含有一个球形头部和一个杆状尾部，轻链与球形头部联系在一起。重链的球形头部含有肌动蛋白的结合位点。肌球蛋白是肌肉中凝胶强度最大的，肌球蛋白在乳化过程中的作用，可以防止脂肪聚集，从而减少肉制品的汁液流失[21]。肌动蛋白占肌原纤维蛋白的 20%～25%。它的游离单体为 G-肌动蛋白，分子质量为 42kDa，G-肌动蛋白聚合形成丝状的 F-肌动蛋白，这是真核细胞骨架的必需元件。两条 F-肌动蛋白绞合在一起后，嵌上原肌球蛋白与肌钙蛋白组成肌原纤维的细肌丝。肌肉收缩时，肌球蛋白于细肌丝中的肌动蛋白可逆结合。原肌球蛋白及肌钙蛋白为细肌丝中与肌动蛋白的结合蛋白，在肌肉收缩与舒张过程中起着重要的调节作用。

基质蛋白不溶解，属于硬蛋白类，存在于肌肉的结缔组织中。它们围绕在肌纤维和完整肌肉上起维系和支持肌肉结构的作用。在碎肉制品中基质蛋白会引起收缩，妨碍肉块的黏合[22]。其中胶原蛋白是一类广泛存在于动物体的纤维状结构蛋白质，为骨骼肌细胞外基质的最主要成分[23]。胶原蛋白中存在交联反应并显著影响肉质，其中最主要的是赖氨酸分子在赖氨酰氧化酶作用下氧化脱氨形成醛基，再与另一赖氨酸分子的氨基缩合形成醛亚胺键（$CH = N-CH_2$）。这种分子间的交联作用使胶原蛋白具有必要的韧性和强度。

表 2.8.1　骨骼肌蛋白构成及其各类蛋白对肉制品品质的影响[24, 25]

骨骼肌蛋白种类	名称	溶解性	对肉制品品质的影响
肌浆蛋白 （35%）	糖酵解酶 线粒体氧化酶 溶酶体酶 肌红蛋白 血红蛋白	易溶于水或低离子强度的溶液	主要影响肉品色泽
肌原纤维蛋白 （55%）	收缩蛋白：肌球蛋白、肌动蛋白 调节蛋白：原肌球蛋白、肌钙蛋白 细胞骨架蛋白：肌联蛋白、伴肌动蛋白	盐溶性	肌球蛋白和肌动蛋白是参与凝胶形成的主要蛋白质 肌球蛋白参与肉糜乳化体系的稳定
基质蛋白 （3%～5%）	胶原蛋白 弹性蛋白 网状蛋白	不溶于水和盐溶液	胶原蛋白可以提高凝胶硬度。胶原蛋白会引起肉制品收缩，防止成型肉块的黏合

肌肉中的脂质主要是甘油三酯及微量的磷脂。甘油三酯中的不饱和脂肪酸与饱和脂肪酸的比例为 6∶4。磷脂相较于甘油三酯，能提供更多的影响风味的脂类前体物，因此，磷脂的含量对肉的风味有重要的影响[26]。肌肉中的碳水化合物主

要是糖原，含量为 10～20mg/g，是肌肉在厌氧条件下的能量来源。此外，肌肉中含有微量的核苷酸参与肉风味的形成。

2. 肌肉的营养

《本草纲目》指出，肉的食用能"安中益气、养脾胃，补虚壮健、强筋骨，消水肿、除湿气"。中医认为，肉类入脾、胃经，是补脾胃的佳品。身体虚弱或智力衰退者适合摄入肉类，因为肉类中蛋白质的氨基酸组成比植物所含蛋白更接近人体需要，能提高机体抗病能力，对生长发育及手术后、病后调养的人在补充失血、修复组织等方面特别有好处[27]。肉类蛋白含量高于植物蛋白，更重要的是，肉类中蛋白质的必需氨基酸种类齐全，包含人体不能合成的 8 种必需氨基酸，比例合理，因此比一般的植物性蛋白质更容易消化、吸收和利用，营养价值也相对更高。植物蛋白质含有许多限制氨基酸，如赖氨酸是小麦的限制氨基酸，色氨酸是玉米的限制氨基酸等，因而植物蛋白被人体吸收和利用的程度相对较差[28]。肉类摄取的不可或缺性除了它是氨基酸种类完全的优质蛋白外，肉类还含有益于维持营养平衡与身体健康的优质脂肪酸、维生素及矿物质等多种营养成分。肌间脂肪中富含人体不能合成的不饱和脂肪酸，包括油酸、亚麻酸、亚油酸和花生四烯酸等，对于脂质蛋白的代谢、血管弹性、白细胞功能和血小板激活等具有重要的调节作用[29]。肉类中含有丰富的维生素尤其是维生素 A 和维生素 D，肉类是人体补充维生素的重要食物。此外，肉类中富含钙、铁、锌及硒等矿物质。矿物质在细胞中以游离的离子状态存在，含量虽然不多，但对人体生命活动发挥着不可或缺的作用。与植物来源的矿物质相比，肉类中的锌吸收率更高[30]。肉类中含有的血红素铁的生物利用率远高于植物来源的铁，因此肉食者缺铁性贫血发病率比素食者低很多[31]。世界卫生组织推荐的硒每日最低摄入量为 50μg。小麦、大米、玉米等谷类作物的硒含量仅为 40μg/kg，单单摄入谷物及蔬菜不能满足日常所需硒的摄入，而肉类中硒含量更高，补充肉类可以满足日常矿物质的摄取[32]。因而，摄取肉类在维持人体健康方面是必不可少的。

3. 肌肉的风味

肌肉风味包括肉类特殊的滋味和香味。舌是品尝食物滋味的重要器官，而味觉受体味蕾位于舌面的乳突中。呈味物质如无机盐、氨基酸、多肽和糖类等刺激味蕾中的敏感细胞产生兴奋作用，由味觉神经传入神经中枢，进入大脑皮层产生酸、甜、苦、咸、鲜[33]。肉类的酸味由乳酸、无机酸和酸性磷酸盐引起。甜味则由糖类和氨基酸引起。苦味一般来自于氨基酸和多肽，如肌肽、鹅肌肽是苦味的前体。咸味主要由氯化钠和其他钠盐引起[34]。肉类特殊的鲜味则由肉中的肌苷酸、鸟苷酸和谷氨酸单钠盐酸钠以及部分二肽所赋予[35]。而肉类特殊的香味则是在肉类加工过程中由特定前体产生的（表 2.8.2）。肉香形成的途径包括脂质热降解、美拉德反应、硫胺素降解、核糖核苷酸的降解、氨基酸和肽的热降解以及碳水化合物的焦糖化等[36]。其中脂质降解、美拉德反应和硫胺素降解是肉香味形成最为重要的途径。脂质是形成特征肉香的重要成分。脂质在加工过程中能够产生挥发性化合物，脂质热氧化的产物与瘦肉组织的成分如各类氨基酸发生美拉德反应后，可产生鲜明风味[36]。硫胺素降解产生一系列的含硫肉香风味化合物。硫化氢是一种重要的风味化合物，能与呋喃酮反应产生强烈的肉香风味。猪肉中硫胺素含量丰富，其产生的呋喃酮、呋喃硫醇和二甲基二硫等物质是烤猪肉的典型香味物质，硫胺素也能水解形成具有熟猪肉香味的噻唑[37]。

　　肌肉加工后形成的特殊风味与肌肉中游离氨基酸及核苷酸含量紧密有关。呈味氨基酸主要包括甘氨酸、谷氨酸、丙氨酸等。甘氨酸和丙氨酸具有甜味，可以对酸碱味起柔和的作用，丰富肉的风味[38]。谷氨酸是呈鲜味的最主要物质。此外，肌肉内游离氨基酸在加热条件下可产生挥发性物质生成肉类特殊的香味。除美拉德反应外，缬氨酸、异亮氨酸和亮氨酸的 Streker 降解反应生成 2-甲基-丙醛、2-甲基-丁醛和 3-甲基-丁醛。含硫氨基酸如蛋氨酸、半胱氨酸和胱氨酸对熟肉风味起着重要作用[39]。在肉类中肌苷酸是含量最多的呈味核苷酸[40]，除本身的呈味作用外，它也是一种鲜味增强剂，和丙氨酸、谷氨酸具有协同作用，能大幅度提高两种产生的鲜味强度。同时肌苷酸可分解得到核糖参与美拉德反应，进一步产生肉香味的重要前体物。

表 2.8.2　肉香前体物质及其影响

前体物质		对肉香的影响
水溶性化合物	葡萄糖、葡萄糖-6-磷酸、核糖、磷酸核糖和果糖	提供焦糖的香味，提高挥发香味物质水平如烷基吡嗪
	含硫氨基酸如蛋氨酸、半胱氨酸和胱氨酸	加热分解产生的氨气、硫化氢、甲硫醇、甲硫醛、硫醇和噻吩等增加熟肉香气
	硫胺素	分解产生呋喃酮和呋喃硫醇等烤肉典型的香味物质
脂溶性化合物	脂肪酸	肉类中脂肪酸组成、氧化程度、产物含量等差异会造成产生的风味也的差别
	磷脂	肌内脂肪的重要组成成分，在受热后也会发生各种变化直接影响风味成分
	甘油三酯	瘦肉组织中的甘油三酯和磷脂是挥发性物质的主要来源

4. 肌肉的色泽

肌肉色泽即肉色是肉类产品外观品质评定的重要指标，也是肌肉的生理学、生物化学和微生物学变化的外在表现，消费者可以很容易用视觉加以鉴别，从而由表及里的判断肉质。在对肉色的长期研究中发现，肌肉呈色的物质基础是其中的色素，主要包括肌红蛋白、血红蛋白和细胞色素 C，其中肌红蛋白是最主要的色素成分，因而肌红蛋白的含量是决定肉色变化的主要因素[20]。

大量的研究发现肉色的深浅取决于肌肉中的色素物质肌红蛋白（约占 70%～80%）和血红蛋白（约占 20%～30%）的含量，肌红蛋白的含量越高，肉色就越深[41]。如新鲜兔肉肌红蛋白的含量为 0.2mg/g，家禽肉为 0.2～1.8mg/g，猪肉为 0.6～4.0mg/g，羔羊肉为 2.0～6.0mg/g，牛肉为 3.0～10.0mg/g，故牛羊肉的肉色最深呈深红色，猪肉、鸡肉次之，而兔肉接近白色，鸡腿肌中肌红蛋白的含量是胸肌的 5～10 倍，所以前者肉色发红，后者发白。

另外，肌红蛋白分子种类也显著影响肉类制品的色泽。肌红蛋白分子主要有脱氧肌红蛋白（Deoxymyoglobin，DMb）、氧合肌红蛋白（Oxymyoglobin，OMb）和高铁肌红蛋白（Metmyglobin，MMb）[42]。三者在肉中的含量和比例决定肉色。肌红蛋白中的血红素是其化学状态改变的关键所在，而正是血红素内部铁离子的化学性质的变化从而最终导致了肉色的改变[43]。当血红素中的铁离子呈二价，还未与氧分子结合，此时的肌红蛋白为脱氧肌红蛋白，肌肉呈紫红色或紫粉红色；当血红素铁离子第六位配位键与一分子氧可逆性结合，脱氧肌红蛋白发生了氧合作用变成了氧合肌红蛋白，使得肌肉呈鲜红色或桃红色；当脱氧肌红蛋白中的二价铁离子被氧化成三价从而变成高铁肌红蛋白后肌肉呈现深褐色或黑色（图 2.8.3）。在另外一些特殊条件下，如腌肉过程中的肌红蛋白可以和 NO 形成对热稳定的红色化合物亚硝基肌红蛋白（Nitrosomyoglobin，NMb）使腌猪肉呈现恒定的亮红色。

除以上两点外，肌纤维类型也影响着肌肉色泽。肌红蛋白的主要功能是运输氧，以氧化代谢供能为主的 I 型和 II a 型肌纤维含有丰富的线粒体，肌红蛋白比例相对较高，颜色较红；而 II b 肌纤维属于糖酵解型肌纤维，以糖原酵解供能为主，肌红蛋白比例相对较低，颜色较白[44]。

在细胞层面上，肌红蛋白的表达在细胞分化形成多核的肌管之后。在大鼠成肌细胞（L6）中，肌管在培养 8 天时，肌红蛋白仅可检测到较低水平，但是在 20 天时却增加了 200 倍。研究表明，细胞内的亚铁血红素对肌红蛋白的水平具有重要的调节作用。20mol/L 的氯化血红素处理后，培养肌管中肌红蛋白增加 70%；

用 Syccinyl acetone（一种亚铁血红素合成抑制剂）处理 10 天，肌管中肌红蛋白含量降低到原来的 40%，而以 Fe^{3+} 的螯合物处理则无影响。

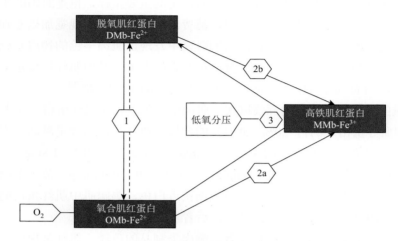

图 2.8.3　肌红蛋白氧化还原转化示意图

反应 1：当肌红蛋白暴露于氧气中时，铁的价态不发生变化，血红素第六配位被氧原子占据；
反应 2a 及 2b：在温度、pH 等条件变化下，肌红蛋白铁离子被氧化为三价；
反应 3：在低氧分压下及细胞内还原酶作用下，氧合肌红蛋白还原为脱氧肌红蛋白

5. 肌肉的口感

肉类的口感包含多汁性、嫩度、咀嚼性、纤维感等，是人们评价肉质的指标之一，通常以质构来评价，包括肌肉水分、脂肪含量、蛋白含量（水溶性蛋白、盐溶性蛋白、胶原蛋白含量）、肌肉细胞多孔性等[45]。肌肉细胞多孔性是指肌纤维的数量和肌纤维的大小分布情况，纤维越细，肉质越嫩；肌纤维越粗，肉质越粗硬。肌纤维的密度与肌肉的坚实度、弹性、咀嚼性以及黏性呈正相关关系[46]。通过质构仪使用挤压、穿刺、拉伸、剪切等技术和方法可以测定肌肉的质构。

结缔组织在肌纤维间和肌束周围形成致密的膜鞘，肌肉组织结构中结缔组织含量越丰富，肌肉的持水能力就越强。此外，肌肉内结缔组织的胶原蛋白含量则与肌肉嫩度存在复杂的关系。结缔组织中胶原蛋白的非还原性交联（在赖氨酸氧化酶的作用下，胶原蛋白不同的赖氨酸分子间形成醛亚胺键）导致肌束膜、肌内膜中的胶原蛋白分子更加稳固，热溶解性胶原蛋白数量迅速下降，使得肌肉的嫩度下降[47]。总体来看，胶原蛋白对嫩度的影响取决于胶原蛋白分子间的交联程度以及不同类型胶原蛋白的比例。盐溶性胶原蛋白含量越高，酸溶性胶原蛋白越低，交联程度越小，溶解性越高，则肌肉越嫩。

肌内脂肪的含量除对肌肉风味至关重要外，对于肌肉的质构同样具有关键影响。大理石纹是牛肉行业使用的术语，指肌肉纤维束之间出现白色斑点或条纹。肌内脂肪的沉积使肉表现出大理石纹，由于其数量和分布面积的不同，使肌肉呈现出程度不同的大理石纹[48]。沉积在肌肉内的脂肪，在加热烹饪过程中从肌纤维间融化出来，使肉质鲜嫩多汁。肌间脂肪含量的增加，嫩度与口感也相应地改善，肌内脂肪通过两方面的作用来改善肉的嫩度，一是切断肌纤维束间的交联结构；二是有利于咀嚼过程中肌纤维的断裂[49, 50]。肌内脂肪对肉的紧实性具有明显的改善作用，这种脂肪与肉品的等级规格、肌肉的纹理、紧实性及大理石纹之间高度相关。肌肉中脂肪增多导致肉中水分被置换，水分绝对含量减少，易流失的肌肉内自由水也相对减少。因此，一方面使肌肉紧实性增加，另一方面也就改善了肌肉的系水力[51]。

8.2　生物培育肉生产流程

8.2.1　生产流程

生物培育肉是利用现代生物技术手段从动物体内分离得到干细胞、成肌细胞等，利用体外培养方式实现动物肉组分（肌纤维、脂肪、胶原纤维等）体外合成，进而制备可食用的肉类制品[52]。培育肉的生产流程主要有以下几步（图 2.8.4）。①种子细胞的获取。获取种子细胞是生物培育肉制造过程的首要步骤，高质量和大量的种子细胞是生物培育肉生产的先决条件。用于培育肉的种子细胞包括肌肉干细胞、间充质干细胞、成纤维细胞、平滑肌细胞等多种细胞类型，通常需要从动物体内分离得到。首先从活体动物中获取少量的组织，如肌肉组织、脂肪组织等，通过酶消化法将组织中的单核细胞释放出来，获得细胞悬液，再经过纯化步骤如流式分选、密度梯度离心等，将目的细胞群体特异性地分离纯化出来[53]。②种子细胞的大规模扩增。分离获得的种子细胞数量稀少，首先将其接种于细胞培养皿或培养瓶中进行小规模培养，经过扩增细胞数量迅速增加，然后逐级转移至不同规模的生物反应器中进行高密度大规模培养。培育肉生产的培养基应使用无血清培养基且不含抗生素，可以利用大豆水解物、发酵和化学合成衍生的氨基酸、玉米中的葡萄糖以及通过发酵产生的重组蛋白和生长因子等作为培养基的有效成分[54]。培养过程中需要对各参数进行实时监控，如 pH、CO_2 浓度、重要营养成分及代谢废物的浓度等，进一步实现培养基的循环利用和物料自动补给。③种子细胞的分化。种子细胞经大量扩增后，需要对其进行诱导分化成肌细胞、脂肪细胞等构成肌肉组织的终末成熟细胞[55]。但不同类型的细胞，如肌纤维和脂肪所需的分化微环境不同，因此难以在同一培养基中进行同时分化。此外，因为肌肉组织具有三维结构，二维细胞培养只能获得单层细胞薄层，因此需要借助细胞支架实现三维的细胞排布。④塑形和食品化加工。生物培育肉的塑形需要运用生物材料作为支架，并结合 3D 生物打印技术将细胞和生物材料整合构建立体结构。同时，运用生物培育肉增色技术外源添加血红素、肌红蛋白和血红蛋白等物质为生物培育肉着色，使其具有真实的色泽。此外，外源添加少量风味物质，加强肌肉细胞自身肉类风味蛋白表达以及优化肌纤维与脂肪配比，可进一步增强生物培育肉的真实口感[56, 57]。

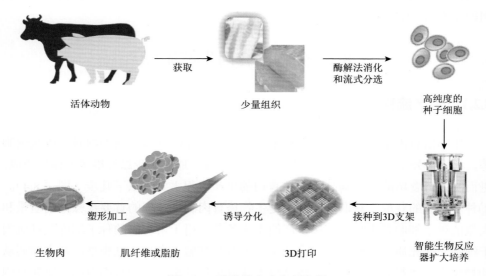

图 2.8.4　生物培育肉生产流程

8.2.2　技术挑战

生物培育肉工业化生产的技术挑战如下：①高效增殖种子细胞的培养基研发；②培养基重要组分的低成本发酵生产；③扩大培养智能生物反应器的设计开发；④促进肌肉组织分化的细胞支架制备；⑤生物培育肉食品化加工技术。

1. 高效增殖种子细胞的培养基研发

培养基是细胞生长全部的营养来源，培养基组成对于种子细胞的增殖至关重要。就生物培育肉的工业化生产而言，培养基不仅要促进细胞的高效增殖，还要同时兼顾成本、食品安全等问题。具体来说，要求培养基不含血清、不添加激素及抗生素、无危害人体健康物质，批次间稳定均一，且尽可能使用低成本原料。不同类型细胞生长所需的营养物质不同，培养基组成也不尽相同，因此需要针对具体的细胞类型，研究细胞生长发育的机理，找到促进细胞增殖的关键因子。开发培育肉技术的目的是最大程度减少动物的饲养和屠宰，因此生产过程的所有原料均不应该含有动物源成分。胎牛血清（FBS）是动物细胞培养基中重要的、普遍的促生长补剂，但其价格高、成分复杂不明确、批次差异大，并带来病毒污染的风险。此外，一些成分如白蛋白、转铁蛋白和基质胶也是直接从动物中提取的，不应该用于培育肉生产。开发无血清和无动物成分培养基是确保细胞培养过程最大限度的安全性、可持续性、可控性和准确性的基础[58]。由于胎牛血清是从被屠宰的妊娠奶牛的胎儿中提取的，含有数百种蛋白质和数千种小分子化合物，模拟胎牛血清的全部成分极其困难，成本也很高。但是，针对某一细胞类型开发无血清培养基，实现其增殖和分化过程中的精确营养供给是切实可行的。另外，还要研究不同类型细胞体外增殖的限制因素，有针对性的进行调控。如肌肉干细胞在体外培养过程中，细胞的干性会随传代次数增加严重下降，导致细胞增殖能力减弱、分化潜能衰退，因此，对于肌肉干细胞培养基的研发，还需考虑添加有利于干性维持的物质，才能实现细胞体外的大量增殖以及功能的维持。

2. 培养基重要组分的低成本发酵生产

在体内，干细胞的增殖分化、功能维持调控离不开其所处的微环境，这个微环境中不仅有多种类型的细胞、细胞外基质，还充斥着各种生长因子。微环境一直处于动态变化过程，它不断地与干细胞进行着信息传递，保护静止的干细胞免受损伤并维持干细胞的正常生理功能，当在组织发生损伤时，微环境向干细胞传递激活、增殖和分化等信号，使干细胞大量分化成功能细胞进行组织修复。因此，体外培养条件其实就是模拟体内微环境，除基础培养基外，需额外添加细胞因子、基质蛋白等组分，它们对细胞的增殖及分化调控至关重要[59]。但是，目前细胞培养中添加的细胞因子等重要组分价格高昂，若直接购买商品化产品会大大提高培育肉的生产成本。其实，细胞因子高昂的价格并非因为其生产困难或技术壁垒高，而是目前这类产品大多应用于科研或医学领域，拥有最高的行业标准（如纯度、杂质成分、内毒素等），并且工业规模相对较低。因此，有必要制定出培育肉行业中原材料的使用和质控标准，这样有利于降低细胞因子、基质蛋白等培养基重要组分的生产成本，推动培育肉的规模化生产。此外，发酵行业的基本规律是生产规模越大，单位产出成本越低，因此，细胞因子等产品的价格必然随着行业投入的力度和生产规模的扩大而下降[60]。随着代谢工程以及合成生物学的飞速发展，利用微生物细胞工厂高效生产高附加值化合物的技术手段日益成熟。因此，在明确促进肌肉干细胞等动物细胞增殖分化所需营养物质，开发出化学成分明确的细胞培养基的基础上，利用微生物发酵法生产其中的重要蛋白质、脂肪酸、固醇类等化合物，是降低生物培育肉成本的重要途径[61]。

3. 扩大培养智能生物反应器的设计开发

动物细胞培养产品可粗略分为两种：一是细胞产物，如单克隆抗体、疫苗等；二是细胞本身，如干细胞。动物细胞的大规模培养必须依赖生物反应器，其作用首先是扩大培养规模，其次是提高细胞培养的密度、降低生产成本，因此智能生物反应器的设计开发对生物培育肉的商品化制造至关重要。干细胞作为一种原代非永生化细胞，其增殖分化对周围环境的要求十分苛刻，生物培育肉的质量、得率有赖于在反应器内维持一个最优的生长环境，包括营养物质的混合，氧气的供应，二氧化碳以及其他代谢废物的排除。虽然微生物发酵的生物加工和基因工程制药等方面都已广泛应用生物反应器进行大规模生产，但目前仍没有专门针对生物培育肉而开发设计的反应器。不同于为疫苗或其他蛋白复合生产设计的生物反应器，生物培育肉的产品是细胞本身，所以在生物反应器中培养细胞的形态、特性和功能的保持变得极其重要，对培养条件的要求更高。因此，如何在实现细胞高密度培养的同时维持细胞的功能，是未来研究的重点。除此之外，开发设计能够对培养过程参数和细胞生长状态进行实时监控的智能生物反应器对生物培育肉的工业化生产会有非常大的帮助。除传统的监测指标如溶解氧、二氧化碳、温度、pH、葡萄糖、乳酸浓度外，细胞基础指标如细胞密度、形态、特征基因和蛋白表达等也是必不可少的。对培养基中关键成分的浓度变化以及细胞生长状态进行实时监测并及时调整，比如通过培养基回收，除去有害成分并补充营养成分后对废弃培养基进行再利用，有助于最大限度地利用培养基，降低生产成本。

4. 促进肌肉组织分化的细胞支架制备

培育肉的目标是制造一块营养、外观、质构和味道都与真实动物肉非常相似的肉制品，但是常规的细胞培养方法只能获得二维的细胞薄层，肉眼几乎不可见，若要产生具有三维结构的肌肉组织，必须依赖细胞支架。该支架起源于医学组织工程领域，用于为组织生长和再生提供最佳的微环境。一般来说，支架是一种模仿细胞外基质结构和功能的 3D 多孔网络，细胞在其上黏附、生长并发挥功能。多孔结构允许气体和营养物质的输入和代谢废物的输出，促进细胞代谢的维持。

在体内，肌肉组织两端通过肌腱与骨骼相连[62]，因此需要模仿这种生理状态，制造这种具有拉伸作用的细胞支架，帮助多核肌管排列、延伸、分布，最终形成具有良好收缩性和功能性的成熟肌纤维。理想的支架材料应该具有相对较大的细胞黏附和生长的比表面积，灵活的收缩和松弛性能，以及良好的细胞亲和性和细胞相容性。目前研究比较成熟的支架材料有动物源蛋白材料如胶原蛋白、明胶，植物蛋白如大豆蛋白，多糖类大分子如纤维素等，生物合成材料如聚乳酸、聚谷氨酸等。但作为食品培育肉的细胞支架应避免使用动物源成分，材料需符合食品安全条例，可降解或可食用，此外还需根据具体的细胞类型，对材料的合成方法、修饰方式进行改进优化以提高细胞相容性，增加培育肉产品的口感、营养和风味。

5. 生物培育肉食品化加工技术

生物培育肉的食品化加工过程是培育肉进入餐桌前的最后一道生产流程，包括塑形、增色、调味、熟化等系列程序，直接关系到培育肉产品最终的食用口感和风味。与传统肉品不同的是，培育肉是由动物细胞体外培育组合而形成的以多核肌管细胞为主的多细胞聚集体，因此需要人工模拟传统畜禽肌肉组织所具有的宏观天然纹理和丰富胞外基质，额外添加脂质成分等提高滋味和香气[63]。同时，中华传统饮食文化博大精深，有自己独特的饮食习惯和饮食文化，如何制备出适合中国人味蕾的培育肉制品是开展培育肉研究的一项必要内容，关系到培育肉在我国发展的市场化前景[64, 65]。

8.3　生物培育肉生产关键技术

8.3.1　生物培育肉种子细胞库的建立

1. 种子细胞的分离获取

1）胚胎干细胞

胚胎干细胞（Embryonic Stem Cells，ESCs）是从动物早期胚胎或原始性腺中分离出来的一类细胞，它在体外培养中拥有无限增殖、自我更新和多向分化的特性。更为重要的是，胚胎干细胞能被诱导分化为几乎所有类型的体细胞，包括肌肉组织中的肌纤维、脂肪细胞等。因此，胚胎干细胞是一种重要的培育肉种子细胞类型。

目前，胚胎干细胞系的建立主要有两种方式：全胚培养法和分离内细胞团法。两者的操作方法基本一致，区别在于：全胚培养法先将获得的囊胚进行培养，而分离内细胞团法是直接通过免疫手术等方法从囊胚中获得内细胞团。以分离内细胞团法为例，胚胎干细胞的建系步骤为：将囊胚从动物母体的子宫角中取出，并使用酸性台氏液溶解囊胚的透明带。通过机械法将内细胞团剥离并分散，使之成为 50～100 个细胞的小团块，并将其置于饲养层细胞上培养。胚胎干细胞不断分裂生长，约 5～7 天后可将其进行传代（图 2.8.5）。通常胚胎干细胞均需要接种至饲养层上，饲养层是经有丝分裂阻断剂（常用丝裂霉素）处理后，被抑制了分裂能力的成体细胞。这些细胞可提供细胞培养的微环境，支持胚胎干细胞的培养，并分泌白血病抑制因子（LIF）和碱性成纤维细胞生长因子（bFGF）等重要的细胞因子，维持胚胎干细胞的多能性[66]。胚胎干细胞的鉴定通常采用免疫学方法，主要包括碱性磷酸酶活性、转录因子 *Oct4* 和阶段特异性胚胎细胞表面抗原等。

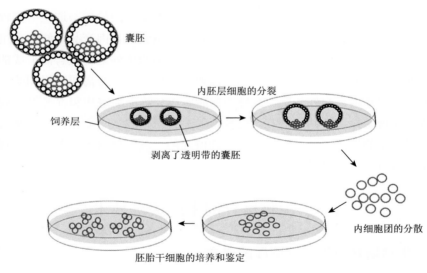

图 2.8.5　胚胎干细胞系的建立[67]

　　胚胎干细胞由于具有无限的增殖能力和全能分化能力，使其成为一种极具吸引力的培育肉种子细胞来源。目前，已成功地从多种物种中分离和建立胚胎干细胞系，包括人类、小鼠、鸡、鱼、奶牛等。但是，胚胎干细胞的体外培养操作较为复杂，特别是消化传代过程。酶消化法可能导致胚胎干细胞在传代中分化，机械传代更温和，但对操作人员的要求较高并且操作工作量相当大，不适用于规模化生产。牲畜如猪、牛等胚胎干细胞的稳定建系一直是科研领域的挑战，目前尚未完成实现。此外，胚胎干细胞的应用可能还会面临伦理和动物福利方面的争议，因为分离它们需要破坏胚胎。

2）诱导多能干细胞

诱导多能干细胞（Induced Pluripotent Stem Cells，iPSCs）是采用"重编程"的方法使成熟体细胞去分化形成的具有类似胚胎干细胞特性的多能干细胞。最初，诱导多能干细胞是利用逆转录病毒载体将一组四种特定的转录因子（*Oct4*、*Sox2*、*Klf4* 和 *c-Myc*）导入成纤维细胞，在细胞中驱动胚胎基因表达程序进而产生的。通过该方法制备的诱导多能干细胞在形态、基因和蛋白表达、表观遗传修饰状态、细胞倍增能力、类胚体和畸形瘤生成能力、分化能力等方面都与胚胎干细胞相似[68]。

迄今为止，科学家们已经在牛[69]、羊[70]、猪[71, 72]等物种中成功建立了诱导多能干细胞系。一般诱导多能干细胞的建系技术路线大体可以分为以下几个步骤（图 2.8.6）：首先分离培养靶细胞，主要为成纤维细胞，然后病毒质粒和包装质粒共同转染将特异性转录因子（*Oct4*、*Sox2*、*Klf4* 和 *c-Myc*）导入靶细胞内，并进行诱导培养使靶细胞形成胚胎干细胞样克隆，最后对获得的克隆进行多能性鉴定。

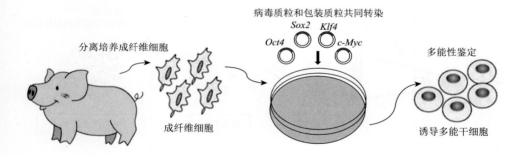

图 2.8.6　诱导多能干细胞系的建立

诱导多能干细胞系的建立一般使用体细胞，它们来源广泛、取材方便，不涉及伦理道德的问题，但其建系过程中使用的重编程手段涉及基因改造或修饰，因此在食品领域的应用性有待商榷。值得提及的是，目前科学家已通过小分子化合物、腺病毒、质粒转染等方法成功诱导出无病毒载体整合的诱导多能干细胞，但重编程效率还较低，技术手段尚待完善。未来随着技术的不断进步，非转基因手段制备诱导多能干细胞的效率将大幅提升，同时也能满足食品应用的安全性和质量标准，诱导多能干细胞作为培育肉生产种子细胞的优势将得以体现。

3）间充质干细胞

间充质干细胞（Mesenchymal Stem Cells，MSCs）是属于中胚层的一类多能干细胞，具有自我复制、自我分裂、自我更新、多向分化的潜能。间充质干细胞主要存在于骨髓腔中，同时也存在于结缔组织和器官间质中，一般可从脐带、骨髓、脂肪组织中分离得到。间充质干细胞在适宜条件下可被诱导分化为脂肪、骨、软骨等多种组织细胞，是生物培育肉中体外制造脂肪组织的重要种子细胞类型。目前，已实现从猪、犬、羊、牛、兔等不同物种和不同部位的组织中分离得到间充质干细胞[73-75]。

从脂肪组织中分离间充质干细胞的流程大致如下（图 2.8.7）[76]：首先采集动物腹部和腹股沟处皮下脂肪部位脂肪组织，将收集到的组织用无菌生理盐水冲洗去除表面的血渍，随后使用 75%酒精浸没整块组织进行消毒。用氯化钠注射液重复洗涤去除残留乙醇并使用手术镊剥除包绕组织的筋膜和血管，放入无菌平皿中，再次去除血污并充分剪碎。后续使用酶消化法进行间充质干细胞的分离，通常为I型胶原酶振荡消化 60min。随后将消化好的脂肪组织离心，去除产物中的上层油脂，加入适量 PBS 混匀沉淀并使用 100μm 细胞筛网过滤。将过滤后的细胞悬液离心并加入红细胞裂解液裂解红细胞，离心后得到的细胞沉淀即脂肪间充质干细胞。

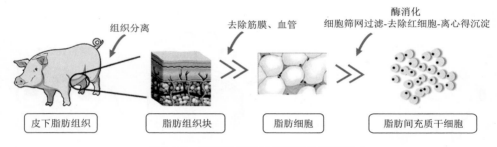

图 2.8.7　脂肪间充质干细胞的分离获取

4）肌肉干细胞

肌肉干细胞（Muscle Stem Cells，MuSCs）又称肌卫星细胞，它是位于肌细胞膜与基底膜之间的具备增殖和分化能力的成体干细胞。因肌肉干细胞易于从肌肉组织中分离获取，在体外培养增殖过程中，能较容易地分化为肌管和肌纤维，因此是生物培育肉制造中的首选种子细胞。肌肉干细胞一般取自年幼个体的骨骼肌组织，因为年幼个体的卫星细胞含量相对较丰富。

肌肉干细胞的分离主要有酶消化法（图 2.8.8）和组织块法。组织块法是将肌肉碎糜小心贴附于基质胶包被的培养皿中，并加入适量培养液，基于肌肉干细胞的自发迁移特性，肌肉干细胞会从组织边缘爬出，并逐渐贴壁生长。组织块法分离肌肉干细胞使用的试剂耗材少、成本低，但效率低、获得的肌肉干细胞数量较少[77, 78]。酶消化法一般在无菌条件下取肌肉组织，利用蛋白酶如胶原酶、胰蛋白酶、链霉蛋白酶等进行组织消化，同时使用注射器等机械辅助消化，消化结束后使用细胞筛进行过滤并离心收集细胞。经酶消化法分离得到的细胞成分复杂，除肌肉干细胞外还包含成纤维细胞，以及血管内皮细胞等非肌源性贴壁细胞，因此需要进行下一步的纯化，才能获得纯度较高的肌肉干细胞。常见的肌肉干细胞纯化方法包括：密度梯度离心法、差速贴壁法和基于细胞表面标记物的流式分选法和磁珠分选法。

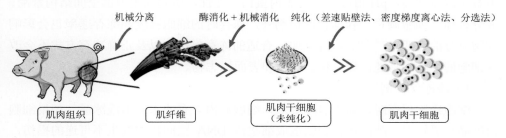

图 2.8.8　酶消化法分离获取肌肉干细胞

　　差速贴壁法利用不同细胞类型的贴壁能力不同进行细胞纯化。首先将全部细胞置于培养皿中静置 1～2h，因为成纤维细胞的贴壁能力比肌肉干细胞强，因此成纤维细胞大部分已经贴壁时肌肉干细胞仍处于悬浮状态，此时将培养液转移至新的培养皿中，能达到纯化肌肉干细胞的目的。差速贴壁法相对简单而且能去除大部分杂细胞，但得到的肌肉干细胞纯度相较于流式分选仍旧较低。密度梯度离心法是根据不同细胞间密度的差别进行细胞分离，待分离细胞的密度在离心溶液的梯度柱密度范围内，经过一定时间的离心后，不同密度的颗粒分别集中在离心溶液特定密度带上，从而做到细胞分离。分离得到的肌肉干细胞纯度可达 90%[79]。其局限性在于组织需要量大，纯化效率相对低下。

　　如果对肌肉干细胞的纯度要求较高，则可采用流式分选法（FACS）或磁珠分选法（MACS），它们是根据抗体与细胞表面特异性抗原结合的原理，进行目的细胞分离。目前使用抗体组合 CD31$^-$/CD45$^-$/CD56$^+$/CD29$^+$结合流式细胞分选系统，已实现猪、牛等动物肌肉干细胞的分离，纯度高达 99%[80]。但需要注意的是，不同物种的肌肉干细胞表面特异性抗原可能不同，且并不是所有物种都能购买到商品化的抗体，此外抗体价格十分昂贵，造成培育肉生产成本的增加。

2. 细胞冻存

　　通过组织分离得到的原代动物干细胞（种子细胞），以及经过扩增后的大量干细胞在最终诱导分化成肌纤维之前，需要利用可靠的方法将其长期稳定保存[81-83]。

因此，细胞冻存技术成为生物培育肉工业化生产中的关键技术。细胞冻存最常用的是液氮冷冻保存法，主要采用加适量保护剂的方法，对细胞进行缓慢冷冻，可通过复苏后活细胞比例以及细胞的生长活性来检测细胞冻存方法的可行性。在细胞冻存技术中，保护剂至关重要，如果在不加任何保护剂的情况下直接冷冻细胞，细胞内外的水分会很快形成冰晶，从而引起一系列不良反应，如细胞脱水使局部电解质浓度增高，pH 值改变导致胞内蛋白质变性，引起细胞内部空间结构紊乱、成分破坏、细胞凋亡。除冻存保护剂外，冻存时的细胞密度和冻存速率也会影响细胞复苏的存活率[84, 85]。研究证明，合适的冻存保护剂以及正确冻存方式不会改变细胞的生物学特性，如分化、生长和表面标志物。

1）冷冻保护剂

细胞冷冻保存时，随着温度降低，细胞质内含有的水会形成冰晶。如果细胞内冰晶形成较多，冰晶体积膨胀造成细胞核 DNA 空间构型发生不可逆的损伤，而致细胞死亡。因此，细胞冻存技术的关键是在冻存过程中需要减少细胞内冰晶的形成，同时降低细胞内水结冰时高浓度电解质浓缩所带来的冷冻损伤，故在细胞冻存过程中多采用亲水性冷冻保护剂与水结合，减少冰晶形成。冷冻保护剂可分为细胞渗透性保护剂和非渗透性保护剂。细胞渗透性保护剂为低分子中性物质，易与溶液中水分子结合，易于穿透细胞，如甘油或二甲基亚砜（DMSO）。这两种物质能提高细胞膜对水的通透性，这两种保护剂中，DMSO 效果更好，因为 DMSO 能更好地提高细胞的通透性。但是对于某些细胞，冻存时加入 DMSO 可能对细胞产生较大毒性或者会引起细胞分化，因此解冻融化时需要将细胞离心以去除冷冻保护剂或者考虑其他冷冻保护剂。非渗透性保护剂主要包括：聚乙烯吡咯烷酮（PVP）、蔗糖、聚乙二醇、葡聚糖、白蛋白等，它们属大分子物质，不能穿透细胞，冰晶形成之前优先结合溶液中水分子，从而降低细胞外溶液的电解质浓度，减少阳离子进入细胞。

在生物培育肉生产中，冻存保护剂的食品安全性值得考量。经过冻存保护剂处理后的细胞是否可以作为食品安全级的细胞进行生物培育肉的生产，需要进一步研究并根据研究结果制定相关的政策法规。

2）细胞密度

细胞复苏后为了修复由于低温所造成的损伤，细胞会加快代谢过程，消耗更多营养物质并产生大量次生代谢物。因此，当冻存的细胞密度过低时，细胞间依赖生长促进作用减弱，细胞增殖缓慢导致恢复期延长、发生突变且不易存活。此外，冰冻损伤引起的细胞通透性增强，导致细胞复苏时存活率下降，因此通常使用较高的细胞密度进行冻存以提高复苏时细胞的存活率[86-88]。但是，如果细胞密度过高，会引起营养物质过度消耗，代谢废物过量积累，造成细胞生长受限，故需要选取合适的细胞密度进行冻存[89]。通常认为密度达到 1×10^6 个/mL 可满足细胞冻存要求[90]，对于不同的细胞，其最佳细胞密度有所差异，需要根据细胞活力、细胞生长速率、细胞冻存液的稀释率等因素进行考虑[86]。

3）冻存速率

在选择了合适的冻存保护剂和细胞密度的基础上，冻存速率的控制同样会影响后续冻存细胞的复苏与存活。细胞冻存的基本原则是慢，慢速冷冻可以让水离开细胞，可以最大限度地保存细胞活力，但是不能太慢，否则将促进冰晶形成[91]。在冻存过程中往往将降温速度控制在 1℃/min 来达到较好的细胞保护作用，通常采取以下方法[91]：将冻存管放入程序降温盒，再将其置于 -70℃ 或 -80℃，冷冻 4h 以上以达到冻存效果，最后将其转移至液氮中长期保存。该方法操作便捷，是目前实验室常用的方式。程序降温盒采用高级聚乙烯泡沫材料制成，内含合金内芯，能实现 1℃/min 的降温效果，相较于先前添加异丙醇的程序降温盒，具有更好的安全性。

4）细胞冻存的操作流程

生物培育肉的种子细胞包括胚胎干细胞、诱导多能干细胞、间充质干细胞、肌肉干细胞，这些细胞都是贴壁细胞。贴壁细胞进行冻存时主要步骤如下：①预先配置冻存液，10% DMSO + 90%胎牛血清，4℃冰箱保存预冷；②细胞消化，使用胰酶在 37℃ 消化细胞，终止后进行细胞计数，对于肌肉干细胞一般调整其细胞密度为 $(1 \sim 10) \times 10^6$ 个/mL 并离心得沉淀；③重悬，细胞重悬于冻存液中，制备单细胞悬液，转移至冻存管中，冻存管需要标明细胞种类和冻存日期等信息；④程序降温，将冻存管转移至程序降温盒中，再将其转移至 -80℃冰箱，以 1℃/min 的速度进行缓慢降温；⑤将冻存管转移至液氮长期保存。

3. 种子细胞检定

生物培育肉是种子细胞进行大量扩增并分化后，经食品化处理形成的。使用的种子细胞其本身有可能携带病原微生物，如细菌、真菌、分枝杆菌、支原体、内外源性病毒。在扩增、分化或食品化处理过程中也可能感染病原微生物。同时，用于培养细胞的培养基也可能被病原微生物污染，以上因素都会直接影响最终生物培育肉的安全性。因此，需通过全面的细胞检定，排除潜在的生物安全隐患。

细胞检定主要包括细胞鉴定、病原微生物检查、内外源病毒污染检测、染色体检查等[92]。其中内外源病毒检测包括：细胞形态观察及血吸附实验、体外法和体内法检测病毒因子、逆转录病毒检查、种属特异性病毒分子检测、牛源病毒检测、猪源病毒检测、其他特定病毒检查。但是，对于培育肉的食品安全要求，目前暂无明确规定，相关法律仍有待完善，在此仅参考药品管理中生物制品的相关规定。

1）细胞鉴定

细胞鉴定要达到 3 个要求：细胞是否是被认定的细胞，细胞能否达到相应的目的功能，细胞是否稳定。鉴定方法有多种，比如细胞形态、化学反应、免疫学检测、细胞遗传学检测、遗传标志检测等。不同细胞类型的鉴定方法不一，以下分别从具体的种子细胞类型进行简述。

胚胎干细胞和诱导多能干细胞的鉴定。胚胎干细胞和诱导多能干细胞的鉴别方法相似，目前常用的鉴别胚胎干细胞的标准：①在体外长期培养、增殖且保持不分化状态；②碱性磷酸酶（AKP）阳性表达、转录因子 Oct4 阳性表达、端粒酶高表达；③阶段特性胚胎细胞表面抗原（SSEA）阳性表达；④在体内或体外具有多向分化的能力；⑤长期培养后仍维持正常的二倍体核型[93]。在整个过程中，经初步鉴定后，先鉴定碱性磷酸酶和核型，然后鉴定干细胞的表面标志物，当胚胎干细胞达到一定数量后再鉴定干细胞的发育全能性，每种鉴定都要重复多次。

初步鉴定胚胎干细胞，其具有与早期胚胎细胞相似的形态结构，细胞核大，有一个或几个核仁，胞核中多为常染色质，胞质胞浆少，结构简单。体外培养时，细胞排列紧密，呈集落状生长。用碱性磷酸酶染色，胚胎干细胞呈棕红色。细胞克隆和周围存在明显界限，形成的克隆细胞彼此界限不清，细胞表面有折光较强的脂状小滴。细胞克隆形态多样，多数呈岛状或巢状。猪、牛、羊胚胎干细胞的颜色较深，直径 12～18μm[93]。

初步鉴定后可进行免疫学方法鉴定，免疫学方法鉴定指碱性磷酸酶活性、转录因子 Oct4 和阶段特异性胚胎细胞表面抗原等的鉴定。碱性磷酸酶能在碱性条件下水解磷酸单酯放出磷酸，它是一种膜结合金属糖蛋白，由两个亚单位组成，其同工酶种类很多。许多研究结果表明碱性磷酸酶的高表达与未分化的多能干细胞相关。胚胎干细胞中含有丰富的碱性磷酸酶（AKP），而在已分化的胚胎干细胞中碱性磷酸酶呈弱阳性或阴性。故可以此鉴定胚胎干细胞是否分化。转录因子 Oct4 是目前被公认的与胚胎干细胞多向分化潜能相关的重要转录因子之一。Oct4 属于 POU（Pit-Oct-Une）家族，通过结合位于启动子活增强子区域 8 碱基位点 ATGCAAAT 来调控靶基因的表达，与胚胎发育中的多向分化潜能密切相关[94]。胚胎表达 Oct4 始于 4～8 细胞期的细胞核部位，且在整个桑葚胚期均可检测到。至囊胚（胚泡）期，Oct4 蛋白集中高水平表达于内细胞团，而在滋养外胚层却迅速下降。Oct4 在维持干细胞潜能中所扮演的角色是通过对内源基因进行靶向干扰而加以明确的。该因子不但参与多潜能细胞的最初形成，而且还在维持着干细胞自我更新的状态[95]。端粒酶活性也作为胚胎干细胞鉴定的标准之一。端粒是位于染色体末端地重复 DNA 序列-TTAGGG，其长度常作为细胞分裂及衰老的生物时钟，它在每一次细胞分裂都会变短，但是可被端粒酶修复。端粒酶是一种核糖蛋白，由 RNA 和蛋白质构成，它具有反转录酶的活性，其中的 RNA 是富含 G 序列的模板，能延长染色体端粒的长度。在胚胎干细胞、生殖细胞及肿瘤细胞中，端粒酶表达水平高，因此这些细胞在每次分裂后，可保持端粒长度维持细胞的不死性。在胚胎干细胞中，端粒酶的活性很高。

阶段特异性胚胎细胞表面抗原（Stage-Specific Embryonic Antigens，SSEA）是一种糖蛋白，它的表达在胚胎发育早期受到严密的调节。当细胞分化时这些抗原的表达会出现明显变化。因此，它们是鉴定哺乳动物类胚胎干细胞分化的重要工具，但它的表达具有种属特异性。哺乳动物胚胎干细胞均有表达 SSEA-1 的特性，其表达由白介素-6，特别是白血病抑制因子（LIF）来维持[96]，因此，常用 SSEA-1 单克隆抗体来检测胚胎干细胞。此外，体外培养的胚胎干细胞还需要进行核型分析。正常的胚胎干细胞是二倍体核型，但胚胎干细胞的基因组稳定性随着传代次数的增加及培养时间的延长而变化。通过对染色体形态数目的分析可以了解细胞的特征和生长状况，确定细胞是否在体外培养中发生遗传组成的改变。

间充质干细胞的鉴定。间充质干细胞的鉴定主要通过形态学观察、表面标志物检测和多系分化潜能鉴定。间充质干细胞呈纺锤状，细胞中央有卵圆形核，密度较高时呈涡旋状或放射状生长，培养早期大部分由增殖快的小梭形细胞组成，随着培养时间延长，逐渐被增殖慢、体积大的长方形、多角形成熟细胞替代，随着培养时间延长，细胞形态逐渐趋于一致。表面标志物主要包括：大于或等于 95% 的细胞表达 CD105、CD73 和 CD90，且表达 CD45、CD34、CD14、CD11b、CD79a、CD19 或 HLA- Ⅱ 类分子的细胞不应超过总数的 2%[97]。

间充质干细胞的多系分化潜能通常指成骨、成脂和成软骨分化。成骨分化的鉴定主要使用茜素红染色。茜素红是阴离子染料，很容易与多种金属离子络合生成红色络合物，其与钙离子以螯合方式形成复合物，用来识别组织中细胞的钙盐成分。通过茜素红染色，产生橘红色沉积（即钙结节），说明其具有成骨分化能力。成脂分化可使用油红 O 染液进行染色，油红 O 为脂溶性染料，在脂肪内能高度溶解，可特异性的使组织内甘油三酯等中性脂肪着色，而对其他的细胞结构着色性差。成软骨分化可通过甲苯胺蓝染色进行鉴定，甲苯胺蓝是常用的人工合成染料的一种，为碱性染料。而软骨基质的主要成分为软骨黏蛋白、多糖物质，其中的酸性硫酸根与嗜碱性染料有亲和力，故软骨细胞呈蓝紫色，背景呈淡蓝色。同时成软骨分化也会使用Ⅱ型胶原的免疫组化染色，Ⅱ型胶原是软骨化标志物。

肌肉干细胞的鉴定。肌肉干细胞的鉴定，可从细胞形态进行初步鉴定，但是更重要的是需要在分子水平上进行检测。肌肉干细胞以梭形或纺锤形为主，有两极，胞核折光性强，有突起。在分子水平，静止的肌肉干细胞表达转录因子家族成员 *Pax7*[98]，*Pax7* 是重要的肌肉干细胞特异性标志。激活后，*Pax7* 与 *MyoD* 共同表达[99]，*MyoD* 是肌源性分化的关键转录因子和肌源性调节因子家族（*MRFs*）的成员。一旦肌肉干细胞开始分化，*Pax7* 的表达就会下降，肌源性分化标记物如转录因子 *Myf5*、*MyoD*、*MyoG* 和 *Mrf4* 会相应的发生变化，*Myf5* 在分化早期表达，*MyoD* 也同时表达，随着分化的进行，表达水平略有下降，在分化的中后期，肌细胞融合成成熟的合胞多核肌管，*Pax7* 表达为阴性，*MyoG* 和 *Mrf4* 的表达升高。这些转录因子可通过免疫荧光、荧光定量 PCR 和 Western Blot 等方法来检测。另外还可以通过流式细胞仪进行细胞表面标志物的分析，有文献报道 CD56[+] 和 CD29[+] 组合可作为高纯度牛肌肉干细胞的特异性表面标志物[80]。

2）病原微生物检查

病原微生物检查包括：细菌真菌检查、支原体检查。细菌真菌检查可采用、直接镜检法、膜过滤法、直接接种法，也可采用 PCR 法、气相色谱-质谱联用法对其组分、核酸、代谢产物进行检测判定。直接通过显微镜对细菌或真菌污染物进行观察和鉴定是较快的方法，但是灵敏度较低。故如果样品量允许，一般首先选择膜过滤法进行检测，至少取 10mL 细胞培养上清液经膜过滤后，富集待检测样品中污染的细菌和真菌，培养薄膜观察有无微生物生长。滤器和滤膜在使用前应当采用适宜的方法进行灭菌。使用时应保证滤膜在过滤前后的完整性，该方法能增加检测的灵敏度。直接接种法也是可行的检测方法，操作简便，但是对于细胞培养体系中添加抗生素的样品应考虑抗生素对细菌和真菌的抑制效应。直接接种法可直接使用细菌和真菌培养基，在规定的条件下培养 14 天，观察可见污染，然后在固体琼脂培养基上进行再次转接培养，以确定培养生物的菌落类型。PCR 方法检测细菌 16S rRNA 高保守区的序列和真菌 18S rRNA 或 28S rRNA 高保守区的序列来判断是否有污染。气相色谱-质谱联用法主要是对微生物污染产生的特殊物质进行检测。在食品微生物检测中，较为常见的病原微生物包括：金黄色葡萄球菌、枯草芽孢杆菌、黑曲霉、铜绿假单胞菌、生孢梭菌、白色念珠菌、大肠埃希菌等。

支原体是一种大小介于细菌和病毒之间（最小直径 0.2μm），并独立生活的微生物。约有 1% 可通过滤菌器。支原体无细胞壁形态呈高度多形性，可为圆形、丝状或梨形。支原体与细菌真菌不同，常规显微镜并不容易察觉支原体污染。用扫描电镜或透射电镜能进行支原体检查。电镜下能观察到支原体膜为三层结构，其中央有电子密度大的密集颗粒群或丝状的中心束，支原体多吸附或散在细胞表面和细胞之间，横断面与细胞微绒毛相似，但微绒毛电子密度比支原体小，且中央无颗粒群或中央束。荧光染色法也是检出支原体的可靠方法。荧光染色用荧光染料 Hoechst 33258，可使支原体内的 DNA 着色，染色后用荧光显微镜观察。在 50× 或 100× 目镜下支原体污染表现为细胞质上有明确的微粒或丝状染色。

3）内外源病毒污染检测

病毒是影响生物制品安全性的重要因素，可采用透射电镜检查法、逆转录酶活性测定和感染性试验，准确检测样品中是否含有逆转录病毒及其他内源性病毒。透射电镜检查法能显示病毒、病毒样颗粒与细胞污染相关的微生物的大小、结构和细胞内位置。逆转录酶活性测定以噬菌体 MS2 RNA 为模板，采用实时荧光定量 PCR 法，确定是否存在逆转录病毒。通过感染实验进行传代培养，利用 PG-4 细胞空斑病变法评估逆转录病毒是否具有感染性。

外源性病毒的检测分为体外法和体内法。体外法用待检细胞培养上清液制备活细胞或细胞裂解物，分别接种单层指示细胞，进行细胞病变观察、血吸附试验和血凝试验判断样品是否含有外源病毒。体内法包括动物和鸡胚体内接种法，将待检细胞培养上清液接种于动物体内进行外源病毒因子检测。另外，针对种属特异性外源病毒，需要使用分子方法检测鼠源病毒和人源病毒。如果细胞基质在建立或传代过程中使用了牛血清，则需要检测牛源性病毒，主要包括：牛副流感病毒、牛腹泻病毒、牛腺病毒等 6 种病毒。如果细胞基质在建立或传代历史中使用了胰酶，则需要检测与胰酶来源动物相关的外源性病毒，如猪细小病毒、猪细环病毒等。

4）染色体检查

染色体检查是指染色体的核型分析，染色体核型分析是以分裂中期染色体为研究对象，根据染色体的长度、着丝点位置、长短臂比例等特征，并借助显带技术对染色体进行分析、比较、排序和编号，核型分析可以为细胞遗传分类、物种间亲缘的关系以及染色体数目和结构变异的研究提供重要依据。

4. 细胞库的管理

细胞库分为三级管理，即初级细胞库（Pre-master Cell Bank，PCB）、主细胞库（Master Cell Bank，MCB）和工作细胞库（Working Cell Bank，WCB）。

初级细胞库，又名细胞种子或原始细胞库，是由一个原始细胞群体发展成为传代稳定的细胞群体，或经过克隆培养形成的均一细胞群体。将一定数量、成分均一的细胞悬液，定量均匀分装于安瓿或适宜的细胞冻存管，于液氮冻存，即为原始细胞库，供建立主细胞库用。

主细胞库是从初级细胞库扩增来的。初级细胞库细胞传代增殖后均匀混合成一批，定量分装，保存于液氮或–130℃以下，这些细胞须按其特定的质控要求进行全面检定，全部合格后即为主细胞库，供建立工作细胞库用。主细胞库的质量标准应高于初级细胞库。

工作细胞库是由主细胞库细胞传代增殖而来的。主细胞库细胞扩增达到一定代次后，将其制成一批均质细胞悬液，并将其定量分装于细胞冻存管，保存于液氮或–130℃以下即构成工作细胞库。须确保细胞复苏后传代增殖的细胞数量能满足生产或后续实验。

各级细胞库的建立有特定的要求。首先是对于洁净度的要求，初级细胞库、主细胞库和工作细胞库的建立，需要防止外源因子污染，尤其要杜绝微生物污染和其他细胞污染。操作人员不得在同一区域同时处理不同活性或具有传染性的物料，如病毒、细胞系、细胞株。其次是关于记录规范的要求，建立每个细胞库均应有相应的建库记录，记录细胞来源，何时复苏、传代，何时冻存，冻存细胞批号、冻存的细胞代次、冻存数量等具体信息。每个库的细胞冻存后，应抽取其中具有代表性的细胞进行复苏，检查有无染菌，复苏后细胞活力应大于80%。应至少做一次复苏培养并连续传代至衰老期，检查不同传代水平的细胞生长情况。另外应有主细胞库和工作细胞库的起源及历史记录文档。对于细胞库应有库存和使用记录。

细胞库的储存是确保细胞库质量的重要手段。细胞库的储存条件要求可维持细胞活力并能防止微生物及其他细胞的交叉污染。贮藏容器应当在适当温度下保存，冷藏库应有连续温度记录，应定期检查液氮罐内液氮量并及时补加，液氮保藏区温湿度、大气压、氧分压、电力供应这些指标应做好记录，任何偏离贮存条件的情况应当及时调整。如果对储存温度有特定限制，则应有常规温度记录及偏离既定温度的警报系统。主细胞库和工作细胞库贮存条件应当一致，贮存期间的主细胞库和工作细胞库中的细胞一旦取出，不得再返回库内贮存。储存时要维持合理的库存数量，实验室或者机构应根据生产中细胞库的预期使用率，新库建立需要时间等，维持合理的细胞库库存数量。

8.3.2　种子细胞的体外增殖

细胞体外培养是指人为的模拟体内细胞的生长环境，包括细胞外基质、信号分子（激素和细胞因子）、代谢物和物理环境（温度、pH 值和湿度）等，在体外实现从动物组织中分离的细胞，组织等的培养，使其存活、生长增殖，并维持其功能的培养技术。根据离体培养细胞在培养皿中是否贴壁生长，分为贴壁细胞和悬浮细胞。

1. 细胞培养的基本要求和操作

1）细胞培养的营养条件[100]

凡能进入细胞中被细胞所利用，参与细胞代谢活动和维持细胞生存的物质均属营养物质。对于细胞的体外培养，培养基和血清是细胞的可利用的营养物质的全部来源，需含有细胞生长过程中所需的所有营养物质，主要有氨基酸、糖、无机盐、维生素和生长因子等。

氨基酸是细胞生命体合成蛋白质所需的原料。氨基酸分为必需氨基酸和非必需氨基酸，细胞对各个氨基酸的需求量各有差异，但不论何种氨基酸，对于细胞的代谢有着至关重要的作用。

葡萄糖是大部分培养基为细胞供能的主要物质，是细胞的能量来源和新陈代谢中间产物。葡萄糖主要通过糖酵解途径分解为丙酮酸，生成 ATP，为细胞提供能量。

无机离子钠、钾、镁、钙、磷、氮等是细胞生长所必需的，它们参与细胞的代谢，是细胞组成所需要的。此外，一些微量元素铁、锌、硒等也是细胞生长不可或缺的。

维生素是动物细胞维持生命和生长所需的一种活性物质。许多维生素是酶的辅酶和辅基的组成部分，对细胞的代谢有重大的影响，某些维生素缺乏，短期可引起细胞死亡。

生长因子是一类能在细胞间传递信息，具有免疫调节和效应功能的低分子量蛋白质或小分子多肽，具有调节细胞生长、分化成熟、功能维持等多种生理功能，通过不同信号通路之间相互的调节，促进细胞增殖，如成纤维生长因子（FGF）、胰岛素生长因子（IGF）等。除生长因子外，还有其他可以促进细胞增殖的物质被不断发现与应用在细胞培养中。除此之外，细胞培养还需要酯类，激素等物质。

2）细胞培养的外部环境

细胞培养的外部环境主要涉及的影响因素包括温度、渗透压、pH、气体环境和细胞整个生长环境无污染等。

温度：外界环境的温度是维持细胞正常生长的必要条件之一。温度过高或过低都会对细胞的活力造成损伤，严重时会造成细胞的死亡。一般动物细胞适宜的培养环境温度为 37℃左右，少数如禽类适宜培养温度为 38～42℃，鱼类细胞适宜培养温度范围为 23～27℃。

渗透压：细胞适合生长在等渗溶液中，大部分细胞对于渗透压的耐受力较大，大多数哺乳细胞都可以生存在 260～320mOsm/kg 的渗透压范围内。

pH：大多数细胞适合生长在 pH 7.5 左右的环境中，pH 7.4～7.7 范围内都可正常生长，一些个别细胞可能对 pH 要求稍有不同。在细胞生长过程中需要尽量保持在最适的 pH 范围内。在细胞培养的过程中，培养基中通常加入酚红指示剂，可以观察细胞生长环境的 pH 环境，以保持细胞生长在合适的 pH 环境中。

气体环境：一般情况下，细胞适宜的气体环境为 95%空气和 5%二氧化碳混合气体环境。氧气在细胞生长的过程中参与三羧酸循环，产生细胞分裂增殖所需的能量与其他所需物质成分。二氧化碳是细胞代谢的产物，但也是细胞分裂增殖所需的，二氧化碳还可以维持培养基的 pH。

无污染：细胞能够稳定生长的前提条件为该培养环境未受到细菌、真菌、病毒等的生物污染，以及有毒的化学物质的污染。一般动物细胞对生物污染没有抵抗能力，当培养基被污染时，细菌等污染会和细胞争夺营养物质，迅速繁殖，造成细胞状态的改变，细胞生长受到抑制，严重时造成细胞死亡。因此，应格外注意无菌条件以及无菌操作，为细胞提供无污染的生存环境。

3）细胞培养的基本操作

①细胞复苏

冻存保存的细胞需要进行复苏操作后，才可以培养并进行后续实验研究。细胞冻存要求缓慢降温防止结晶形成对细胞造成损害，相对应地，复苏则需要快速复融。因此，细胞复苏的方法主要是快速融化法，避免融化速度过慢导致水分渗入细胞内，形成胞内结晶对细胞造成损伤。复苏后细胞悬液应缓慢进行稀释，采用 DMSO 冻存时更需要缓慢稀释，避免 DMSO 对细胞造成损害，尽可能提高细胞的存活率。

复苏主要有以下两步关键操作。（a）融化冻存液：冻存管从液氮取出后，迅速放入 37℃水浴锅中，1min 内融化；（b）稀释冻存液：将预热的培养基缓慢地加入冻存液中，稀释后离心，加入所需培养基，将细胞接种于培养瓶中培养。

②小规模细胞培养及传代

直接从机体组织分离或复苏后的细胞，可按照适当的细胞密度，置于不同规格的培养皿或培养瓶中，进行体外培养。由于初始培养的细胞比较脆弱，培养基中需要添加较高浓度的营养物质，促进细胞复苏和生长。若某些黏附生长细胞的贴壁能力弱，需要人为的使用基质胶等对培养皿或培养瓶进行包被，促进其贴壁。

随着培养时间的增加与细胞的不断分裂增殖，当细胞生长到一定的密度时，细胞相互之间会发生接触抑制，或因营养不足和代谢物积累而对细胞生长产生不利，这时就需要将细胞转移到更多的培养瓶，解除接触抑制和提供足够的营养需求，进行低密度培养，让细胞继续生长，该实验操作过程就叫作传代。体外培养的细胞必须进行传代操作，以获得稳定的细胞系，实现细胞延续。对于贴壁细胞，当细胞密度达到 80% 以上或细胞开始接触汇合，就应该进行传代操作。对于肌肉干细胞来说，因其具有成肌能力，在细胞达到一定密度时容易发生细胞间融合使细胞自发分化，分化后细胞便失去增殖能力。所以当细胞密度达到 70%～80% 时，需要及时进行传代操作。

对于贴壁细胞，基本的传代操作主要有以下几点。（a）细胞胰酶消化：胰酶消化前，需要将旧培养液弃去，用 PBS 缓冲液温柔清洗两次，随后进行胰酶消化，当细胞变圆时应立即终止消化；（b）制备均一的单细胞悬液：细胞重悬后，要轻柔地进行吹打，使细胞分散，形成单细胞悬液；（c）均等接种到培养瓶培养：将细胞悬液按适当的浓度接种于培养瓶种继续培养。

③细胞冻存

生物培育肉的生产过程中，随时进行分离获取种子细胞不切实际，以及在细胞长期培养的过程中，需要持续使用有较高活力状态的细胞进行培养，因此细胞的冻存是实现长期使用稳定细胞系的必要手段。细胞冻存的方法和注意事项参见 3.1.2。

2. 细胞生长及特性的鉴定

1）细胞增殖活力

细胞增殖是指细胞在细胞周期调控的作用下，通过 DNA 复制等反应，完成细胞分裂的过程。细胞增殖是生物体的重要生命特征，细胞以分裂的方式进行增殖。细胞活性是判断体外培养细胞在某些条件下是否能正常生长的重要指标。增殖检测一般是分析处于分裂期的细胞的数量变化，进而反应细胞的生长状态及活性。测量细胞增殖和细胞周期是评估细胞健康、确定遗传毒性和评估药物药效的基本方法。常用的增殖检测方法有 MTT、CCK-8、CFDA SE 和 EdU 等方法。本书主要介绍 MTT 和 EdU 检测方法。

①MTT 法

噻唑蓝（MTT）是一种黄颜色的染料，可用于检测细胞增殖和细胞毒性。活细胞在生长和增殖过程中，线粒体中的琥珀酸脱氢酶能使外源性的 MTT 还原为难溶性的蓝紫色结晶甲臜颗粒，并沉积在细胞中，而死细胞无此功能。二甲基亚砜（DMSO）能溶解细胞中的紫色结晶物，用酶标仪检测，在 490nm 波长处测定其光吸收值（OD 值），可间接反映活细胞数量和细胞生长活力。在一定细胞数范围内，MTT 结晶物形成的量与活细胞数和细胞生物合成代谢能力成正比，检测细胞的总体增殖情况。

②EdU 法

EdU 是一种胸腺嘧啶核苷类似物，能够在细胞增殖时期代替碱基 T 渗入正在复制的 DNA 分子中，通过基于 EdU 与 Apollo®荧光染料之间的特异性点击化学反应检测 DNA 复制活性，通过检测 EdU 标记便能准确地反映细胞的增殖情况[101, 102]。与传统的免疫荧光染色（BrdU）检测方法相比，该方法可以通过荧光检测或者流式分析实现简单、快速、高灵敏地检测细胞增殖活力。

2）基因表达分析

基因表达分析是指直接或者间接测量样本内的全部或者部分基因的表达情况，一般是对转录产物 mRNA 进行测量，可以同时对不同基因和或不同样本的 RNA 表达水平进行比较，并选择目标基因进行深入研究，常用检测方法有实时荧光定量 PCR、转录组测序等。

①实时荧光定量 PCR

实时荧光定量 PCR（Quantitative real-time PCR，qPCR），是以 PCR 为基础的技术[103]，是指在 PCR 反应中加入荧光基团，通过连续监测荧光信号出现的先后顺序以及信号强弱的变化，即时分析目的基因的初始量，实现对特定目的基因的定量分析。主要步骤有引物的设计、引物的评估、反应体系的配置、上机检测和结果分析[103]。

②转录组测序

转录组测序（RNA-sequencing，RNA-Seq），是最新发展起来的利用新一代测序技术进行转录组分析的技术，可以全面快速地获得特定细胞或组织在某一状态下几乎所有转录本的序列信息和表达信息，包括编码蛋白质的 mRNA 和各种非编码 RNA，基因选择性剪接产生的不同转录本的表达丰度等。转录组研究能够从整体水平研究基因功能以及基因结构，揭示特定的生物学过程。

3）蛋白表达分析

①免疫荧光

免疫荧光（Immunofluorescence，IF）是通过抗原与抗体之间的特异性结合从而使目标蛋白得以显现的一种方法。该方法先将已知的抗原或抗体标记上荧光基团，再用这种荧光抗体或抗原作为探针检查组织或细胞内的相应抗原或抗体。因在组织或细胞内形成的抗原抗体复合物上含有标记的荧光素，利用荧光显微镜的激发光激发标记的荧光素，可以看见含有该抗原或抗体的组织或细胞有荧光，从而确定抗原或抗体的性质、定位，以及利用定量技术测定含量。

每种细胞类型都有特定的检测标志物，可以使用相应的单克隆抗体通过免疫荧光染色进行鉴定。与胚胎干细胞多功能性相关的转录因子有 OCT4、SOX2 和 NANOG 等标志物，细胞表面标志物有 SSEA3、SSEA4 等[104]；诱导多功能干细胞也会表达胚胎干细胞相关的多功能性标志物 OCT4、NANOG 等；肌肉干细胞可以通过几种特定标记物的表达来进行鉴定，包括转录因子 *Pax7*，它被认为是肌肉干细胞的金标准[105]；成肌调节因子家族 *MyoD*、*Myogenin*、*Myf5* 和 *Myf6*，它们是肌肉干细胞增殖的标志物；肌球蛋白重链 MyHC，它特异性表达与肌肉干细胞分化后产生的肌纤维中[106]。间充质干细胞没有特定的细胞内标志物，但可以通过 CD105、CD73 和 CD90 等多种表面标志物的表达来识别，也可通过间充质干细胞的成肌、成骨、成脂能力对其进行鉴定[107]。

②蛋白免疫印迹

除了以免疫荧光的方式使目的蛋白呈现，免疫印迹（Western blot，WB）是从细胞中提取的复杂蛋白质混合物中识别出特定的蛋白质，利用聚丙烯酰胺凝胶电泳，再通过抗原与抗体之间的特异性结合，从而对目标蛋白进行定性与定量分析。聚丙烯酰胺凝胶紧贴着膜放置，常用的膜是硝酸纤维素或聚偏乙烯氟化物，在电流的作用下蛋白质从凝胶迁移到膜上并且被固定。膜是凝胶蛋白质的复制品，膜上的蛋白质或多肽作为抗原与对应的抗体产生免疫（一抗）反应，再通过与第二抗体结合，然后可以与抗体结合后通过进行成像方法（化学发光成像仪）对其进行检测，随后可进行定量分析染色。

每种细胞标志性的蛋白产物都可以用免疫蛋白印迹的方法检测。免疫印迹相较于免疫荧光分析方法，具有特异性强，灵敏性高，可进行半定量分析等特点。

③流式分析

流式细胞术（Flow Cytometry，FCM）是通过带有荧光标记的抗体与细胞标志物的特异性结合，从而在单细胞水平对标志物进行定量分析或者分选的技术。单个细胞悬液中加入一个或多个荧光标记的抗体，抗体通过抗原抗体反应与细胞上的抗原结合。在流式细胞仪中，细胞在鞘液中单个流动，单个通过检测口，仪器发出一个或多个激光束激发标记在细胞上的荧光物质。从荧光物质发出的光被收集、分离、检测，其数据被传输到控制流式细胞仪的计算机供分析，允许高速采集和测量多个参数。由于可以在短的时间内分析大量的细胞，因此这比其他抗体技术具有显著的优势。基于蛋白标志物的表达位置是细胞表面还是细胞内，一般有两种染色方式，对于细胞表面的蛋白标志物，多使用偶连荧光基团的特异性抗体来结合目的蛋白，流式细胞仪可以通过对荧光表达的检测来对细胞标志物的表达进行分析。对于细胞内部的蛋白标志物，需要对细胞先进行固定和穿膜通透，在通过一抗特异性结合目的蛋白，之后利用带有荧光基团的二抗特异性结合一抗，才能通过流式细胞仪检测相应荧光并对细胞标志物的表达进行分析。

3. 细胞培养基

1）基础培养基

基础培养基由营养物质（氨基酸、碳水化合物和脂类）、维生素、无机盐和微量矿物质等基本元素组成，为体外细胞提供了一个可溶的微环境。基础培养基，就像体内的体液一样，参与缓冲 pH 值和渗透压，并在体外滋养细胞。不同类型的细胞生长需要不同的代谢物和营养成分，进而衍生出不同类型的基础培养基。常用的基础培养基有 MEM、DMEM、DMEM/F12 等。

①MEM 细胞培养基

又称低限量 Eagle 培养基，1959 年在基础 Eagle 培养基上修改而来，删去赖氨酸和生物素，提高了氨基酸浓度，适合多种细胞单层生长，又可高压灭菌品种，是一种最基本、试用范围最广的培养基，但因其营养成分所限，针对特定细胞培养与表达时，并不一定是使用效果最佳或者最经济的培养基。

②DMEM 细胞培养基

DMEM 是由 Dulbecco 改良的 Eagle 培养基，起初是为小鼠成纤维细胞设计的。DMEM 的氨基酸浓度是 MEM 的 2 倍，维生素浓度是 MEM 的 4 倍，含有双倍的碳酸氢根离子，对在二氧化碳存在下维持细胞培养基 pH 值具有缓冲作用。最初的配方中葡萄糖含量为 1000mg/L，后来为了某些细胞的生长需要，将葡萄糖含量又调整为 4500mg/L，这就是大家常说的低糖 DMEM 和高糖 DMEM。

低糖 DMEM 适于依赖性贴壁细胞培养，特别适用于生长速度快、附着性较差的肿瘤细胞培养。高糖 DMEM 更适合高密度悬浮细胞培养，也适用于附着性较差但又不希望它脱离原来生长点的克隆培养，也可用于杂交瘤中骨髓瘤细胞和 DNA 转染的转化细胞的培养，例如 CHO 细胞表达生产乙肝疫苗、CHO 细胞表达 EPO。

③DMEM/F12 细胞培养基

Ham's F12 是为在低血清浓度下克隆 CHO 细胞而设计的，现在也广泛应用于克隆形成率的分析及原代培养。F12 还可以与 DMEM 等体积混合使用，得到一种高浓度与成分多样化相结合的产物，这种培养基已应用于许多原代培养及更难养的细胞系的培养。由于营养成分丰富，且可以使用较少血清，故也常作为无血清培养基的基础培养基。

至于选择何种培养基没有一定的硬性规定标准，有几点建议可供参考。①建立某种细胞株所用的培养基应该是培养这种细胞首选的培养基。可以查阅参考文献，或在购买细胞株时咨询，也可以在一些生物公司的网站上搜索。②其他实验室惯用的培养基不妨一试，许多培养基可以适合多种细胞。③根据细胞株的特点、实验的需要来选择培养基。④用多种培养基培养目的细胞，观察其生长状态，可以用生长曲线、集落形成率等指标判断，根据实验结果选择最佳培养基。

2）血清

除基础培养基外，动物细胞的体外存活和生长还需要添加一定浓度的血清，血清中含有多种血浆蛋白、多肽、脂肪、碳水化合物、生长因子、激素及无机盐等，其主要功能包括以下几点。①提供必要营养成分，血清包含多种氨基酸、维生素、无机盐、脂肪及核酸衍生物。②提供细胞附着所需的贴壁生长及扩散因子，血清包含一些化合物，如纤维粘连蛋白、层粘连蛋白等，它们促进贴壁生长。③提供细胞增殖所需的激素及多种生长因子，血清含有多种激素，如胰岛素、肾上腺皮质激素（氢化可的松、地塞米松等）、固醇激素（雌二醇、睾酮、孕酮等），能刺激细胞生长和增殖，促进分化功能，血清中的生长因子包括成纤维细胞生长因子、表皮生长因子及其他因子。④提供结合蛋白，提供能识别金属、激素、维生素、脂类的结合蛋白，并通过与上述物质结合而起到稳定和调节上述物质活性的作用。结合蛋白运输低分子物质，例如，白蛋白运输维生素、脂肪（脂肪酸、胆固醇）及激素，转铁蛋白运送铁。⑤提供蛋白酶抑制剂，避免细胞受到蛋白酶的损伤。⑥影响培养体系中的某些物理特征，如剪切力、黏度、渗透压等[108]。

但血清成分复杂且不完全明确，批次间容易产生较大差异，培养中易发生外源物污染，并且血清本身价格也比较昂贵等，这些因素均使得血清在生产和研究中的应用存在诸多不利。目前，已有大量实验数据证实无血清培养基不仅能避免或改善含血清培养基所带来的上述缺陷，也能获得良好的培养效果并维持原有生物学功能，因此无血清细胞培养技术的研究日益受到人们的关注，并逐渐成为当今动物细胞体外培养领域的主流与趋势[109]。

3）血清替代物

由于含血清培养基成分复杂、性质不确定，并且有容易增加污染的风险，因此，开发一种无血清、化学成分确定的培养基至关重要。但是相对于需要添加血清的基础培养基（DMEM 和 DMFM/F12 等）来说，无血清培养基缺乏了动物血清成分（常见的胎牛血清和新生牛血清等），就需要添加一些额外的组分，才能更好地维持细胞生长。目前，人们已经发现一些物质单独或一起使用可以替代血清，包括微量元素、生长因子、激素、脂蛋白、脂肪酸、酶抑制剂等。

①微量元素

微量元素是细胞代谢所必需的，是无血清培养基的主要添加物之一，微量元素参与细胞的酶促反应，可调节酶的活性。Cu、Fe、Mn、Mo、Ni、Se、Zn 等是培养基中常用的微量元素。其中 Fe、Se、Zn 的作用较为显著。Fe 与许多参与 DNA 复制及细胞代谢的酶有关，为必需元素。微量元素 Se 可以参与谷胱甘肽过氧化物酶和过氧化物歧化酶代谢过程，并在此过程中清除过氧化物酶和氧自由基对细胞造成的严重损伤。Zn 可替代生长因子，促进细胞生长。这些元素在血清培养中由血清提供，在无血清培养中需要补加。

②生长因子

促生长因子是无血清培养基的主要补加物之一。生长因子是体外调控细胞增殖和分化的重要物质，可刺激细胞生长和分化，调节细胞各类活动与功能。不同的细胞对生长因子有高度特异性，如成纤维细胞生长因子添加到无血清培养基中可显著促进软骨细胞的增殖。其他生长因子还有表皮生长因子（EGF）、神经生长因子（NGF）等。

③激素

许多种类的激素已被证明对细胞体外生长具有重要作用，血清中含有多种激素，早期研发无血清培养基的方法就是向细胞培养基中加入激素。胰岛素是目前应用最广泛的激素之一，不仅能推动蛋白质、糖原、脂肪酸及 RNA 的合成，还能抑制细胞的凋亡，是维持细胞存活的重要因素。其他广泛用于无血清细胞培养基的激素还有糖皮质激素如地塞米松、氢化可的松，多肽类激素如胰高血糖素、甲状腺素等。对不同的细胞株，激素的种类与用量也有所差异。

④脂类

脂肪酸和脂类在细胞培养过程中具有重要作用。脂类既是细胞的储能物质，也是细胞膜的重要组成部分。同时，脂类还参与细胞信号传导。亚油酸和亚麻酸是细胞不能合成的，必须从培养基中摄取。乙醇胺、胆碱等脂类的添加能够促进细胞生长增殖。

⑤维生素

维生素在信号级联以及酶抑制和激活中充当辅酶、辅基或辅因子。维生素的高抗氧化能力能保护细胞免受氧化自由基的侵害。虽然维生素在培养基中需要的含量不多，但它是细胞培养基，尤其是化学成分确定的培养基中的重要组分。已证实在 CHO 细胞培养基中添加维生素可将单抗的产量提高 3 倍，但是并非培养基通常含有的所有维生素对细胞生长都具有重要意义[108]。许多维生素易被空气氧化分解、受热分解和见光分解，譬如普遍使用的抗坏血酸和生育酚对空气氧化敏感，抗坏血酸、硫胺素、核黄素和钴胺素对光敏感，因此，在储存培养基的过程中，避光和低温至关重要[110]。细胞培养基中主要含有 B 族维生素，不同细胞系对维生素的需求差异很大，应针对性地进行优化。

⑥贴壁因子和扩展因子

贴壁生长的细胞，需要在无血清培养基中加入贴壁因子和扩展因子，才能在培养基表面贴壁生长。目前使用较多的是层粘连蛋白、纤粘连蛋白、昆布氨酸、鸟氨酸和胶原蛋白等[110]。

⑦蛋白水解物

蛋白水解物指蛋白质水解后得到的由氨基酸、小肽、碳水化合物、维生素及矿物质等形成的混合物。加入非动物源的水解物可在短时间内提高细胞密度、存活率及重组蛋白表达量。最常用的非动物源水解物有大豆蛋白水解物、小麦蛋白水解物与酵母水解物。蛋白水解物成分复杂、批次间差异较大，因此蛋白水解物的添加对细胞培养基批次间稳定性有很大影响。

⑧蛋白质

蛋白质可作为培养基中其他小分子组分的载体使其更易被细胞所吸收，同时，蛋白质的添加也可提高细胞在无血清培养基中的黏附能力。牛血清白蛋白（Bovine serum albumin，BSA）是一种常用的蛋白质补充因子，它可作为脂类物质的载体。由于 BSA 是动物来源的，存在被污染及含有杂质的可能，因此，目前被用于无血清培养基添加的主要是重组蛋白和植物水解蛋白。转铁蛋白是一种金属转运蛋白，细胞内受体与转铁蛋白/Fe^{3+}复合物的结合是细胞获取 Fe 的主要途径，同时，转铁蛋白能够与其他微量元素结合，作为一种生长因子促进细胞生长。

⑨抗剪切保护剂

悬浮培养的细胞会受到剪切力的损伤。在含血清的培养基中，血清可减少细胞所受的剪切力，保护细胞。在无血清培养基中，常使用普郎尼克 F-68（Pluronic F68、P-F68）来防止细胞受损。普郎尼克 F-68 是一种表面活性剂，常以 0.3～2g/L 的浓度添加[111]。

⑩酶抑制剂

细胞传代时要加入胰蛋白酶将细胞进行消化，在含血清培养中，血清可以保护细胞膜免受胰蛋白酶的损伤，在无血清培养基中，则需要加入胰酶抑制剂来起到血清的这一作用。目前使用最多的是大豆胰酶抑制剂[110]。

　　无血清培养的优点：①无血清培养基不含血清，提高了实验的重复性、准确性和稳定性；②避免了血清所带来的污染，减少血清未知组分对细胞的损伤；③无血清培养基中的蛋白质来源于重组蛋白或蛋白水解产物，提高了实验效率；④无血清培养基的组分和含量较明确，能提高细胞产品的质量，利于产物的分离和提纯；⑤组分较稳定，可大批量生产[110]。

　　无血清培养基的缺点：①细胞在无血清培养基中缺乏牛血清白蛋白的保护作用，容易受到机械和化学因素的损伤，一些重组的组分不稳定，不易保存；②商业化的无血清培养基配方设计因细胞特性的不同而异，因此针对性强，通用性差；③无血清培养基成本相对高，细胞在无血清培养基中需要适应过程，给实验室研究造成了经济负担；④无血清培养基研究开发的相关数据，在线数据库中可检索查阅的数据资料有限，阻碍了无血清培养基的发展[112]。

　　目前有两种比较成熟的商业化血清替代物，胰岛素-转铁蛋白-硒（ITS）和B27，已广泛应用于多种类型细胞的培养中。其余常见的血清替代物如表2.8.3所示，但其成分配方均未公开。ITS是经典的血清替代物，它包含有人重组胰岛素、人转铁蛋白、亚硒酸、牛血清白蛋白和亚油酸。此外，在ITS基础上添加乙醇胺的ITS-X（胰岛素-转铁蛋白-硒-乙醇胺）也已作为血清替代物广泛应用，使用ITS或ITS-X可减少培养细胞所需的胎牛血清的量，甚至完全替代血清。B27是一种丰富的抗氧化、无血清培养基添加成分，可用于神经细胞生长及维持、干细胞增殖及分化，其主要成分如表2.8.4所示。B27也是神经元培养基常用且专用的添加物，它在神经元黏附于基质时能提供必要的一些血清成分，能够维持神经元细胞长期体外培养。

表 2.8.3　商品化的血清替代物

品牌	供应商	适合细胞类型
Knockout	Gibco	多个物种的胚胎干细胞和诱导多能干细胞
Ultra GRO	Helios	多种间充质干细胞
MyoCult	Stemcell Technologies	鼠肌源性干细胞和祖细胞
Vitronectin XF	Stemcell Technologies	人胚胎干细胞和多功能干细胞
MyoCult-SF	Stemcell Technologies	人肌源性干细胞和祖细胞
12-725F	Lonza	哺乳细胞通用
S-Replace	StemGro	多种属胚胎干细胞或重编程多能干细胞
Essential 8	Gbico	人多能干细胞

表 2.8.4　B27 成分

类别	成分
氨基酸	生物素、DL-α-醋酸生育酚、DL-α-生育酚
蛋白质	BSA（不含脂肪酸）、过氧化氢酶、重组人胰岛素、人转铁蛋白、超氧化物歧化酶
维生素	维生素 A、维生素 H
抗氧化剂	还原型谷胱甘肽
其他成分	D-半乳糖、乙醇胺盐酸盐、皮质酮、L-肉碱盐酸盐、亚油酸、亚麻酸、黄体酮、1, 4-丁二胺二盐酸盐、亚硒酸钠、三碘甲状腺原氨酸

4. 胚胎干细胞的增殖体系

胚胎干细胞的培养体系包含多种成分，一般除基础培养基、血清外，还需添加细胞因子和信号通路抑制剂或激活剂等成分，有助于胚胎干细胞全能性的维持[113]。此外，胚胎干细胞的体外培养过程一般情况下需要通过饲养层培养体系，维持其生长和全能性[114]。饲养层是指用特定的细胞经过有丝分裂阻断剂（常用丝裂霉素）处理制成单层细胞，该饲养层分泌多种生长因子来促进胚胎干细胞增殖并保持未分化状态。目前常用的饲养层为小鼠成纤维细胞（MEF）和小鼠成纤维细胞无限系（STO）[113]。

饲养层细胞在实际应用上具有很大的局限性。首先，MEF 在体外培养时存活时间较有限，通常在传代至五、六代时便开始衰老[115]，这就导致了实验人员不得不频繁进行 MEF 的制备，而不同批次制备的饲养层细胞增加了胚胎干细胞培养过程中的不确定性和不稳定性，不利于使胚胎干细胞维持在未分化状态。此外，动物来源的饲养层会增加病原体交叉污染的概率[116]。

动物和人类饲养细胞的局限性促使科学家进行适用于胚胎干细胞的无饲养层化学培养基的开发。最常用的方法是将 Matrigel（基底膜基质）与生长因子（激活素 A、bFGF 以及 TGF-β1 等）或条件培养基联合使用，促进胚胎干细胞的体外存活和生长[117]。除 Matrigel 外，纤维连接蛋白、层粘连蛋白和 IV 型胶原蛋白也可替代饲养层细胞，用于胚胎干细胞的体外培养[118]。

5. 诱导多能干细胞的增殖体系

诱导多能干细胞系的传统建立方法是通过饲养层细胞的构建以及动物来源血清的添加，采用病毒转染或者其他的方式将多能性相关的基因 *Oct3/4*、*Sox2*、*c-Myc* 和 *Klf4* 等导入细胞，将经转染的细胞（一般为成纤维细胞）接种在胚胎干细胞培养体系中培养[119]。2011 年，邓宏魁团队利用化合物组合（VPA、CHIR99021、

616452、Tranylcypromine）成功的替代三个转录因子（*Sox2*、*Klf4*、*c-Myc*），与*Oct4* 一起作用将小鼠成纤维细胞重编程为多能干细胞[120]。2013 年，该团队又使用纯化合物组合（VPA、CHIR99021、Repsox、Forskolin、Tranylcypromine、DZNep）代替四个转录因子，实现纯小分子物质诱导重编程[121]。

除传统采用胚胎干细胞培养体系的方式以外，赛贝生物研究人员已研发成功人诱导多能干细胞的完全培养基，该培养基由基础培养基和无动物血清、化学成分确定的细胞添加剂组成，具有培养操作简单、高效，无须滋养层细胞，批次间稳定，不存在安全风险等优势。Gibco 推出的胚胎干细胞培养基不仅支持胚胎干细胞的生长，也可支持无滋养层多能干细胞的稳定快速扩增。该培养基可实现长期的无滋养层诱导干细胞培养而没有任何核型异常，并维持了细胞分化的能力。

6. 肌肉干细胞的增殖体系

在肌肉干细胞培养中，除了基础培养基为细胞提供营养物质外，胎牛血清和马血清对调控细胞的增殖和分化至关重要。在高浓度血清作用下，肌肉干细胞能够迅速增殖，同时自发的肌源性分化会被抑制。研究表明，含有 20%胎牛血清和10%马血清的培养基能够促进小鼠、猪、牛等动物的肌肉干细胞增殖，同时显著维持了肌肉干细胞的干性[122]。当培养基更换为低浓度马血清时，细胞会退出细胞周期，起始肌源性分化程序，相互融合形成肌管。但血清的使用不利于培育肉的产业化生产，因此开发适用于肌肉干细胞的无血清培养基至关重要。虽然市场上已有多种无血清培养基和血清替代物等，但是否适用于肌肉干细胞的体外培养尚待系统研究。此外，目前有多个公司宣称已成功研制出鸡、鱼、牛等动物肌肉干细胞的无血清培养基，但培养基配方通常为公司商业机密不被公开。

7. 间充质干细胞的增殖体系

间充质干细胞能够在含有 5%～10%胎牛血清的培养基中良好生长，不同浓度胎牛血清的添加会对间充质干细胞的增殖速率产生影响。添加高浓度血清使间充质干细胞免疫原性降低和增殖速率增加，而较低浓度的血清会使间充质干细胞免疫原性增加而增殖速率减缓。在培养基中加入适量的生长因子也可以促进间充质干细胞的增殖，如 TGF-β1 等[123]。有研究表明[124]，低氧环境或许可以维持间充质干细胞的特性。目前人间充质干细胞的无血清培养基已经开发成功，化学成分明确、无血清、无动物源成分，产品严格无菌，无病毒和支原体，性能稳定，能使干细胞在理想营养平衡状态下进行多代扩增而不发生分化[125]。武汉尚恩生物技术有限公司已研发出针对大鼠、小鼠、兔、猪等物种的骨髓间充质干细胞培养基，猪脂肪间充质干细胞专用培养基也已开发。Gibco 也已推出间充质干细胞的专用培养基。

间充质干细胞具有自我更新及多向分化潜能，可分化为多种间质组织，如骨骼、软骨、脂肪、骨髓造血组织等。其中间充质干细胞的成脂分化能力有希望应用到生物培育肉的生产中。间充质干细胞在成脂分化过程中，经典培养基分为成脂分化诱导和维持培养基两种，两者培养基在基础培养基中添加不同浓度的胰岛素、地塞米松、吲哚美辛和异丁基甲基黄嘌呤等物质[126]。商业化的针对间充质干细胞分化的培养基也已经开发成功，可以代替传统培养基，有效地促进其成脂分化[127]。

8.3.3　种子细胞的诱导分化

种子细胞大量增殖后，细胞间相互接触抑制，逐渐退出细胞周期，进入分化阶段。对于生物培育肉产业，种子细胞高效分化形成优质肌纤维以及脂肪是关键技术。如图 2.8.9 所示，不同种子细胞在不同的诱导条件下定向分化形成肌纤维或者带有脂滴的脂肪细胞，再通过纹理设计和生物打印，将两者结合形成具有真实肉感的生物培育肉。

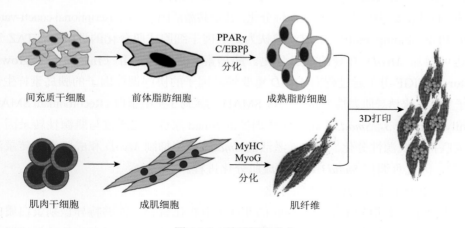

图 2.8.9　种子细胞分化

1. 分化产生肌纤维

骨骼肌是肉的重要组成部分，占产肉动物胴体体重的 35%～65%，其中肌原纤维蛋白中，肌球蛋白占其蛋白量的 50%～55%。因此，促进肌肉干细胞分化产生肌球蛋白，形成优质肌纤维是实现生物培育肉的重要技术。但在体外分化培养过程中，由于缺少了体内天然的肌肉生成的微环境，肌肉干细胞分化效率大大降低，因此需要采用多种调控策略如添加细胞因子及激素、添加小分子化合物、miRNA 调控、基因编辑与细胞共培养等方式对分化进程进行调控，以促进生成优质肌肉纤维。

1）细胞因子及激素

体外培养过程中，通过激活相关信号转导通路，促进成肌相关基因和蛋白的表达来提高体外分化效率。目前报道的相关信号通路有 Notch、Wnt、mTOR、P38MAPK 及 JAK/STAT 等通路[128]。细胞因子和激素能高效、广谱地激活信号通路，实现细胞生长、发育的体外调控，二者广泛地参与了成肌分化的调控，是实现体外细胞培育肉生产的重要生物信号。

成纤维生长因子（Fibroblasts growth factors，FGFs）是一种常见的促进成肌分化的细胞因子。成纤维细胞生长因子诱生因子 14（Fibroblast growth factor inducible 14，Fn14）可通过激活 RhoA GTPase 和血清反应因子（Serum response factor，SRF）促进肌原性分化[129]。炎症细胞因子肿瘤坏死因子-α（Tumor necrosis factor-α，TNFα）是 p38 MAPK 的关键激活因子。在分化过程中，TNF-α 转换酶（TNFα converting enzyme，TACE）是 p38 MAPK 激活的关键媒介。TACE 释放 TNF-α 因子，通过表观遗传调控启动肌源性分化。转录共激活因子（Transcriptional coacti-vator with PDZ-binding motif，TAZ）被认为是肌肉干细胞成肌分化的调节剂，TAZ 过表达可增加 MyoD 介导的成肌分化。胰岛素样生长因子 II（Insulin-like growth factor-II，IGF-II）通过靶向 MyoD 重要辅助因子的协同调控因子的胰岛素样生长因子受体-1 来诱导肌源性差异。同样，SMAD 同源物 3 重组蛋白（Recombinant SMAD family member 3，Smad3）属于受体调控的 Smad 家族，它通过与肌源性转录因子的关联抑制肌源性分化。TGF-β 激活的 Smad3 直接抑制 MyoD 和成肌素的转录活性[130]，因此负调控 Smad3 可促进成肌分化进程。

2）小分子化合物调控成肌分化

小分子一般指分子量小于 500 的非肽类有机化合物，能够特异识别蛋白质的高级结构。在不同的诱导培养基的作用下添加小分子化合物可在体外诱导成肌分化。全反式视黄酸（All-trans retinoic acid，ATRA）可通过下调 cyclin D/ckd4 复合物活性和激活 p38 MAPK 而导致细胞周期阻滞。ATRA 促进了羊成肌细胞的成肌分化，并在肌原蛋白启动子上修饰组蛋白，激活 mTOR 信号通路[131]。1, 25-D3 可促进肌源性标记物的表达、肌管的形成以及调节促肌生长因子的表达。在骨骼肌干细胞中添加 1, 25-D3 可诱导 MyoD、Myogenin、MYHC 的表达增加，同时它还会诱导肌肉生长抑制素（Myostatin，*MSTN*）的表达减少，从而增强骨骼肌卫星细胞的肌源性分化[132]。

3）miRNA 调控调控成肌分化

MicroRNA（miRNA）是一类进化保守的非编码 RNA，长度约 22 个核苷酸，主要在转录后水平调控基因表达。在过去的十年中，数百个 miRNA 被广泛地物种鉴定或预测。MiRNA 家族在调节基因表达中的流行和重要性已经变得越来越清楚。MiRNA 通过结合靶标 mRNAs 的 3'UTR 来发挥其功能，随后引导它们进行翻译抑制和 miRNA 衰减。研究最充分的肌源性 miRNAs 是 miR-1/miR-206 和 miR-133a/miR-133b 家族。这些 miRNA 在成肌转录因子 *SRF*、*MyoD* 和 *MEF2* 的控制下特异表达于心肌和骨骼肌中，可调控骨骼肌生成的基本过程，包括成肌细胞/卫星细胞增殖和分化。在许多 miRNA 中，miR-1、miR-133 和 miR-206 水平在成肌细胞分化过程中显著升高。

MiR-1 在其上游和基因内增强子控制下的表达受哺乳动物雷帕霉素靶点（Mammalian target of rapamycin，mTOR）信号调控。这种调节是由 mTOR 对 *MyoD* 稳定性的控制介导的。*MyoD* 还可以调控 miR-133 和 miR-206 的表达，并且作为一个关键的肌源性转录因子，它直接位于其他几个候选肌源性 miRNA 的上游。缝隙连接蛋白43（Cx43）是 miR-1/miR-206 的靶点，其下调对成肌细胞融合是必要的。MiR-1/miR-206 的另一个靶点是组蛋白去乙酰化酶4（HDAC4），这是肌肉基因表达的转录抑制因子。此外，miR-1 和 miR-206 靶向 *Pax7*，从而抑制卫星细胞增殖，促进成肌分化[133]。表 2.8.5 与图 2.8.10 分别总结了一些已知在骨骼肌形成中起作用的 miRMA 的表达和靶点及 miRNA 在骨骼肌生成调节中形成的反馈回路。

表 2.8.5　已知在骨骼肌形成中起作用的 miRMA 的表达和靶点

功能	miRNA	组织分布	靶基因
促进成肌分化	miR-1	肌肉特异性	*Pax7*、*MSTN*、*HDAC4*、*CNN3*、*YY1*
	miR-26a	普遍存在	*Smad1*、*Smad4*、*Ezh2*
	miR-27b	普遍存在	*Pax3*
	miR-29b/c	普遍存在	*YY1*、*Col1A1*、*ELN*
	miR-133	肌肉特异性	*SRF*、*nPTB*、*UCP2*
	miR-181	普遍存在	*Hoxa11*
	miR-206	骨骼肌特异性	*Pax3*、*Pax7*、*MSTN*、*HDAC4*、*Cx43*、*PolA1*、*Fstl1*、*Utrn*、*Timp3*、*c-Met*
	miR-208b/499	肌肉特异性	*Sox6*、*Purβ*、*Sp3*、*HP-1β*

续表

功能	miRNA	组织分布	靶基因
促进成肌分化	miR-214	普遍存在	*Ezh2*、*N-Ras*
	miR-322/424	普遍存在	*Cdc25A*
	miR-486	肌肉富集	*FoxO1*、*PTEN*、*Pax7*
	miR-503	普遍存在	*Cdc25a*

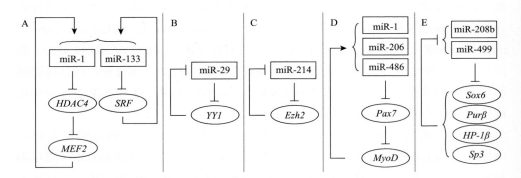

图 2.8.10　miRNA 及其靶点在骨骼肌生成调节中形成的反馈回路

4）基因编辑调控成肌分化

基因编辑是指对目标基因进行删除、替换、插入等操作，以获得新的功能或表型。传统的转基因技术改造和培育新品种一般采用外源基因随机整合的方式，转基因表达的可控性差。CRISPR/Cas9 技术则可以进行定点修饰，达到高效定向，是目前获取基因编辑动物细胞的常用技术。根据 CRISPR/Cas 作用原理，只需合成定制的 crRNA，将其插入到合适的质粒中，与分别表达 tracrRNA 和 Cas9 蛋白的质粒共转染细胞，或体外转录成 RNA 后注射到特定细胞中，就可建立基因敲除的细胞系或动物模型[134]。

肌肉抑制素 *MSTN*，又称生长分化因子 8（Growth and differentiation factor-8, *GDF-8*），属于转化生长因子-*β*（*TGF-β*）家族，主要表达于骨骼肌细胞，是肌肉生长的一个强大的负调节因子。*MSTN* 二聚体诱导受体聚集磷酸化并激活 SMAD2 和 SMAD3（SMAD2/3）转录因子。激活的 SMAD2/3 转录因子转移到细胞核内，下调肌生成相关基因（*MyoD*、*Myogenin* 和 *Myf5*）。*MSTN* 通过抑制成肌细胞增殖和分化，抑制胚胎发育和出生后早期肌肉生长过程中卫星细胞的激活和融合，以及抑制成人蛋白合成来调控肌纤维的最终数量。有研究利用 CRISPR/Cas9 系统，成功地在中国本地猪品种梁光小花斑猪 MSTN 信号肽区引入了两种突变（PVD20H

和 GP19del）。两种信号肽突变均增加肌肉质量，但不抑制细胞中成熟 MSTN 肽的产生。MSTN 信号肽的精确编辑可在不显著影响成熟 MSTN 肽表达的情况下，促进猪肌肉发育，并在编辑后的猪体内发挥其他有益的生物学功能[135]。此外，在鹌鹑成肌细胞（Quail myoblasts, QM7）中进行 *MSTN* 敲除后，可通过调控 P53 通路中相关基因如 DNA 损伤诱导转录因子（DNA damage inducible transcript 4, *DDIT4*）和白血病抑制因子（Leukemia inhibitory factor, *LIF*）的表达的来诱导成肌分化[136]。

5）细胞共培养技术调控成肌分化

细胞共培养技术是将 2 种或 2 种以上的细胞共同培养于同一环境中，由于其具有更好地反映体内环境的优点，所以这种方法被广泛应用于细胞研究中[137]。有研究表明，单独培养间充质干细胞时，其分化为肌细胞的能力较低；当采用间充质干细胞时与成肌细胞共培养的方法时，可提高间充质干细胞的成肌分化效率。其中，接种成肌细胞的比例越大，间充质干细胞的分化率越高[138]。此外，还有研究显示，与单核巨噬细胞 RAW264.7 共培养，能够促进小鼠骨骼肌成肌细胞 C2C12 成肌分化并提高胰岛素敏感性，而高糖条件处理这一作用可逆转，抑制 C2C12 成肌分化的同时诱发 C2C12 细胞胰岛素抵抗[139]。

2. 分化产生脂肪

在肌肉组织中，脂肪的存在不可缺少。对于体内肌肉组织，它是生物体的储能物质，也有防止机械损伤与防止热量散发等保护作用。在食用方面，它能使肌肉拥有漂亮真实的纹理，并大大提高了生物培育肉在香味和口感上的品质。因此，脂肪细胞的分化也是生物培育肉中的重要环节。脂肪细胞一般由间充质干细胞在激素、胰岛素、生长因子等刺激下定向分化成尚未出现脂滴的梭形细胞，即成脂肪细胞（Adipoblast）；成脂肪细胞经过生长抑制、增殖，形成前体脂肪细胞（Preadipocytes），并且开始出现脂滴；前体脂肪细胞经过生长抑制、克隆性增殖和一系列基因表达的变化，形成不成熟脂肪细胞或多室脂肪细胞（Multilocular cells），内含大量小脂滴；最后，多室脂肪细胞随着脂肪在细胞中的沉积，小脂滴逐渐汇集成一个大脂滴充满脂肪细胞的大部分，形成成熟脂肪细胞或单室脂肪细胞（Unilocular cells），成为成熟的脂肪细胞[140]。为在体外模拟其生长环境，可通过人工添加细胞因子及激素、小分子化合物或通过 miRNA 调控等多种方式调控成脂分化。

1）细胞因子

成脂特异性过氧化物酶体增殖激活受体 γ（Peroxisome Proliferator-Activated

Receptor Gamma，PPARγ）是调控成脂分化相关基因表达的关键转录因子之一。PPARγ 在间充质干细胞成脂分化过程中上调，PPARγ 与几种配体的结合诱导 PPARγ 的活化和抑制，从而调控成脂分化过程。PPARγ2 单独或联合 CCAAT/增强子结合蛋白 β（C/EBPβ）或 PR 结构域蛋白 16（PR domain-containing 16，PRDM16）上调表达可促进成脂分化，效率达 90%。早期 B 细胞因子（Early B cell factor，EBF-1）是一个级联转录的成员，在促进间充质干细胞分化为脂肪细胞和骨细胞中起着关键作用。GATA-2 是一个 GATA 家族的锌指传导因子，通过调节脂肪分化维持造血分化。该转录因子的抑制增强了间充质干细胞向脂肪细胞的分化，而 GATA-2 的激活则抑制了成脂分化。同样，叉头转录因子（Forkhead transcription factor，Foxa1）的下调会促进间充质干细胞的成脂分化，并增加 PPARγ 和 C/EBPα 的表达，这是脂肪形成的关键转录因子。此外，TWIST 家族的碱性螺旋-环-螺旋转录因子在成脂分化中发挥调节作用，在间充质干细胞培养中强制高表达转录因子 Twist-1 和 Dermo-1（也称 Twist-2）与和脂肪细胞相关标记的基因表达增加相关，说明 Twist-1 和 Dermo-1 在间充质干细胞向脂肪细胞分化过程中发挥了介导作用。转录因子 Sox2 和 Oct4 也被发现在间充质干细胞向脂肪细胞分化的过程中具有关键的调节作用，过表达这两种转录因子表现出更高的成脂分化效率。

2）小分子化合物

小分子化合物诱导成脂分化具有价格低廉、广谱等优点，因此在培养基中添加小分子化合物来诱导成肌分化是成脂分化的重要策略。间充质干细胞在含有维生素 C 及其衍生物[141]、3-异丁基-1-甲基黄嘌呤、吲哚美辛、黄芪多糖和亚油酸和糖皮质激素地塞米松的培养基中孵育均可刺激间充质干细胞的成脂分化[130]。此外，在 C2C12 细胞与脂肪细胞共培养的培养基中添加亚油酸和吡格列酮，C2C12 细胞几乎完全转分化，停止彼此融合，且促进脂质积累，MYOG 基因的表达被显著下调，SREBP1 基因表达显著上调。牛肌卫星细胞与前脂肪细胞在含有油酸和环格列酮的培养基中共培养诱导分化，可增加 PPARγ 和脂肪形成相关转录因子 C/EBPβ 基因在分化的成肌细胞中的表达量，促进脂肪积累[142]。此外，添加葛根素的诱导培养基也可提高 C/EBPα 和 PPARγ 的 mRNA 和蛋白的表达水平，从而促进牛间充质干细胞向脂肪细胞分化，增加脂肪沉积[143]。40μg/mL APS 的成脂诱导剂能提升低氧环境中牛间充质干细胞内脂滴含量及 PPAR-γ2 和 LPL 的蛋白和 mRNA 水平，具有促进低氧环境中牛间充质干细胞增殖和成脂诱导分化的作用，其促分化作用与细胞培养的氧环境相关，其中在氧浓度为 10%时其促进作用较显著[144]。

3）miRNA

在成肌分化程中，PPARγ、C/EBP 家族、SERBPs、KLFs 和 Wnt 等转录调控

因子以级联反应的方式，调控其下游靶基因表达，进而导致甘油三酯在细胞内累积。多种 miRNA 通过作用于转录调控因子来调控脂肪细胞的分化。MiR-103 的异位表达增加了甘油三酯在脂肪细胞中的累积，并且上调了脂肪细胞中重要转录因子 PPARγ2 的表达。在细胞中超表达 miR-146b，诱导了细胞分化成脂肪细胞，并且脂肪细胞分化标志分子 PPARγ、C/EBPα 和 ap2 的蛋白表达水平也有所增加。MiR-146b 是其靶基因 SIRT1 的负调控子，通过直接与 SIRT1 的 3′非翻译区结合下调 SIRT1 促进生脂。miR-378/378*的过量表达增加了细胞中脂滴的体积，同时也增强了 C/EBPα 和 C/EBPβ 靶基因启动子的转录活性，可促进生脂。Wnt 信号通路受 miR-8 家族的调控，该家族簇可通过促进细胞内脂质累积、增加脂肪酸结合蛋白-4（Fatty acid binding protein-4，FABP-4）的表达（脂肪细胞标记物）、部分恢复因 Wnt 蛋白（Wnt3a）处理而分化受阻的细胞从而促进成脂分化。表 2.8.6 总结了一些在骨骼肌发生中起作用的 miRNA 的表达和靶点。

表 2.8.6　已知在骨骼肌发生中起作用的 miRNA 的表达和靶点

功能	微小 RNA	靶基因	物种	体外或在体内
促生脂	miR-17-92	RB2/P130	M	3T3-L1、Pre-ad、MSC
促生脂	miR-107	–	H/M	3T3-L1、Pre-ad、MSC
促生脂	miR-143	ERK5	H/M/R	3T3-L1、Pre-ad、MSC、in vivo
促生脂	miR-200		M	MSC
促生脂	miR-210	TCF7/L2	M	3T3-L1
促生脂	miR-355	–	H/M	3T3-L1
促生脂	miR-378	–	M	3T3-L1、MSC、ST2
促生脂	miR-519d	PPARα	H	PHVP
促生脂	miR-146b	SIRT1	M	3T3-L1
促生脂	miR-199a-5	Caveolin-1	P	Pre-ad
促/抗生脂	miR-221	PPARλ	M/H	3T3-L1、Pre-ad、in vivo
促/抗生脂	miR-15a	DLK1	M	3T3-L1
促/抗生脂	miR-21	TGFBR2	H/M	3T3-L1
促/抗生脂	miR-31	C/EBPα	H/M/R	3T3-L1、Pre-ad
促/抗生脂	miR-103	PDK1	H/M	3T3-L1、Pre-ad、MSC
促/抗生脂	miR-125b	–	H/M	3T3-L1、Pre-ad
促/抗生脂	miR let-7	HMGA2	M/P	3T3-L1

RB2/P130: retinoblastoma 2-protein 130；ERK5: 细胞外信号调节激酶 5；TCF7/L2: 转录因子 7 类似物 2；SIRT1: sirtuin 1；Caveolin-1: 微囊蛋白-1；HMGA2: 高泳族类 AT-hook2；DLK1: Δ 样因子 1；TGFBR2: 转化生长因子 β 受体 2 型；PDK1: 磷酸肌醇依赖性激酶 1；H: 人；M: 小鼠；R: 大鼠；Pre-ad: 前体脂肪细胞；P: 猪；MSC: 间充质干细胞；ST2: 鼠骨源基质细胞；3T3-L1: 小鼠样成纤维细胞；PHVP: 原代人腹腔前体脂肪细胞。"–"表示尚未发现其靶基因[145]

8.3.4　细胞大规模培养

生物培育肉以直接收获动物细胞肌肉细胞和脂肪细胞等为目的，由于分化的细胞无法增殖，因此收获的细胞数量直接由干细胞数目决定，在实验室培养动物干细胞的操作并不复杂，但自然状态下的干细胞只能贴壁单层生长，因此如何培养足够数量的种子细胞是生物培育肉生产过程的一个重要挑战。若想通过大规模生产，使生物培育肉在价格上能与传统养殖业竞争，必须使用体积上万乃至上百万升的生物反应器，而不是对实验室规模的设备进行简单叠加。这就涉及传质、传热、混合、剪切应力，甚至发泡起沫等一系列在实验室内不常遇到的工程技术问题。按照动物干细胞的生长要求，具备低的剪切效应、较好的传递效果和流体力学性质是这类反应器设计或改进所必须遵循的原则。

1. 生物反应器类型

1）搅拌式生物反应器

搅拌式动物细胞反应器是一种搅拌釜反应器，它的主要容器为类似发酵罐的罐体，罐内安装搅拌装置，密闭状态下由电动机带动桨叶混合培养液，批次培养、流加培养或灌注培养动物细胞使之增殖扩大，因此可定义为机械搅拌式动物细胞培养罐（图 2.8.11）。它是最早被采用且工艺技术较为成熟的一种生物反应器[146]。在诸多生物反应器类型中，该反应器最能体现动物细胞培养专用生物反应器的设计理念。搅拌式动物细胞反应器通常由罐体、搅拌器、管路、阀门、泵及电动机组成，由电动机带动搅拌桨叶混合培养液，通过搅拌器的作用使细胞和养分在培养液中均匀分布，并且，在罐体安装的不同传感器，用以在线持续检测培养液 pH、温度、溶氧等重要参数，以维持细胞生存环境的稳定性。

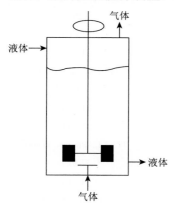

图 2.8.11　搅拌式生物反应器

机械搅拌式生物反应器的优点：①工艺简单、操作灵活，对于不同的贴壁细胞系或悬浮细胞系都能有良好的适用性；②其培养工艺容易放大，可以为细胞生长和增殖提供均质的环境；③产品质量稳定，非常适合于工厂化生产生物制品；④管路布置较为简单，提供较好的无菌条件，细胞生长过程中不易被污染。搅拌式生物反应器用于动物细胞培养存在的最大缺点是剪切力大，容易损伤细胞，此外机械搅拌器的驱动功率较高，对大反应器来说是个负担。

虽然搅拌所产生的剪切力对细胞有害，但是通过选择合适的搅拌桨型并调整其结构尺寸，或者是在动物细胞培养工艺中加入非离子表面活性剂 Pluronic F68、部分血清和牛血清白蛋白和硫酸葡聚糖等，可减弱搅拌和通气过程中流体剪切力对细胞造成的损害程度[147]。常见的几种搅拌桨叶类型及适用范围见表 2.8.7。

表 2.8.7　搅拌桨叶的类型及应用

反应器类型	应用
篮式	应用于贴壁细胞固定化培养，适合溶氧需求低，对剪切敏感的细胞，如培养 HEK-293 细胞
笼式	适用于贴壁细胞微载体培养，如培养 Vero 细胞
双层推进式	剪切力低，适用于大部分悬浮细胞培养
旋转滤器 + 推进式	用于悬浮细胞灌注高密度培养
象耳式	产生的剪切较小，广泛应用于动物细胞悬浮培养

目前，机械搅拌式生物反应器已广泛应用于疫苗、单克隆抗体以及其他重组生物制品的生产，通过选择合适的搅拌桨型辅以计算机计算模拟不断优化改进，可实现大规模高密度动物细胞的生产。但与生物制品的生产不同，培育肉的产品是细胞本身，因此剪切力给细胞所造成的损伤会直接影响培育肉产品的质量。相比之下，非搅拌式反应器产生的剪切力较小，在动物细胞培养中表现出了较强的优势，包括以气体为动力的鼓泡塔反应器和气升式反应器，基于膜过滤的中空纤维反应器，基于细胞固定化的填充床反应器，以及新型的一次性生物反应器。

2）鼓泡塔生物反应器

常用的鼓泡塔生物反应器是气液两相反应器，是指气体鼓泡通过含有反应物或催化剂的液层以实现气液相反应过程的反应器。鼓泡塔反应器由塔体、气体分布器、换热装置等构成（图 2.8.12）。鼓泡塔生物反应器的工作原理是利用通入培养基中的气泡在上升时带动液体而产生混合，并将气泡中的氧供培养基中的细胞使用[148]。鼓泡塔以气体为分散相、液体为连续相，涉及气液界面。通常液相中包含有固体悬浮颗粒，如固体培养基、微生物

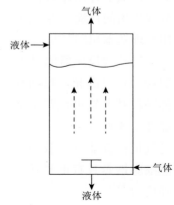

图 2.8.12　鼓泡塔生物反应器

菌体、悬浮的微载体等。反应器内流体的运动状况随分散相气速的大小而改变，一般分为两种，一种是气速较低时的均匀鼓泡流，一种是气速较高时的非均匀鼓泡流。

鼓泡塔反应器的优点：①反应器结构简单易于操作；②操作成本低易维修；③混合和传质传热性能较好；④有利于保持无菌条件。适用于液相也参与反应的中速、慢速反应。但由于鼓泡塔内液体返混严重，气泡易产生聚并，故效率较低。目前，鼓泡塔生物反应器已应用于微生物乙醇发酵、单细胞蛋白生产、废水处理等。

3）气升式生物反应器

气升式反应器是应用较广泛的一类无机械搅拌的生物反应器，它是在鼓泡塔

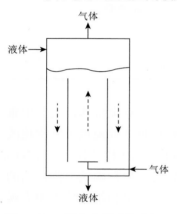

图 2.8.13　气升式内循环反应器

的基础上发展起来的多相环流反应器（图 2.8.13）。与传统鼓泡塔相比，气升式反应器增加了用于流体循环的流动结构，从而大大改善了相间混合与接触条件，有利于传质和反应过程[149]。气升式反应器利用空气的喷射功能以及流体重力差造成反应液循环流动，来实现液体的搅拌、混合和氧传递，改善了鼓泡塔反应器中液体流动存在的流动死区，以及机械搅拌式反应器中流体剧烈湍动和机械搅拌带来的物理损伤[150]。气升式反应器主要分为气升式内循环反应器和气升式外循环反应器。内循环式是在中部设置上升筒，气体从上升筒内部的上升室进入，从上升筒外侧的下降室下降；外循环式反应器内部是类似于墙壁一样的起分隔作用的挡板，将反应器分为上升室和下降室，但两种类型的气升式反应器作用原理基本相同[151]。

气升式反应器的显著特点是用气流代替不锈钢叶片进行搅拌，因而产生的剪切力相对温和，对细胞损伤小。其主要优点是：①流场分布均匀，可以使固体颗粒甚至较重颗粒完全悬浮；②气液传质效率高；③结构简单，内部无运动部件；④通气量高。在有气体循环条件下，上升室中通气量可大于鼓泡反应器进气量；⑤能量耗散均匀，与搅拌式反应器形成鲜明对比，这一点对剪切力敏感细胞培养具有重要意义。其缺点相对来说较少，主要是高密度培养时混合不够均匀[152]。

目前，气升式反应器在生物技术领域的应用主要是发酵、废水生物处理和生物细胞培养等方面。气升式反应器产生的剪切力较小，可用于对剪切力敏感的动

物细胞的培养，加上流场分布均匀有助于贴壁型动物细胞通过微载体进行悬浮培养，因此，气升式反应器在培育肉生产中具有很大的潜力。

4）中空纤维生物反应器

中空纤维生物反应器是一个特制的圆筒，圆筒里面封装着数千根中空纤维（图 2.8.14）。中空纤维是一种细微的管状结构，类似动物组织的毛细血管。每根中空纤维管的内径约为 200μm，壁厚为 50～70μm。管壁是多孔膜，O_2 和 CO_2 等小分子可以自由透过膜扩散，动物细胞贴附在中空纤维管外壁生长，可以很方便地获取氧分[153]。因为纤维内部是空的，纤维之间有空隙，圆筒内就构成了两个空间：每根纤维的管内称为内室，可灌流无血清培养基供细胞生长，管与管之间的间隙就成了外室，接种的细胞黏附在外室的管壁上，吸取内室渗透出来的营养用来生长繁殖。培养液中的血清也输入到外室，由于血

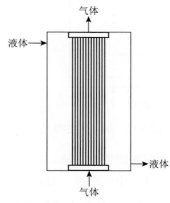

图 2.8.14　中空纤维生物反应器

清和细胞分泌的产物（如单克隆抗体）分子量较大无法渗透到内室中去，只能被留在外室且不断地被浓缩。当需要收集这些产物时，只要打开管与管之间的外室的总出口，产物就能流出来。而细胞代谢废物，因为属于小分子物质，可以从外室渗入内室，从而避免对外室细胞的毒害作用。中空纤维的材料可以是纤维素、改性纤维素、酸性纤维、聚丙烯、聚砜、铜氨人造纤维、聚甲基丙烯酸甲酯。纤维膜孔径的大小会影响细胞的生长、营养成分及产物的渗透[154]。

悬浮细胞和黏附依赖性细胞都可用中空纤维反应器培养。目前中空纤维生物反应器已进入工业化生产，主要用于杂交瘤细胞生产单抗。中空纤维培养系统与传统的细胞培养相比有如下优点：①由于营养物质的吸收和传质是通过膜扩散，所以具有无剪切力高传质的特点；②生成的产物浓度高，所产生的蛋白产品不会被加入的大量培养基稀释，这一点与传统的均质培养系统不同；③单位培养基生成的产物高。这一点特别有利于分泌性产物的纯化；④需补充的细胞生长所需的高分子量物质少。但是，这种生物反应器的培养环境不够均一，这在一定程度上会影响产品质量稳定。而且，中空纤维培养工艺不容易放大，反应器本身的消毒和重复使用也相对困难。

5）填充床生物反应器

填充床生物反应器中填充了某种材料，作为固定细胞的载体。填料颗粒堆叠

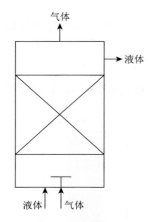

图 2.8.15　填充床生物反应器

成床，细胞固定于支持物表面或内部，培养基可以在床层中流动（图 2.8.15）。填充床细胞培养工艺是将纸片状载体大量填充于一个网状的篮筐里，并将篮筐沉浸入培养液中，在灌注时通过培养液的流动来完成液体混合以及细胞生长环境的传质和传氧过程[155]。然而，由于纸片载体的大量挤压填充，使得穿透载体层的液体流严重受阻，导致营养物质和溶氧很难流进里层的载体上，同样细胞的代谢产物也很难对外传输，严重抑制了内层细胞的生长和代谢。

该反应器没有机械搅拌和气泡，所以剪切力小，适合细胞培养。但由于载体被积压填入篮筐内，载体和细胞的很难分离，因此种子的制备很难通过这种工艺来实现。由于片状载体无法进行中间取样，对细胞状态的把握也很难通过显微镜观察来直接评估[156]。

6）一次性生物反应器

一次性生物反应器使用塑料材料代替不锈钢或玻璃，是一种即装即用、不可重复利用的培养器。一次性袋通常由三层塑料箔制成：一层由聚对苯二甲酸乙二醇酯或低密度聚乙烯制成，以提供机械稳定性；中间层由聚乙烯醇或聚氟乙烯制成，用作气体屏障；与细胞培养物接触的接触层由聚乙烯醇或聚丙烯制成。

一次性生物反应器主要分为波浪式和搅拌式。一次性波浪式反应器借助产生的波浪使细胞和颗粒物质离开底部并处于均匀悬浮状态，不会对细胞造成剪切伤害，不仅克服了传统搅拌式生物反应器搅拌桨桨叶端剪切力高的弊端，而且因为无须鼓泡，避免了消泡剂的使用。因此一次性波浪式反应器较适合培养对剪切力敏感或在培养中容易产生泡沫的细胞。搅拌式一次性反应器的设计基于传统搅拌生物反应器，不同的是其培养容器使用的是塑料材料。由于配备叶轮，容易引起局部剪切力较高，因此搅拌式一次性生物反应器一般用于培养强健且稳定的细胞[157]。

一次性生物反应器的优点：①降低操作成本；②减少安装；③易于安装，空闲时轻松移动；④减少运营成本，节省空间和劳动力。一次性反应器主要面临的挑战是规模化培养和内容物析出带来的问题，另外增加了垃圾处理费用。

2. 大规模培养工艺流程

细胞大规模培养工艺流程主要包括动物细胞的准备，培养基与培养模式的确定，实验室规模工艺试验，中试试验，生产线大规模培养。原则上，只要有一个稳定的细胞系，无论来源于牛、猪、鸡，或者鱼以及其他可食用的动物，通过上

述工艺流程就可以实现大规模的细胞培养，获得大量肌肉细胞、脂肪细胞等，进
而制备生物培育肉（图 2.8.16）。

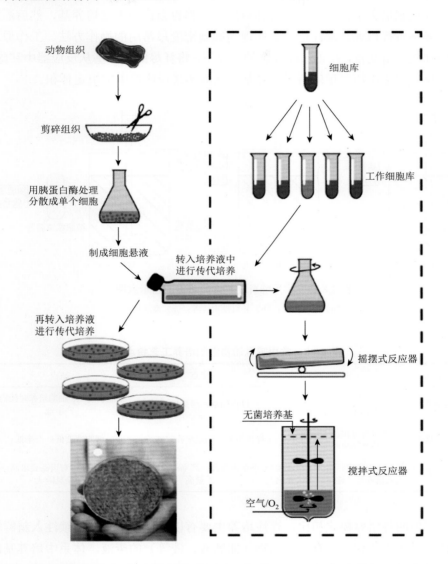

图 2.8.16　动物生物培育肉的生产工艺流程图（虚线框内存在目前仍未实现的生产工艺）[158]

目前，常用的哺乳动物细胞规模化培养方法有批次培养、补料批次培养、灌
注培养等，其工艺流程如图 2.8.17 所示，工艺特点如表 2.8.8 所示[159-161]。批次培
养过程通常持续进行，直到营养耗尽或者代谢废物积累达到有毒水平，细胞停止

生长。补料批次培养，与批次培养相似，差别只是初始培养基只填充细胞反应器的一部分。当细胞需要更多的营养时，向反应器中缓慢添加相同或不同成分的养料，直到达到最大工作体积。有时补料批次培养也会快速去除培养基，然后添加新鲜培养基进行培养。灌注培养是实现高细胞密度最常用的操作方法。工作原理是使用细胞保留装置，在不移除细胞的情况下，将耗尽的培养基从反应器中移除，同时向反应器中添加等量的新鲜培养基，从而实现反应器中的恒定体积。

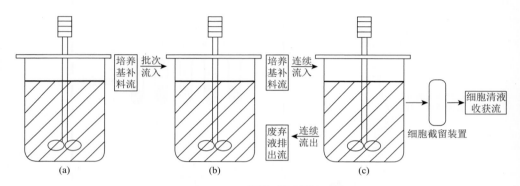

图 2.8.17　常用哺乳动物细胞培养工艺示意图

（a）批次培养；（b）补料批次培养；（c）灌注培养

表 2.8.8　常用哺乳动物细胞培养工艺特点

操作模式	特点	优点	缺点
批次培养	培养过程不流入培养基，只在培养结束时流出培养物	操作简单；污染风险小	细胞密度低；细胞培养时间短；产率低
补料批次培养	培养过程分批流入培养基，只在培养结束时流出培养物	操作简单；细胞培养时间长；	细胞密度低；产率低
灌注培养	培养体积恒定，培养过程连续流入培养基，连续流出培养物	细胞密度高；产率高；产品质量高	操作复杂；对设备要求高；污染风险大

　　与其他两种培养模式相比，灌注培养主要有以下优势。①在连续注入新鲜培养基的同时，不断移出含有害代谢物（如乳酸、铵等）的废液，体系中培养基的更新及时满足了细胞对营养物质的需求，为细胞持续提供稳定且有利的生长环境，使细胞保持高活力，提高细胞产率，实现高密度培养，一般可达 $10^7 \sim 10^9$ 个/mL，从而提高产品产量[162, 163]。②降低产物在反应器内的停留时间，有利于保持产物活性，提高产品质量。如有研究证实[164]，灌注培养模式使培养基组分的动态变化对蛋白质糖基化的影响最小。因此在实际生产中，一些细胞和产品的特性，如细

胞密度低、表达量低、产品活性易变化、结构不稳定等，采用灌注培养模式可以较好地弥补这些缺陷。

连续培养也是一种大规模培养模式，当向反应器中添加新培养基时，反应器中细胞和培养基的混合物被连续去除，即达到连续培养。连续培养时，细胞可以保持在指数阶段生长，同时保持恒定的细胞密度和体积在反应器中。由于哺乳动物细胞生长速度慢，这种操作方式在技术上难以实现，主要用于科研项目确定生长参数。

从实验室规模工艺试验，到中试试验，再到生产线大规模生产，这个放大生产的过程是细胞大规模培养的最大挑战。要从培养的肌细胞中获取 1kg 蛋白质，则需要 8×10^{12} 个细胞；如果悬浮培养，就需要 1 个 5000L 的搅拌型生物反应器[165]。为了实现更高的细胞密度，一些其他类型的反应器如流化床生物反应器和中空纤维膜生物反应器虽可供选择，但仍需进一步实践验证。培养工艺放大的研究非常必要，首先在培养基和培养参数优化中，也要将优化过的培养基和培养参数进行培养工艺的放大来验证以及调整，以实现优化培养基和培养参数的可实用性和高效性。其次在细胞培养工艺的放大过程中，可以更直观、更清晰地分析出各个工艺环节和指标参数对细胞生长代谢的影响。在细胞培养工艺放大的过程中，通常培养温度、环境酸碱度等变化不大，而搅拌速度、通气速率等因素受到试验规模大小的影响较大，要根据具体情况遵循一定的变化规则，来选择相应的培养设备指标参数，如设备的尺寸等要做相应的调整，从而实现细胞大规模培养[166]。

3. 过程监控

由于生物学上的复杂性和随机性，在生产过程中难以对基于细胞培养的产品其进行准确表征[167]。为了追求生产的高效性和可靠性，现代生物制造产业提出QbD（Quality by Design）和 PAT（Process Analytical Technology）的概念[168]，强调过程控制，在这一背景下，人们开始关注细胞培养手段的标准化[169]。而标准化需要量化指标，过程参数监控则正可以为分析提供数据基础。一方面，在指定标准化培养流程时，需要数据作为参考；另一方面，在根据已有的方法进行生产时，需要监控过程参数以保证流程的标准性。本节将从检测方法和常见的过程参数两个方面进行介绍，最后对新兴过程参数监控手段及其应用前景进行展望。

1）检测方法

在传统发酵工业中，广泛采用手动取样、离线检测的方法进行过程参数监控。这样的方法对成本、设备要求较低，但是具有数据滞后、丰度低等缺点，不能满足现代生物制造的要求。此外，对于细胞培养，手动取样会增加反应器内外接触的途径，易导致染菌。因此，多种传感器被开发并应用于自动检测中。目前常见的传感器分为电极式传感器和光学传感器。电极式传感器是通过测量培养液的电学性质，或借助电化学原理，将待测指标转换为电信号；光学传感器则是将来自待测物体的光信号转换为电信号，如光谱、光强等。其中，由于光学传感器是无接触测量，既可以简化测量流程，又能降低染菌风险，具有极大的研发价值。

软测量技术是一种利用离线方式或在线方式采集批量相关实验数据来建立数学模型，从而揭示某个或某些难测或不可测变量与易测参数之间的关系的一种预测方法。臧欢[170]基于支持向量机的改进算法对动物细胞悬浮培养测量进行软测量，取得了较好的效果。Rodríguez 等人[171]基于贝叶斯理论建立模型，对工业规模细胞培养进行软测量。可见该技术对于难测参数是一种良好的解决方案。随着机器学习算法的广泛应用，可以预见软测量技术的精度还会有很大的提升空间，应用范围也会更加广泛。

2）过程参数

生物过程参数一般分为物理、物理化学参数、化学参数和生物学参数。物理参数有：罐压、通气流量、温度、搅拌转速等；物理化学参数有：pH 值、溶氧（Dissolved Oxygen，DO）、进（出）口气中的氧气和二氧化碳浓度等、渗透压；化学参数有：中间代谢产物浓度和产物浓度、底物浓度等；生物学参数有：活细胞浓度、二氧化碳释放速率（Carbon Dioxide Excretion Rate，CER）、氧吸收速率（Oxygen Uptake Rate，OUR）、呼吸熵（Respiratory Quotient，RQ）等。在规模化细胞培养过程中，细胞数量、体积、代谢物和其处在的微环境一直在发生变化，并且相互影响，因此准确地测量生物过程参数虽然很困难，但是对生物过程解析手段的发展具有重大意义。对动物细胞培养而言，具有参考意义的参数主要有：温度、DO 浓度、搅拌速度、pH 值、罐压、产物浓度、细胞密度、排出气体内 O_2 和 CO_2 分压等[172]。随着研究的深入，这些参数的测量方法都逐渐被完善。

大部分物理和参数的测量，如 pH、DO、气体成分分压等，都有成熟的商业化传感器。pH 值和溶氧既可以使用电极式传感器，也可以使用非侵入式的光学传感器。典型的 pH 光学传感器依赖的是特定指示剂在质子化或去质子时会吸收或放出荧光的性质，通过建立荧光强度与 pH 的标准曲线来测定。而溶氧的光学测定法则基于氧气对荧光的淬灭作用。

针对生物学参数的测量，若反应器与外界存在气体交换，那么就可以用 OUR 和 CER 间接地测量细胞的代谢强度，这两个参数既与细胞本身的生长情况有关，也与环境因素如氧含量、pH、温度等有关，RQ 则与细胞内营养物质的代谢情况有关，通常可以用来指示代谢模式发生变化。使用尾气监测传感器可以获取尾气中 O_2 和 CO_2 的含量的数据，然后根据培养液体积和通气量，借助基于双膜理论的气体传质方程可以计算出生产过程中的 OUR、CER 和 RQ 的数值。对 OUR、CER、RQ 这三个参数综合分析，可以推断出细胞与其生长的微环境的的物质、能量交换情况，也能一定程度上说明细胞代谢是否正常进行，所以一般将这三个参数作为细胞培养过程优化的参考量。若反应器与外界不存在气体交换，则只能使用上述的 DO 传感器进行表征。细胞在线计数的方法通常是使用光密度电极，近年来又出现了基于细胞电容效应的检测方法，具有较高的准确度[173]。

3）过程监控的发展趋势

在现代工业化生产中，来自交叉学科的新技术可以为生产提供有力帮助，传统的生物制造仅与生物学和机械工程相关，如今又与控制科学、计算机技术等新兴学科相结合，逐渐向柔性化发展，集成多种传感器的自动化培养装置不断出现，如 LISCCP[174]等。李雪良等人[175]提出可以用微小型反应器在与规模化生产条件相似的情况下进行筛选和工艺改造，取代沿用了半个世纪的初选、复选，工艺开发与优化、验证、中试、放大的传统路线，借助集成其中的传感器，可以对过程参数进行精确测量。

随着工业 4.0 概念的流行，以物联网和大数据为代表的信息化手段也逐渐开始与生物制造结合，基于物联网的传感器系统可以对生产过程进行更加细致的监控，而基于大数据的分析手段既可以增加软测量的精度，也可以对参数进行时间序列预测。又如以实时动态模型为基础的数字孪生技术，不仅可以对过程参数进行全方位的监控，还可以基于模型对参数进行动态预测和仿真试验，为操作人员的生产计划制定提供参考。总之，在工业 4.0 时代，制造业的数字化与智能化是大势所趋，推动生物制造产业向这个方向发展，可以极大地提高生产效率。

4. 灌注培养中的细胞截留

哺乳动物细胞灌注培养技术由于能够凭借小型生物反应器规模在较短时间内获得高细胞密度和高生产率[176]，同时降低生产成本和提高产品质量被广泛认为是下一代生物制造平台[177]。自 20 世纪 90 年代以来，越来越多获批上市的生物药使用灌注培养工艺进行生产，对灌注培养工艺的开发和优化成为当前哺乳动物细胞培养工艺研究的热点[178, 179]。

细胞截留（Cell retention）是一种将细胞保留在生物反应器内的手段，是灌注操作模式的核心工艺要素之一。细胞截留系统可将大多数细胞或产物阻挡在反应器内，将死细胞、细胞碎片等代谢废产物排出，进而提高细胞的培养密度和生产量[180]。如何在对细胞损伤较小的情况下实现高效截留细胞及对目标产物的过滤成为灌注工艺的重点和挑战，也是实现细胞高活性、高密度培养的关键[181, 182]。

高效且可靠的细胞截留系统需满足下列条件。①细胞截留效率高且稳定。

②截留系统能够在灌注培养中长期使用。③能适应工艺规模的放大。④对细胞损伤小[183]。细胞截留率可由下式计算：

$$R(\%) = \frac{(X_1 - X_0)}{X_1} \times 100\%$$

其中，R 为细胞截留率（%）；X_1 为反应器内的细胞密度（个/mL）；X_0 为排液体系中的细胞密度（个/mL）。外部设备中的细胞密度 X_0 越小，表明该截留系统的细胞截留能力越高[184]。

各类物质分离系统的工作原理主要基于下列物质的物理或化学性质：①尺寸；②密度；③电荷性质；④介电常数；⑤表面性质。在用于大规模反应器的细胞截留系统中，细胞分离原理涉及其中两方面——尺寸和密度[176]。基于尺寸性质的细胞截留系统采用物理屏障，即过滤的方法。此类截留装置主要包括旋转过滤器、中空纤维柱过滤器（TFF/ATF）、涡流过滤器等。这些过滤装置的细胞截留率高，但容易受到膜污染和堵塞的影响，可能导致细胞存活率低，产品滞留，以及因更换过滤装置而增加的污染风险[184]。基于密度性质的细胞截留系统主要包括重力沉降过滤器（垂直式沉降、倾斜式沉降）、离心过滤器、超声过滤器、水力旋流过滤器等。

1）旋转过滤

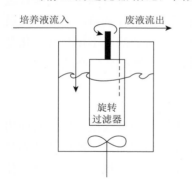

培养液流入　　　废液流出

旋转
过滤器

图 2.8.18　旋转过滤器结构示意图

与静止的过滤器相比，固定于搅拌轴的旋转过滤器（图 2.8.18）有利于克服滤网的堵塞[185, 186]，因此被经常用作细胞截留装置。旋转过滤器由一个圆柱形的膜（孔径小于细胞直径）组成，在生物反应器内围绕与叶轮相同的中心轴独立旋转。废弃培养液从培养体系被抽到旋转过滤器的内部圆筒中，然后从反应器中流出，而细胞则被膜拦截保留。

在生产过程中更换内部装置容易造成污染，因此旋转式过滤器的设计和操作应避免在较长时间的连续培养中发生堵塞[187]。细胞截留和滤网堵塞是相互矛盾的，孔径较小的滤网有利于提高细胞的截留率，但更易发生滤网堵塞；孔径较大的滤网有利于克服滤网堵塞，但往往以降低细胞截留率为代价。因此，应针对细胞培养工艺优化灌注速率和转速，保证旋转过滤器在无堵塞的情况下充分发挥灌注培养系统的优势[188]。

2）中空纤维柱过滤

基于中空纤维柱过滤原理而设计的截留装置因细胞截留率高、支持高密度细胞培养且设备简单、易于放大等优点，在目前动物细胞灌注培养中使用最为广泛[178]。

中空纤维柱细胞截留系统一般由中空纤维柱、动力驱动和控制系统组成。中空纤维柱包含若干根平行排列的中空纤维管，管壁由孔径为 $0.2 \sim 0.5 \mu m$ 的半透膜构成。细胞液由中空纤维管中间快速通过，形成切向流，小分子物质自由扩散通过中空纤维管，细胞因直径大于膜孔径被截留在膜内侧，而培养液透过膜渗出到膜外侧，形成液体交换。中空纤维过滤模块置于生物反应器外部，反应器中的细胞培养物由泵输送到过滤模块。

目前此类截留装置主要有切向流过滤模式（Tangential flow filtration，TFF）和交替式切向流过滤模式（Alternating tangential flow，ATF）。由于细胞和分子颗粒的孔隙堵塞和滤饼的形成，中空纤维膜很容易被污染[189]。为了减少膜污损并延长过滤器的使用寿命，ATF 模式使用以可控制流量的空气作为驱动力的隔膜泵代替 TFF 系统使用的蠕动泵（图 2.8.19），这是 ATF 系统的核心部分[178]。这样的设计在减少系统对细胞的剪切力的同时，由于空气流交替进出隔膜泵底部，隔膜泵周期性的凹凸运动使得培养液在中空纤维柱中交替往复流动，由此产生的反向冲刷作用在即使细胞密度达到 10^8 个/mL 时也能缓解滤器堵塞问题[190, 191]。ATF 系统快速的培养基交换速率和低剪切力保证了培养体系内细胞的高密度及活力，从而显著增加目标产物单位体积产率，这种高效的细胞截留技术在灌注培养工艺中更受青睐[180]。

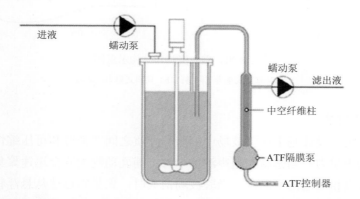

图 2.8.19　ATF 系统结构示意图（由往复式隔膜泵、控制器和过滤系统构成）

3）重力沉降式过滤

重力式沉降式细胞截留系统根据细胞与培养环境（培养基、代谢副产物、细胞碎片等）的沉降特性不同，通过特定的沉降条件（细胞密度）将细胞与培养环境分离，进行产物收获或培养基更新[180]。

目前常见的重力沉降器有两种。第一种是垂直式沉降器［图 2.8.20（a）］，使细胞在垂直逆流中沉淀。该系统结构简单，设备成本较低，但主要缺点是哺乳动物细胞体积小（大约 10μm）、密度低（大约比培养基的密度大 5%），因此沉降分离速度慢。这限制了最大流速，并可能导致细胞在无氧、混合不均匀的环境中较长的停留时间，使它们长时间处于次优甚至可能有害的培养条件下。

第二种是倾斜式沉降器［图 2.8.20（b）］，利用 Boycott 效应，通过将狭窄的沉淀通道与垂直方向倾斜一定角度来缩短沉淀路径并增加流体流速[190]。在该系统中，培养基中的细胞在倾斜的平行板之间层流流动。细胞在穿过装置时沉淀并积聚在倾斜的下层板上，细胞向下滑动，产生逆流，从而提高了沉降效率[176, 187]。

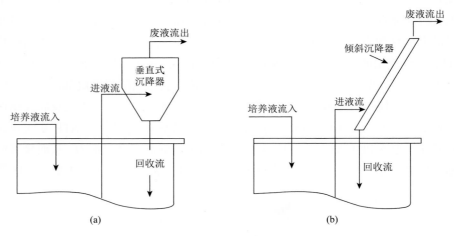

图 2.8.20　重力沉降器结构示意图
（a）垂直式重力沉降器；（b）倾斜式重力沉降器

4）超声过滤

超声分离的设计基于在驻波场中细胞和介质之间的密度和可压缩性不同而作用于细胞的声学力。当暴露在超声波场中时，哺乳动物细胞会迅速聚集在与驻波场的压力节点相对应的平面内。当驻波场消失时，聚集物迅速从悬浮物中沉淀下来。超声波细胞分离装置（图 2.8.21）设备简单，没有物理屏障或机械部件，不容易受到污损或机械故障的影响；且没有移动部件，可以原位灭菌，确保了长期无菌的良好安全性[176, 188]。

8.3.5　体外构建肌肉组织

生物培育肉的目标是制造一块与真正肌肉组织的营养、外观、质构和味道高度相似的肉。动物的肌肉组织是由肌纤维、脂肪、结缔组织和血管等组成的立体结构，然而，传统的细胞培养方法只能获得几乎看不见的平面薄层细胞[192]，无法满足细胞三维生长的要求。此外，二维培养的细胞环境在生物活性、营养物质的释放等很多方面远不及三维培养，使干细胞逐渐丧失其原有的性状、形态、结构和功能[193]。因此，想要在体外构建具有真实质感的肌肉组织，需要依靠组织工程技术，利用固体支架和活细胞 3D 打印等方法，实现多种细胞的三维培养，从而实现肌肉组织的体外塑形和构建。

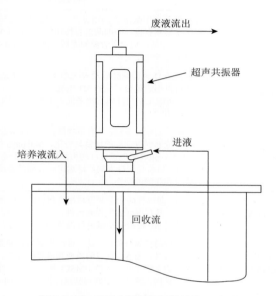

图 2.8.21　超声波细胞分离结构示意图

1. 固体支架

固体支架起源于医学组织工程领域，用于为组织生长和再生提供最佳微环境[194-196]。在生理状态下，肌纤维的外面有细胞基质将其包裹，为细胞提供营养并使肌纤维有序排列。细胞外基质主要成分有胶原蛋白、粘连蛋白、糖蛋白等。一般来说，支架是一种三维多孔网络，体外培养的细胞支架其实就是模拟细胞外基质成分，使细胞黏附、生长。多孔结构允许气体和营养物质的输入和代谢废物的输出，促进细胞代谢的维持[200]。理想的支架应具有相对较大的细胞黏附和生长比表面积、灵活的收缩和松弛性能、良好的细胞亲和力和细胞相容性。同时，应特别考虑其降解性、食用性、安全性、经济性和可扩展性[198]。

固体支架的材料可以分为天然材料和合成材料，天然材料如胶原、透明质酸、壳聚糖等大部分都存在于细胞外基质中，主要包含蛋白质、多糖和蛋白聚糖等物质，构成了细胞骨架，维持细胞形态，还影响着细胞的迁移、增殖分化，调节细胞的生理功能[193]。而另一种材料是合成材料如聚乳酸（PLA）、聚乳酸-羟基乙酸（PLGA）、聚己酸酯（PCL）等，具有良好的可降解性和较好的机械加工优势等[199]。部分材料特性如表 2.8.9。

表 2.8.9　　固体支架材料分类

材料类别	材料名称	材料特性
天然材料	胶原	胶原是细胞外基质中最重要的组分之一，是固体支架材料中最常见的一种，制作的固体支架具有较好的细胞兼容性和低毒性，生物可降解性较好。Guan 等[200]以胶原为支架，构建了骨髓间充质干细胞（BMSCs）3D 培养体系，导入生物体内治疗神经系统疾病
	透明质酸	又称玻尿酸，是 D-葡萄糖醛酸及 N-乙酰葡糖胺组成的双糖单位糖胺聚糖。作为固体支架可以形成疏松多孔的 3D 环境，可以维持干细胞的分化潜能。有研究表明，透明质酸支架很好地支持多能干细胞、神经干细胞生长，并诱导其分化发挥治疗作用[201]
	壳聚糖	天然多糖中唯一的碱性多糖，具有生物降解性、细胞亲和性和生物效应等许多独特的性质，能够促进细胞的增殖与分化。Malafaya 等[202]以壳聚糖所构建的3D 支架导入生物体内展现了良好的机械性能，在一定压力负荷下仍然可以保持较好的弹性。目前壳聚糖支架广泛运用于骨髓间充质干细胞的培养，且用于修复骨、软骨和肌腱的损伤[203]
合成材料	聚乳酸（PLA）	又称聚丙交酯，是以乳酸为主要原料聚合得到的聚酯类聚合物，是一种新型的生物降解材料，具有很好的生物兼容性、可降解性等。获得方便，可以根据培养不同细胞的需求，根据分子量进行调节，广泛应用于医药及组织工程等领域
	聚乳酸-羟基乙酸（PLGA）	乳酸和羟基乙酸随机聚合而成，是一种可降解的功能高分子有机化合物，具有良好的生物相容性、无毒、良好的成囊和成膜的性能。研究表明，PLGA 作为载体具备良好的生物学活性支持 BMSCs 增殖分化，且将 BMSCs 复合 PLGA 支架导入脊髓损伤大鼠体内观察到脑源性神经营养因子表达明显增多[204]
	聚己酸酯（PCL）	又称聚 ε-己内酯，是通过 ε-己内酯单体在金属离子络合催化剂催化下开环聚合而成的高分子有机聚合物，通过控制聚合条件，可以获得不同的分子量。PCL 具有良好的生物相容性、良好的有机高聚物相容性，以及良好的生物降解性，可用作细胞生长支持材料，被广泛应用于药物载体、增塑剂、可降解塑料、纳米纤维纺丝、塑形材料的生产与加工领域

　　除了天然材料和合成材料外，也有部分是以几种不同材料组合而成的新型复合材料，如胶原/纤维蛋白材料、透明质酸/丝素蛋白、PLGA/胶原、PLGA/丝素蛋白等，融合多种材料的优势，有针对性地加强了固体支架的生物可溶性及可降解性等。除动物源蛋白材料（胶原蛋白、明胶等），利用植物源蛋白（如大豆蛋白等）、在细菌和其他系统中表达的聚酯、植物和微生物产生的复杂的复合基质，包括木质素、植物基质（例如脱细胞的叶子）、真菌菌丝体等，除生物来源，使用合成材料（如聚谷氨酸、聚乳酸等），经过表面修饰或改性，作为细胞支架用于生物培育肉的组织塑形，在培育肉生产中也具备一定优势，也是研究的热点。比如，以色列的一个研究小组报告说，使用大豆蛋白作为支架，用牛卫星细胞、平滑肌细胞

和内皮细胞制作 3D 培养的肉制品,在烹饪后获得肉味和感官特性[205]。因此可见,固体支架是细胞 3D 培养中重要的组成部分,选择合适的固体支架能够有效地维持细胞体外培养时的状态和细胞潜能。

2. 活细胞 3D 打印

3D 打印技术是使用计算机辅助设计软件,利用 3D 打印机通过层层材料的有序堆叠而制造的三维产品。在汽车、航天等制造领域获得很好的成果;在生物医药领域也有许多的应用,利用 3D 打印技术,定位装配生物材料或细胞单元,构建复杂生物三维结构如个性化植入体、可再生人工骨、体外细胞三维结构、人工器官等[206-208];在食品生产领域也贡献了卓越力量[209]。随着生物制造和材料科学的飞速发展,细胞打印技术应运而生并越来越多地应用于肌肉组织构建中。将活细胞 3D 技术应用于生物培育肉产业,首先,我们可以用 3D 食品打印机中的打印建模软件对细胞支架的形状进行设计,将所需原料和辅料分别放进不同容器中,再按设计编码程序逐层地铺料,叠加打印出我们所需的肌肉组织形态的细胞支架,可以用于细胞培养。其次,3D 生物打印技术将快速成形技术与生物制造技术有机结合,可以精确的构建打印形态,包括纤维尺寸、表面结构、孔隙率和对齐方式等,并利用活细胞与水凝胶材料混合制成的生物墨水进行组织器官的打印,并精确控制液滴的尺寸和位置,在基底上打印出细胞-生物材料混合物,还可精确调节特定类型的细胞比、细胞定位甚至细胞密度。因此,将 3D 打印应用于活细胞打印中,也是未来进行生物培育肉生产的一个方式。当以活细胞作为生物墨水成分之一时,打印速度、喷嘴直径、喷嘴高度、挤出速率和填充百分比之类的参数对于实现几何精度,支架一致性甚至打印结构的精度至关重要。由于生物墨水液滴是构建制备组织的微单元,需呈液态且具有很好的生物相容性,因此常选用水凝胶作为包裹细胞的生物材料。因此,水凝胶作为生物墨水中重要的组成部分,决定了生物墨水的性质。水凝胶按组成方式、网络内部相互作用方式及功能可进行不同的分类,比如按照单体或者聚合物的来源可以分为天然水凝胶和人工合成水凝胶[210]。天然水凝胶单体材料来自天然高分子蛋白和多糖类,如胶原、明胶、透明质酸和海藻酸钠等;按其分子网络内部相互作用方式可以分为化学交联水凝胶和物理交联水凝胶;按照对周围环境中不同刺激因素的响应可以分为温敏性水凝胶、pH 敏感性水凝胶、磁性水凝胶、光敏性水凝胶和生化分子响应水凝胶等。细胞打印技术根据打印液滴原理的不同可大致分为喷墨打印、电喷射、机械喷射、激光直写打印、声控打印等[206]。例如 Utkan Demirci[211]研究组成功打印了包埋有平滑肌细胞的胶原液滴。首先检测了细胞在胶原内存活率及增殖特性,并优化了细胞密度、细胞的分布、打印速率、喷头压力等参数，通过层层堆叠（layer by layer）的方法成功在体外构建了多层平滑肌类组织。又如，Cui 等[212]采用机械喷射技术将成肌细胞悬液打印在具有定向凹槽的基板上，优化了凹槽宽度、液滴直径等工艺参数。通过限制细胞的生长方向，促使成肌细胞定向排列、相互融合并分化为肌管，并对其相关特征蛋白进行了定量表征。研究者对所制备的类骨骼肌施加一定频率的电刺激，发现类组织会沿凹槽轴向产生规律的收缩活动。该平台有望应用于体外构建功能性骨骼肌类组织。近期，日本大阪大学研究人员借助于 3D 打印技术，在体外构建了由三种类型的牛细胞纤维（肌肉、脂肪和血管）组装的工程牛排样组织（图 2.8.22）。因为真正的肉是与肌腱相连的纤维的排列组合，用于收缩和放松，因此，研究人员开发了肌腱凝胶集成生物打印技术，构建了由 42 块

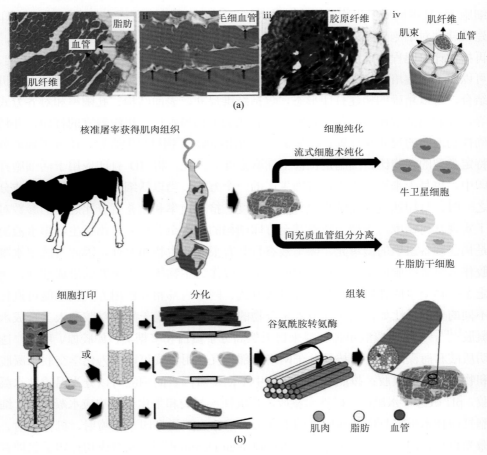

图 2.8.22　人造"和牛"制作工艺[213]

肌肉、28 个脂肪组织和 2 个毛细血管组成的共 72 条纤维的直径 5mm、长度 10mm 的人工"和牛"[213]。

目前已有多种类型活细胞 3D 打印设备问世，研究证实细胞经 3D 打印后存活率高达 90%，且能够在打印出来的三维空间内增殖。3D 打印技术是实现较大体积肌肉组织生产的重要方式，未来可以通过该技术实现不同种类型细胞如肌肉细胞和脂肪细胞的混合打印，直接生产出与真实肌肉组织具有相似组织结构和形态的生物培育肉产品。

8.4　生物培育肉技术发展建议

培育肉作为未来食品的一项重要产品和生产技术，是实现优质动物蛋白绿色供给的重要手段。主要发达国家已经建立了完善培育肉产业链并拥有成熟的培育肉产品问世，而目前看来我国具有自主知识产权的培育肉产业化技术仍有待开发。因此，未来应从国家层面加强对培育肉产业的宏观指导和扶持力度，完善协调发展机制，围绕如何实现培育肉的工业化生产这一核心问题，攻坚克难，在日益激烈的国际竞争中抢占先机，争取早日让中国特色培育肉产品走上老百姓的餐桌。

1. 加大基础研发投入，构建培育肉核心技术体系

2020 年，国家重点研发计划"绿色生物制造"重点专项申报指南中，首次涵盖"人造肉高效生物制造技术"，支持针对包括植物蛋白素肉和培育肉在内的新型人造肉生产技术研发。虽然国家层面已开始重视培育肉行业，鼓励并支持科研人员开展相关的基础和应用研究，但总体上培育肉研究在我国仍属于新兴的小众领域，许多科研工作者对此仍不太了解或处于观望阶段。若要解决培育肉工业化生产中的卡脖子技术瓶颈，必须首先针对各类畜禽水产动物的干细胞生长行为、肌肉组织结构、营养和风味物质等方向开展基础科学研究。只有充分阐明肌肉组织的发育调控和风味营养产生机理，才能实现真正意义上的培育肉技术突破。

在未来"重点研发计划""科技重大专项""自然科学基金"等国家重点项目规划中，应涵盖培育肉相关技术，并增加科研经费的投入，加大对开展培育肉研发的科研机构以及企业的政策和资金扶持力度，并鼓励国内外风险投资机构、金融机构对培育肉产业进行投资或加大信贷支持。技术基础雄厚的科研单位和具备研发能力的企业应针对培育肉制造的卡脖子技术难题，开展细胞生物学和组织工程领域基础研究工作，推进培育肉的研发进程，并建立具有自主知识产权的培育肉核心技术体系。充分调动政府、企业、高校、科研院所各方力量，集成各类科技计划的资金与力量，提高研发积极性，推进培育肉产业发展。

2. 支持跨行业交流，推进培育肉相关政策制定

培育肉的技术研发需要干细胞工程、组织工程、肉制品加工、生物反应器等多个领域的专家协同合作，共克难关。只有不同领域专家的密切合作，不断地进行头脑风暴，打破学科壁垒，才能将培育肉生产的全流程打通，真正实现技术突破。值得庆幸的是，国内的生物医药行业近年来有了飞速发展，细胞治疗领域中已经较为成熟的细胞培养技术、重组蛋白放大生产技术等都可以为培育肉的产业化提供技术支撑，不过，能否将其完全照搬到培育肉生产中需要各领域专家的广泛探讨和大量实验论证。

未来，提议国内知名高校和科研机构组建多学科联合研究中心开展培育肉相关研究，核心团队成员应涵盖从事肌肉发育和疾病、细胞生物学、组织工程、细胞工程、肉制品加工等方向研究的专家学者，以及相关企业的技术开发人员。通过这种多学科专家组协作研发模式，能够从各专业角度出发对培育肉生产全流程技术进行充分交流，加快突破培育肉工业化生产的技术瓶颈。进一步明确培育肉生产上、中、下游的关键控制节点以及质量控制标准，推进培育肉相关监管政策和质量管理体系的制定。

3. 增强校企合作力度，加快培育肉成果转化

如前文所述，国内高校和科研院所中已有北京工商大学、中国肉类食品综合研究中心、江南大学等为代表的骨干研发力量，在培育肉的政策监管、安全性评价、技术开发等方面开展了详尽深入的研究工作。企业方面，也已有周子未来、CellX、Avant 等多个企业专注于培育肉产品的开发。高校和科研院所基础研究实力强，拥有先进的仪器设备和实验平台，但是大部分不具备规模化生产的条件。虽然现在企业都拥有自己的研发部门，但研究人员主要从事生产工艺的开发和优化，不太涉及基础研究。因此，只有校企紧密合作，从基础和应用两个角度分别出发，共同攻克培育肉技术难关，为培育肉的产业化发展提供保障。

未来在具备培育肉研发和规模化生产基础后，建议大力开展校企合作，通过组建产学研战略联盟和校企联合研发中心（基地、孵化器）等方式，共同在培育肉产业技术研发、科技成果转化和应用、人才培养等方面开展全方位合作，通过双方的优势互补、技术整合促进培育肉产业的快速发展。同时，加快培育肉集成

生产线的建设，推动成果转化和产业化进程，打造示范生产线，加快培育肉工业化生产的步伐。

4. 重视消费者需求，开发中国特色培育肉产品

目前培育肉的研发重点和热点都集中在上游的细胞培养环节，还并未真正关注到培育肉的"食物"属性，即肉的质构、口味和香气等。但是，培育肉作为一种食品，是否能够满足消费者的营养和口味需求，值得全行业科研人员的深入探究。另外，培育肉作为一种新兴食品，消费者对其的认知和接受度还有待提升，加上中西方饮食文化差异显著，若完全仿照国外的培育肉生产策略和技术，并不一定能够生产出受到中国人喜爱的产品。

未来，应多渠道多角度对消费者进行培育肉的宣传和调研，提高培育肉的公众接受度并获得消费者需求和建议的反馈。同时，应充分考虑中国人的饮食习惯和饮食文化，开发出符合中国人营养成分需求并且风味口感多样化的培育肉产品，还可以根据特殊人群、场景、环境等，开发具有不同特点或功效的产品，提高培育肉产品的价值。

参 考 文 献

[1] 张伟力. 现代猪肉品质概念与检测手段进展[J]. 养猪，2004（5）：45-47.

[2] 李长强，闫益波，高士争. 猪的肌内脂肪生成及其调控[J]. 饲料工业，2007，28（7）：26-29.

[3] Lonergan S M，Topel D G，Marple D N. The science of animal growth and meat technology[M]. Pittsburgh：Academic Press，2018.

[4] 王寒凝，祁智，李雪玲，等. 肌内脂肪沉积的营养调控与分子机制[J]. 动物营养学报，2020，32（7）：2947-2958.

[5] Essen-Gustavsson B，Karlsson A，Lundström K，et al. Intramuscular fat and muscle fibre lipid contents in halothane-gene-free pigs fed high or low protein diets and its relation to meat quality[J]. Meat Science，1994，38（2）：269-277.

[6] Gondret F，Mourot J，Bonneau M. Comparison of intramuscular adipose tissue cellularity in muscles differing in their lipid content and fibre type composition during rabbit growth[J]. Livestock Production Science，1998，54（1）：1-10.

[7] Zhou S，Ackman R G，Morrison C. Adipocytes and lipid distribution in the muscle tissue of Atlantic salmon（Salmo salar）[J]. Canadian Journal of Fisheries and Aquatic Sciences，1996，53（2）：326-332.

[8] Nanton D A，Vegusdal A，Rørå A M B，et al. Muscle lipid storage pattern, composition, and adipocyte distribution in different parts of Atlantic salmon（Salmo salar）fed fish oil and vegetable oil[J]. Aquaculture，2007，265（1-4）：230-243.

[9] 苏雅拉.乌珠穆沁羊生长过程中骨骼肌肌内结缔组织的结构变化[D]. 呼和浩特：内蒙古农业大学，2011.

[10] Sosa H，Popp D，Ouyang G，et al. Ultrastructure of skeletal muscle fibers studied by a plunge quick freezing method：Myofilament lengths[J]. Biophysical Journal，1994，67（1）：283-292.

[11] Talbot J，Maves L. Skeletal muscle fiber type: Using insights from muscle developmental biology to dissect targets

for susceptibility and resistance to muscle disease[J]. Wiley Interdiscip Rev Dev Biol, 2016, 5 (4): 518-534.

[12]　Ostrovidov S, Hosseini V, Ahadian S, et al. Skeletal muscle tissue engineering: Methods to form skeletal myotubes and their applications[J]. Tissue Engineering Part B: Reviews, 2014, 20 (5): 403-436.

[13]　Chargé S B P, Rudnicki M A. Cellular and molecular regulation of muscle regeneration[J]. Physiological Reviews, 2004, 84 (1): 209-238.

[14]　Morgan J E, Partridge T A. Muscle satellite cells[J]. The International BJournal of Biochemistry & Cell Biology, 2003, 35 (8): 1151-1156.

[15]　Lee H J, Yong H I, Kim M, et al. Status of meat alternatives and their potential role in the future meat market—A review[J]. Asian-Australasian Journal of Animal Sciences, 2020, 33 (10): 1533.

[16]　Godfray H C J, Aveyard P, Garnett T, et al. Meat consumption, health, and the environment[J]. Science, 2018, 361 (6399).

[17]　李炳坦, 韩光微, 刘孟洲. 中国培育猪种[M]. 成都: 四川科学技术出版社, 1992.

[18]　陈代文, 张克英, 胡祖禹. 猪肉品质特征的形成原理[J]. 四川农业大学学报, 2017, 20 (01): 60-66.

[19]　王甜甜, 曹晓虹, 马岩涛. 肌浆蛋白的研究进展[J]. 食品研究与开发, 2015, 36 (6): 109-112.

[20]　姚国佳. PPARδ 和 Myoglobin 基因表达对猪肉色的影响及机制研究[D]. 杭州: 浙江大学, 2011.

[21]　孔保华. 畜产品加工贮藏新技术[M]. 北京: 科学出版社, 2007.

[22]　石保金. 食品生物化学[M]. 北京: 中国轻工业出版社, 2008.

[23]　汪海波, 梁艳萍, 汪海婴, 等. 草鱼鱼鳞胶原蛋白的提取及其部分生物学性能[J]. 水产学报, 2012, 36 (4): 553-561.

[24]　Shao J H, Wu J Q, Liu D Y, et al. Mechanisms of emulsion gel and water/fat-binding capacity of meat proteins[J]. Food and Fermentation Industries, 2013, 39 (4): 146-150.

[25]　Owens C M. Poultry meat processing[M]. Florida: CRC Press, 2010.

[26]　Hidiroglou N, McDowell L R, Johnson D D. Effect of diet on animal performance, lipid composition of subcutaneous adipose and liver tissue of beef cattle[J]. Meat Science, 1987, 20 (3): 195-210.

[27]　紫林. "肉中骄子"营养价值高软烂的炖牛肉要这样做[J]. 中国食品, 2020 (3): 128-129.

[28]　Giles K W, Hobday S M, 沈治平. 改良植物蛋白质以供人类的需要[J]. 生理科学进展, 1978 (1): 79-85.

[29]　唐春华, 陈韬. 花生四烯酸生物活性及其对机体的免疫作用[J]. 畜禽业, 2009 (6): 20-22.

[30]　刘英丽. 不同锌源生物利用率的研究[J]. 中国畜牧兽医, 2005, 32 (11): 5-7.

[31]　孙长峰, 郭娜. 微量元素铁的生理功能及对人体健康的影响[J]. 食品研究与开发, 2012, 33 (5): 222-225.

[32]　史丽英. 人体必需微量元素——硒[J]. 微量元素与健康研究, 2005, 22 (4): 61-63.

[33]　顾媛. 荣昌猪肉品理化特性及膻味物质研究[D]. 重庆: 西南大学, 2010.

[34]　Lee C W, Lee J R, Kim M K, et al. Quality improvement of pork loin by dry aging[J]. Korean journal for food science of animal resources, 2016, 36 (3): 369.

[35]　崔艺燕, 马现永. 猪肉风味研究进展[J]. 肉类研究, 2017, 31 (6): 55-60.

[36]　张福娟. 甘南蕨麻猪肉用品质特性研究[D]. 兰州: 甘肃农业大学, 2007.

[37]　贾晓旭. 猪肉的风味及影响因素[J]. 猪业科学, 2007, 24 (8): 78-80.

[38]　李铁志, 王明, 雷激. 阿坝州半野血藏猪肉挥发性风味物质的研究[J]. 食品科技, 2015 (10): 124-130.

[39]　Toldrá F, Aristoy M C, Flores M. Contribution of muscle aminopeptidases to flavor development in dry-cured ham[J]. Food Research International, 2000, 33 (3-4): 181-185.

[40]　Maruji Y, Shimizu M, Murata M, et al. Multiple taste functions of the umami substances in muscle extracts of yellowtail and bastard halibut[J]. Fisheries Science, 2010, 76 (3): 521-528.

[41]　Pakula C，Stamminger R. Measuring changes in internal meat colour，colour lightness and colour opacity as predictors of cooking time[J]. Meat Science，2012，90（3）：721-727.

[42]　Mancini R A，Hunt M C. Current research in meat color[J]. Meat Science，2005，71（1）：100-121.

[43]　Nowak A，Czyzowska A，Efenberger M，et al. Polyphenolic extracts of cherry（Prunus cerasus L.）and blackcurrant（Ribes nigrum L.）leaves as natural preservatives in meat products[J]. Food Microbiology，2016，59：142-149.

[44]　Schiaffino S，Reggiani C. Myosin isoforms in mammalian skeletal muscle[J]. Journal of Applied Physiology，1994，77（2）：493-501.

[45]　Mørkøre T，Rødbotten M，Vogt G，et al. Relevance of season and nucleotide catabolism on changes in fillet quality during chilled storage of raw Atlantic salmon（Salmo salar L.）[J]. Food Chemistry，2010，119（4）：1417-1425.

[46]　Hurling R，Rodell J B，Hunt H D. Fiber diameter and fish texture[J]. Journal of Texture Studies，1996，27（6）：679-685.

[47]　沈元新，徐继初. 金华猪及其杂种肌肉组织学特性与肉质的关系[J]. 浙江农业大学学报，1984，10（3）：265-271.

[48]　Hocquette J F，Gondret F，Baeza E，et al. Intramuscular fat content in meat-producing animals：Development，genetic and nutritional control，and identification of putative markers[J]. Animal，2010，4（2）：303-319.

[49]　Saum Kenji，Yosakahin R，Sato Mamoru，et al. Isolation of native acid-soluble collagen from fish muscle[J]. Nippon Suisan Gakkaishi，1987，53（8）：1431-1436.

[50]　Xu G，Baidoo S K，Johnston L J，et al. Effects of feeding diets containing increasing content of corn distillers dried grains with solubles to grower-finisher pigs on growth performance，carcass composition，and pork fat quality[J]. Journal of Animal Science，2010，88（4）：1398-1410.

[51]　小沢忍，杨殿军.影响牛肉系水力肉色风味嫩度的因素[J]. 国外畜牧科技，1987，41-43.

[52]　周景文，张国强，赵鑫锐，等. 未来食品的发展：植物蛋白肉与细胞培养肉[J]. 食品与生物技术学报，2020，39（10）：1-8.

[53]　孙文采，吴璐，汪进平，等. 巴马香猪诱导多能干细胞系的建立[J]. 生命科学研究，2018，22（3）：184-190.

[54]　李剑，李洁，戴育成. 自制血清替代物行无血清条件培养人表皮干细胞[J]. 中国临床康复，2005，9（22）：65-67.

[55]　张国强，赵蠡锐，李雪良. 动物细胞培养技术在人造肉研究中的应用[J]. 生物工程学报，2019，35（8）：1374-1381.

[56]　Dashdorj D，Amna T，Hwang I. Influence of specific taste-active components on meat flavor as affected by intrinsic and extrinsic factors：An overview[J]. European Food Research and Technology，2015，241（2）：157-171.

[57]　刘源，徐幸莲，王锡昌，等. 脂肪对鸭肉风味作用研究[J]. 中国食品学报，2009，9（1）：95-100.

[58]　商瑜，张启明，李悦，等. 动物细胞无血清培养基的发展和应用[J]. 陕西师范大学学报：自然科学版，2015，43（4）：68-72.

[59]　李卫，谭蒙，孙莉，等. 基于细胞培养的动物性蛋白质的生产-细胞农业研究进展[J]. 食品工业科技，2020，41（11）：363-368.

[60]　高应瑞. 毕赤酵母表达风味强化肽呈味研究[D]. 天津：天津科技大学，2011.

[61]　赵鑫锐，张国强，李雪良，等. 人造肉大规模生产的商品化技术[J]. 食品与发酵工业，45（11）：248-253.

[62]　刘业学，王稳航. 从肌肉的组织结构和生成机制探讨"人造肉"开发的仿生技术[J]. 中国食品学报，2020，20（8）：295-307.

[63]　梁媛，赵馨怡，张靖伟，等. 亚油酸和 α-亚麻酸对脂肪干细胞活力及成脂分化的影响[J]. 大连工业大学学报，2017（5）：323-327.

[64] 曾茂茂，李伶俐，何志勇，等. 甘氨酸对美拉德反应体系及产生肉香风味物质的影响[J]. 食品科学，2012，33（7）：32-36.

[65] 沈军卫. 大豆蛋白酶解物制备猪肉香精的研究[D]. 洛阳：河南科技大学，2010.

[66] Eiselleova L，Peterkova I，Neradil J，et al. Comparative study of mouse and human feeder cells for human embryonic stem cells[J]. International Journal of Developmental Biology，2004，52（4）：353-363.

[67] Catriona Paul. 基于小鼠模型的干细胞研究[J]. 实验材料和方法，2013，cn3.

[68] Okita K，Ichisaka T，Yamanaka S. Generation of germline-competent induced pluripotent stem cells[J]. Nature，2007，448（7151）：313-317.

[69] 农微. 牛诱导性多能干细胞的初步研究[D]. 南宁：广西大学，2014.

[70] 刘默凝，赵丽霞，王子馨，等. 绵羊诱导多能干细胞的建立及特性研究[J].解剖学杂志，2021，44（S01）：40.

[71] Esteban M A，Xu J，Yang J，et al. Generation of induced pluripotent stem cell lines from Tibetan miniature pig[J]. Journal of Biological Chemistry，2009，284（26）：17634-17640.

[72] Wu Z，Chen J，Ren J，et al. Generation of pig induced pluripotent stem cells with a drug-inducible system[J]. Journal of Molecular Cell Biology，2009，1（1）：46-54.

[73] 周桂珍，周正娜，唐小云，等. 盘羊脐带间充质干细胞的分离培养及诱导分化[J]. 中国畜牧兽医，2021，48（5）：1584-1592.

[74] 孙宇辰，许龙，殷佳辉. 西门塔尔牛牙龈间充质干细胞的分离鉴定及诱导分化[J]. 中国畜牧兽医，2021，48（3）：855-864.

[75] 文依信，贾绍昌，乐建铭，等. 犬脂肪间充质干细胞的分离，分化与鉴定[J]. 南京农业大学学报，2019，42（4）：729-733.

[76] Zuk P A. The adipose-derived stem cell：looking back and looking ahead[J]. Molecular Biology of the Cell，2010，21（11）：1783-1787.

[77] 李方华，弓慧敏，冯士彬，等. 骨骼肌卫星细胞的研究进展[J]. 中国畜牧兽医，2010（10）：25-28.

[78] Bonavaud S，Agbulut O，D'Honneur G，et al. Preparation of isolated human muscle fibers：a technical report[J]. In Vitro Cellular & Developmental Biology-Animal，2002，38（2）：66-72.

[79] 张玉石，李汉忠，张锐强，等. 应用 Percoll 分离纯化组织工程用肌卫星细胞[J]. 中国医学科学院学报，2006，28（2）：182-185.

[80] Ding S，Swennen G N M，Messmer T，et al. Maintaining bovine satellite cells stemness through p38 pathway[J]. Scientific Reports，2018，8（1）：1-12.

[81] Ray，Nims，Ed，et al. Cell Banking：Reliable Storage of Authentic Cell Lines[J]. Gitlaboratory Journal Europe，2014，18（5-6）：18-20.

[82] Masters J R，Stacey G N. Changing medium and passaging cell lines[J]. Nature protocols，2007，2（9）：2276-2284.

[83] 张元兴. 动物细胞培养工程[M]. 北京：化学工业出版社，2007.

[84] 李广武，郑从义，唐兵. 低温生物学[M]. 长沙：湖南科学技术出版社，1998.

[85] Angel S，von Briesen H，Oh Y J，et al. Toward optimal cryopreservation and storage for achievement of high cell recovery and maintenance of cell viability and T cell functionality[J]. Biopreservation and Biobanking，2016，14（6）：539-547.

[86] 林科佳，刘赴平，马冬磊，等. 冻存密度对外周血单个核细胞冻存效果的影响[J]. 生物技术通报，2019，35（6）：119.

[87] 沈华萍. 脐血造血干细胞冷冻复苏过程研究与评价[J]. 上海：华东理工大学，2003：48-52.

[88] Morris G J，Clarke A，Grout B W W. The cryopreservation of Chlamydomas reinhardii and studies on the

biochemistry of freezing injury[J]. Cryobiology，1980，17（6）：624.

[89] 丁伟峰，冯颖，张欣，等. 密度对黑腹果蝇胚细胞系 L-2/M delta 2-3 冻存效果的影响[J]. 林业科学研究，2012，25（1）：6-10.

[90] 薛庆善. 体外培养的原理与技术[M]. 北京：科学出版社，2001.

[91] Freshney R I. Culture of animal cells：a manual of basic technique and specialized applications[M]. John Wiley & Sons，2015.

[92] 王燕平. 中国药典（英文）[M]. 北京：中国医药科技出版社，2015.

[93] Wang Z，Weihua X U，Pang X，et al. Identification methods of embryonic stem cells[J]. Chinese Journal of Tissue Engineering Research，2006，10（5）：187-189.

[94] Niwa H，Miyazaki J，Smith A G. Quantitative expression of Oct-3/4 defines differentiation，dedifferentiation or self-renewal of ES cells[J]. Nature Genetics，2000，24（4）：372-376.

[95] Pesce M，Schöler H R. Oct-4：gatekeeper in the beginnings of mammalian development[J]. Stem Cells，2001，19（4）：271-278.

[96] Hibi M，Murakami M，Saito M，et al. Molecular cloning and expression of an IL-6 signal transducer，gp130[J]. Cell，1990，63（6）：1149-1157.

[97] Dominici M，Le Blanc K，Mueller I，et al. Minimal criteria for defining multipotent mesenchymal stromal cells. The International Society for Cellular Therapy position statement[J]. Cytotherapy，2006，8（4）：315-317.

[98] Seale P，Sabourin L A，Girgis-Gabardo A，et al. Pax7 is required for the specification of myogenic satellite cells[J]. Cell，2000，102（6）：777-786.

[99] Zammit P S，Heslop L，Hudon V，et al. Kinetics of myoblast proliferation show that resident satellite cells are competent to fully regenerate skeletal muscle fibers[J]. Experimental Cell Research，2002，281（1）：39-49.

[100] 弗雷谢尼. 动物细胞培养：基本技术和特殊应用指南[M]. 北京：科学出版社，2019.

[101] Chen M J，Qu D Z，Chi W L，et al. 5-Ethynyl-2′-deoxyuridine as a molecular probe of cell proliferation for high-content siRNA screening assay by "click" chemistry[J]. Science China Chemistry，2011，54（11）：1702-1710.

[102] Lüder Wiebusch，Hagemeier C. Use of 5-Ethynyl-2′-Deoxyuridine Labelling and Flow Cytometry to Study Cell Cycle-Dependent Regulation of Human Cytomegalovirus Gene Expression[J]. Methods in Molecular Biology，2014，1119：123.

[103] Dymond J S. Explanatory chapter：Quantitative PCR[J]. Methods in Enzymology，2013，529：279-289.

[104] 董毅，董一港. 人类胚胎干细胞分化与功能研究进展[J]. 生物学杂志，2021，38（3）：1.

[105] Almeida C F，Fernandes S A，Ribeiro Junior A F，et al. Muscle satellite cells：Exploring the basic biology to rule them[J]. Stem Cells International，2016：4-5.

[106] 陈晓萍，范明. 肌卫星细胞研究进展[J]. 生理科学进展，2003，34（2）：136-139.

[107] Andrzejewska A，Lukomska B，Janowski M. Concise review：Mesenchymal stem cells：From roots to boost[J]. Stem Cells，2019，37（7）：855-864.

[108] 杜秀冬. CHO 细胞无血清培养基的研究进展[J]. 科技风，2020（21）：1.

[109] 商瑜，张启明，李悦，等. 动物细胞无血清培养基的发展和应用[J]. 陕西师范大学学报：自然科学版，2015，43（4）：68-72.

[110] 郭芳睿，秦俊红，李彦霖，等. 细胞无血清培养现状概述[J]. 生物技术通讯，2017，28（6）：865-870.

[111] 郭纪元，夏宁邵. CHO DG44 稳定细胞株无血清培养基的研发与优化[D]. 厦门：厦门大学，2014.

[112] 张香玲，李薇. Vero 细胞无血清培养基的研究进展[J]. 微生物学免疫学进展，2015，43（2）：67-72.

[113] 尹姝媛. 猪早期胚胎和胚胎干细胞体外培养体系优化的研究[D]. 武汉：华中农业大学，2020.

[114] Akutsu H，Cowan C A，Melton D. Human embryonic stem cells[J]. Methods in Enzymology，2006，418：78-92.

[115] Choo A B H，Padmanabhan J，Chin A C P，et al. Expansion of pluripotent human embryonic stem cells on human feeders[J]. Biotechnology and Bioengineering，2004，88（3）：321-331.

[116] Martin M J，Muotri A，Gage F，et al. Human embryonic stem cells express an immunogenic nonhuman sialic acid[J]. Nature Medicine，2005，11（2）：228-232.

[117] Gerecht S，Burdick J A，Ferreira L S，et al. Hyaluronic acid hydrogel for controlled self-renewal and differentiation of human embryonic stem cells[J]. Proceedings of the National Academy of Sciences，2007，104（27）：11298-11303.

[118] Yim E K F，Leong K W. Proliferation and differentiation of human embryonic germ cell derivatives in bioactive polymeric fibrous scaffold[J]. Journal of Biomaterials Science，Polymer Edition，2005，16（10）：1193-1217.

[119] 才文道力玛，伊敏娜，王希生，等. 大动物多能干细胞建立研究进展[J]. 中国实验动物学报，2020，28（5）：7.

[120] Lin T，Wu S. Reprogramming with Small Molecules instead of Exogenous Transcription Factors[J]. Stem Cells International，2015，2015：794632.

[121] Hou P，Li Y，Zhang X，et al. Pluripotent stem cells induced from mouse somatic cells by small-molecule compounds[J]. Science，2013，341（6146）：651-654.

[122] Shahini A，Vydiam K，Choudhury D，et al. Efficient and high yield isolation of myoblasts from skeletal muscle[J]. Stem Cell Research，2018，30：122-129.

[123] 王姝好，叶紫芸，王春生. 牛间充质干细胞及其应用研究进展[J]. 草食家畜，2021（5）：8.

[124] Zhang J，Lei C，Deng Y，et al. Hypoxia enhances mesenchymal characteristics maintenance of buffalo bone marrow-derived mesenchymal stem cells[J]. Cellular Reprogramming，2020，22（3）：167-177.

[125] 段常伟，柴彦杰，赵疆东.骨髓间充质干细胞分离与培养技术[J]. 宁夏医学杂志，2021，43（6）：573-576.

[126] 陈犹白.脂肪干细胞成脂分化的研究进展[J]. 中国美容医学，2016，25（4）：86-94.

[127] 张庆美. 猪骨髓间充质干细胞分离培养及诱导分化脂肪细胞[J]. 中国兽医学报，2015，35（1）：91-97.

[128] 郑琪，睢梦华，凌英会. 骨骼肌卫星细胞增殖与成肌分化过程中关键信号通路的作用[J]. 畜牧兽医学报，2017，48（11）：2005-2014.

[129] Dogra C，Hall S L，Wedhas N，et al. Fibroblast growth factor inducible 14（Fn14）is required for the expression of myogenic regulatory factors and differentiation of myoblasts into myotubes：Evidence for TWEAK-independent functions of Fn14 during myogenesis[J]. Journal of Biological Chemistry，2007，282（20）：15000-15010.

[130] Almalki S G，Agrawal D K. Key transcription factors in the differentiation of mesenchymal stem cells[J]. Differentiation，2016，92（1-2）：41-51.

[131] Li Q，Zhang T，Zhang R，et al. All-trans retinoic acid regulates sheep primary myoblast proliferation and differentiation in vitro[J]. Domestic Animal Endocrinology，2020，71：106394.

[132] Braga M，Simmons Z，Norris K C，et al. Vitamin D induces myogenic differentiation in skeletal muscle derived stem cells[J]. Endocrine Connections，2017，6（3）：139-150.

[133] Ge Y，Chen J. MicroRNAs in skeletal myogenesis[J]. Cell cycle，2011，10（3）：441-448.

[134] 李聪，曹文广. CRISPR/Cas9 介导的基因编辑技术研究进展[J]. 生物工程学报，2015，31（11）：1531-1542.

[135] Li R，Zeng W，Ma M，et al. Precise editing of myostatin signal peptide by CRISPR/Cas9 increases the muscle mass of Liang Guang Small Spotted pigs[J]. Transgenic research，2020，29（1）：149-163.

[136] Park J W，Lee J H，Han J S，et al. Muscle differentiation induced by p53 signaling pathway-related genes in myostatin-knockout quail myoblasts[J]. Molecular Biology Reports，2020，47（12）：9531-9540.

[137] 林阳洋，潘博. 共培养技术在耳软骨再生中的应用及展望[J]. 中华耳科学杂志，2020，18（3）：602.

[138] 陈霄莲，刘小云，陈松林. 与成肌细胞共培养诱导骨髓间充质干细胞分化[J]. 广东医学，2012，33（22）：3397-3399.

[139] 罗维，艾磊，王博发，等. 高糖条件下小鼠巨噬细胞对骨骼肌细胞成肌分化和胰岛素敏感性的影响[J]. 中国应用生理学杂志，2020，36（2）：124.

[140] 庞卫军，李影，卢荣华，等. 脂肪细胞分化过程中的分子事件[J]. 细胞生物学杂志，2005，27（5）：497-500.

[141] 刘传国，刘畅，黄坤，等. 维生素 C 调控成脂相关分子表达促进成脂[J]. 济南大学学报：自然科学版，2017（4）：297-303.

[142] 闫研，张军芳，孙斌，等. 添加环格列酮对延边黄牛骨骼肌卫星细胞成脂转分化的影响[J]. 中国畜牧兽医，2020，47（3）：714-721.

[143] 云巾宴，于永生，曹阳，等. 葛根素对牛原代脂肪细胞分化过程的影响[J]. 吉林农业大学学报，40（2）：223-228.

[144] 伍志伟，刘丹，刘永琦，等. 黄芪多糖对低氧环境中 BMSCs 成脂分化的影响[J]. 生物工程学报，2017，33（11）：1850-1858.

[145] 曾瑛，唐蓓，李影. MicroRNA 在哺乳动物脂肪形成中的调控作用[J]. 中国细胞生物学学报，2015，37（1）：106-114.

[146] 周怡，杨美，王柏林，等. 动物细胞培养生物反应器研究进展[J]. 贵州畜牧兽医，2019，43（4）：27-30.

[147] 骆海燕，窦冰然，姜开维，等. 搅拌式动物细胞反应器研究应用与发展[J]. 生物加工过程，2016，14（2）：75-80.

[148] 石岩，黄子宾，程振民，等. 鼓泡塔反应器的两级气泡模型参数研究[J]. 化学工程，2016，44（1）：43-48.

[149] 张雷，韩严和，王敬贤，等. 气升式内循环反应器结构优化及应用[J]. 现代化工，2018，38（4）：173-177.

[150] 张超，刘有智，焦纬洲，等. 内循环气升式环流反应器生物降解苯酚废水过程的计算传质学模拟研究[J]. 化工学报，2020，72（2）：965-974.

[151] 伍沅，刘华彦. 气升式反应器及其在生物技术中的应用[J]. 化工装备技术，1998，19（6）：1-11.

[152] 李自良，赵彩红，王美皓，等. 动物细胞生物反应器研究进展[J]. 动物医学进展，2020，41（6）：6.

[153] 王志江，郑裕国. 动植物细胞培养生物反应器的研究进展[J]. 药物生物技术，2005，12（2）：117-120.

[154] Abro M，Yu L，Yu G，et al. Experimental investigation of hydrodynamic parameters and bubble characteristics in CO_2 absorption column using pure ionic liquid and binary mixtures：Effect of porous sparger and operating conditions[J]. Chemical Engineering Science，2021，229：116041.

[155] 宋安东，张炎达，杨大娇，等. 合成气厌氧发酵生物反应器的研究进展[J]. 生物加工过程，2014，12（6）：96-102.

[156] Chen A，Poh S L，Dietzsch C，et al. Serum-free microcarrier based production of replication deficient influenza vaccine candidate virus lacking NS1 using Vero cells[J]. BMC Biotechnology，2011，11（1）：1-16.

[157] 王远山，朱旭，牛坤，等. 一次性生物反应器的研究进展[J]. 发酵科技通讯，2015，44（3）：56-64.

[158] Van der Weele C，Tramper J. Cultured meat：Every village its own factory？[J]. Trends in Biotechnology，2014，32（6）：294-296.

[159] Bielser J M，Wolf M，Souquet J，et al. Perfusion mammalian cell culture for recombinant protein manufacturing—A critical review[J]. Biotechnology Advances，2018，36（4）：1328-1340.

[160] Bielser J M，Chappuis L，Xiao Y，et al. Perfusion cell culture for the production of conjugated recombinant fusion proteins reduces clipping and quality heterogeneity compared to batch-mode processes[J]. Journal of Biotechnology，2019，302：26-31.

[161] Pollock J，Ho S V，Farid S S. Fed-batch and perfusion culture processes：Economic，environmental，and operational feasibility under uncertainty[J]. Biotechnology and Bioengineering，2013，110（1）：206-219.

[162] 颜旭，顾承真，张志强，等. 动物细胞灌注培养系统流程及其应用[J]. 动物医学进展，2014，35（4）：125-128.

[163] 苏爽，金永杰，黄瑞晶，等. 哺乳动物细胞灌流培养工艺研究进展[J]. 中国生物工程杂志，2019，39（3）：105-110.

[164] Ahn W S，Jeon J J，Jeong Y R，et al. Effect of culture temperature on erythropoietin production and glycosylation in a perfusion culture of recombinant CHO cells[J]. Biotechnology and Bioengineering，2008，101（6）：1234-1244.

[165] Stephens N，Di Silvio L，Dunsford I，et al. Bringing cultured meat to market：Technical，socio-political，and regulatory challenges in cellular agriculture[J]. Trends in food science & technology，2018，78：155-166.

[166] 张婷. CHO 细胞大规模培养表达单克隆抗体的工艺研究[J]. 生物化工，2018.

[167] French A，Bravery C，Smith J，et al. Enabling Consistency in Pluripotent Stem Cell-Derived Products for Research and Development and Clinical Applications Through Material Standards[J]. Stem Cells Translational Medicine，2015，4（3）：217-223.

[168] Zobel-Roos S，Schmidt A，Mestmäcker F，et al. Accelerating biologics manufacturing by modeling or：Is approval under the QbD and PAT approaches demanded by authorities acceptable without a digital-twin?[J]. Processes，2019，7（2）：94.

[169] Kusena J W T，Shariatzadeh M，Studd A J，et al. The importance of cell culture parameter standardization：an assessment of the robustness of the 2102Ep reference cell line[J]. Bioengineered，2021，12（1）：341-357.

[170] 臧欢. 动物细胞悬浮培养过程动态 RVM 软测量及实现[D]. 镇江：江苏大学，2017.

[171] Hernández Rodríguez T，Posch C，Schmutzhard J，et al. Predicting industrial-scale cell culture seed trains——A Bayesian framework for model fitting and parameter estimation，dealing with uncertainty in measurements and model parameters，applied to a nonlinear kinetic cell culture model，using an MCMC method[J]. Biotechnology and Bioengineering，2019，116（11）：2944-2959.

[172] 吴嘉琪. 动物细胞悬浮培养流场动力与测控技术研究[D]. 镇江：江苏大学，2016.

[173] 张祥. 基于电容法的活细胞浓度和电导率测量系统设计[D]. 太原：中北大学，2019.

[174] Cho K W，Kim S J，Kim J，et al. Large scale and integrated platform for digital mass culture of anchorage dependent cells[J]. Nature Communications，2019，10（1）：1-13.

[175] 李雪良，钱钧弢，刘金，等. 微小型生物反应器及其在生物医药领域的应用展望[J]. 生物工程学报，2020，36（11）：2241-2249.

[176] Voisard D，Meuwly F，Ruffieux P A，et al. Potential of cell retention techniques for large-scale high-density perfusion culture of suspended mammalian cells[J]. Biotechnology and bioengineering，2003，82（7）：751-765.

[177] Konstantinov K B，Cooney C L. White paper on continuous bioprocessing May 20-21 2014 continuous manufacturing symposium[J]. Journal of Pharmaceutical Sciences，2015，104（3）：813-820.

[178] 张琼琼，方明月，栗军杰，等. 哺乳动物细胞灌流培养工艺开发与优化[J]. 生物工程学报，2020，36（6）：1041-1050.

[179] Karst D J，Steinebach F，Morbidelli M. Continuous integrated manufacturing of therapeutic proteins[J]. Current Opinion in Biotechnology，2018，53：76-84.

[180] 何川. CHO 细胞培养生产抗体药物的工艺优化与放大研究工程[D]. 北京：中国科学院大学（中国科学院过程工程研究所），2019.

[181] 姜华，迟占有，蔡海波，等. 动物细胞沉降分离截留过程的模型研究[J]. 中国医药工业杂志，2004，35（9）：525-527.

[182] 李尤，周航，李锦才，等. 哺乳动物细胞灌流培养技术的开发与应用[J]. 中国医药生物技术，2015，10（3）：267-270.

[183] 张璐，魏玮，张旭，等. 采用 CFD 技术优化倾斜式重力沉降细胞截留装置的结构[J]. 中国生物工程杂志，1900，28（专刊）：178-182.

[184] Kwon T，Prentice H，De Oliveira J，et al. Microfluidic cell retention device for perfusion of mammalian suspension culture[J]. Scientific Reports，2017，7（1）：1-11.

[185] Tokashiki M，Takamatsu H. Perfusion culture apparatus for suspended mammalian cells[J]. Cytotechnology，1993，13（3）：149-159.

[186] Woodside S M，Bowen B D，Piret J M. Mammalian cell retention devices for stirred perfusion bioreactors[J]. Cytotechnology，1998，28（1）：163-175.

[187] 陈昭烈. 用改装的 Super—Spinner 搅拌瓶连续灌流培养产凝血酶原 CHO 工程细胞[J]. 生物工程学报，2001，17（1）：109-112.

[188] Fröhlich H，Villian L，Melzner D，et al. Membrane technology in bioprocess science[J]. Chemie Ingenieur Technik，2012，84（6）：905-917.

[189] Wang S，Godfrey S，Ravikrishnan J，et al. Shear contributions to cell culture performance and product recovery in ATF and TFF perfusion systems[J]. Journal of Biotechnology，2017，246：52-60.

[190] Acrivos A，Herbolzheimer E. Enhanced sedimentation in settling tanks with inclined walls[J]. Journal of Fluid Mechanics，1979，92（3）：435-457.

[191] Hadpe S R，Sharma A K，Mohite V V，et al. ATF for cell culture harvest clarification: mechanistic modelling and comparison with TFF[J]. Journal of Chemical Technology & Biotechnology，2017，92（4）：732-740.

[192] Post M J. Cultured beef: medical technology to produce food[J]. Journal of the Science of Food and Agriculture，2014，94（6）：1039-1041.

[193] 徐竹，诸葛启钏，黄李洁. 干细胞 3D 支架的研究进展[J]. 中国生物工程杂志，2017，37（9）：112-117.

[194] Ferreira F V，Otoni C G，France K，et al. Porous nanocellulose gels and foams: Breakthrough status in the development of scaffolds for tissue engineering[J]. Materials Today，2020.

[195] K. Handral H，Hua Tay S，Wan Chan W，et al. 3D Printing of cultured meat products[J]. Critical Reviews in Food Science and Nutrition，2022，62（1）：272-281.

[196] Jiao Y，Li C，Liu L，et al. Construction and application of textile-based tissue engineering scaffolds: a review[J]. Biomaterials Science，2020，8（13）：3574-3600.

[197] Beale R G. Scaffold research—A review[J]. Journal of Constructional Steel Research，2014，98：188-200.

[198] Browe D，Freeman J. Optimizing C2C12 myoblast differentiation using polycaprolactone-polypyrrole copolymer scaffolds[J]. Journal of Biomedical Materials Research Part A，2019，107（1）：220-231.

[199] Hu J，Ma P X. Nano-fibrous tissue engineering scaffolds capable of growth factor delivery[J]. Pharmaceutical Research，2011，28（6）：1273-1281.

[200] Guan J，Zhu Z，Zhao R C，et al. Transplantation of human mesenchymal stem cells loaded on collagen scaffolds for the treatment of traumatic brain injury in rats[J]. Biomaterials，2013，34（24）：5937-5946.

[201] Lam J，Lowry W E，Carmichael S T，et al. Delivery of iPS-NPCs to the stroke cavity within a hyaluronic acid matrix promotes the differentiation of transplanted cells[J]. Advanced Functional Materials，2014，24（44）：7053-7062.

[202] Malafaya P B，Oliveira J T，Reis R L. The effect of insulin-loaded chitosan particle-aggregated scaffolds in chondrogenic differentiation[J]. Tissue Engineering Part A，2010，16（2）：735-747.

[203] Charbord P，Livne E，Gross G，et al. Human bone marrow mesenchymal stem cells: a systematic reappraisal via the genostem experience[J]. Stem Cell Reviews and Reports，2011，7（1）：32-42.

[204] Kim Y C，Kim Y H，Kim J W，et al. Transplantation of mesenchymal stem cells for acute spinal cord injury in rats: comparative study between intralesional injection and scaffold based transplantation[J]. Journal of Korean Medical Science，2016，31（9）：1373-1382.

[205] Ben-Arye T，Shandalov Y，Ben-Shaul S，et al. Textured soy protein scaffolds enable the generation of three-dimensional bovine skeletal muscle tissue for cell-based meat[J]. Nature Food，2020，1（4）：210-220.

[206] Murphy S V，Atala A. 3D bioprinting of tissues and organs[J]. Nature Biotechnology，2014，32（8）：773-785.

[207] Calvert P. Printing cells[J]. Science，2007，318（5848）：208-209.

[208] Derby B. Printing and prototyping of tissues and scaffolds[J]. Science，2012，338（6109）：921-926.

[209] 朱敏，黄婷，杜晓宇，等. 生物材料的 3D 打印研究进展[J]. 上海理工大学学报，2017，39（5）：12.

[210] Lee K Y，Mooney D J. Hydrogels for tissue engineering[J]. Chemical Reviews，2001，101（7）：1869-1880.

[211] Moon S J，Hasan S K，Song Y S，et al. Layer by layer three-dimensional tissue epitaxy by cell-laden hydrogel droplets[J]. Tissue Engineering Part C：Methods，2010，16（1）：157-166.

[212] Cui X，Gao G，Qiu Y. Accelerated myotube formation using bioprinting technology for biosensor applications[J]. Biotechnology Letters，2013，35（3）：315-321.

[213] Kang D H，Louis F，Liu H，et al. Engineered whole cut meat-like tissue by the assembly of cell fibers using tendon-gel integrated bioprinting[J]. Nature Communications，2021，12（1）：1-12.

第 9 章　生物培育肉安全性和产品标识发展战略研究

9.1　生物培育肉的产品属性及特点

9.1.1　生物培育肉的产品特点

生物培育肉技术是肉类生产方式的一种变革性创新，是用动物肌肉干细胞培养、生产可食用的肉类，是一种新型动物蛋白生产技术。生物培育肉的生产一般先通过活体采样获得动物的肌肉组织，再从组织中分离得到肌肉干细胞并在富含营养成分的营养液中大量培养成成肌细胞，最后在可食用的三维支架材料中将成肌细胞分化成熟为肌肉组织。

培育肉研发的目的是作为食品被人类消费，因此培育肉首先具有食品属性，需要满足食品的特点。《中华人民共和国食品安全法》明确了食品的定义，食品是指各种供人食用或者饮用的成品和原料以及按照传统既是食品又是中药材的物品，但是不包括以治疗为目的的物品。食品对人体的作用主要有两大方面，即营养功能和感官功能。食品的营养功能是指食品能提供人体所需的营养素和能量，满足人体的营养需要，它是食品的主要功能。食品的感官功能是指食品能满足人们不同的嗜好要求，即对食物色、香、味、形和质地的要求。良好的感官性状能够刺激味觉和嗅觉，兴奋味蕾，刺激消化酶和消化液的分泌，因而有增进食欲和稳定情绪的作用。还有一类是功能食品也叫保健食品，具有调节人体功能的作用，但不以治疗疾病为目的，适于特定人群食用。肉类食品是人类饮食中重要的食物，其营养丰富，吸收率高，滋味鲜美，可烹调成多种多样为人所喜爱的菜肴，是一类食用价值很高的食品。生物培育肉的生产虽然和传统肉类生产不同，但其产品为肉类组织，需要满足肉类食品的消费需求。

从健康的角度来看，培育肉是在无菌实验室生产出来的，环境条件受到严格的限制，不会受到疫病、病原体传播等影响，安全指数更高；从营养角度来看，生物培育肉本身就是从培养基等多种混合营养液中培育出来的，还可以通过改变培养条件来改变培育肉的营养物质组成，比如将维生素、矿物质和生物活性化合物等加入培养基，提高培育肉的营养价值。另外通过调控培育肉培养过程，使得培育肉中含有比传统肉类中更多的蛋白质和多不饱和脂肪酸，并降低饱和脂肪酸含量，从而降低人类食用肉类引发的心血管疾病、消化道疾病和糖尿病等慢性病的风险。

培育肉的生产流程中除了包括食品化加工，也包括了医学中常用的干细胞获取和体外培养技术，包括细胞库构建、细胞增殖、细胞分化等，因此培育肉也具有生物制品的特点。生物制品[1]是指应用普通的或以基因工程、细胞工程、蛋白质工程、发酵工程等生物技术获得的微生物、细胞及各种动物和人源的组织和液体等生物材料制备的，用于人类疾病预防、治疗和诊断的药品。生物制品主要通过细胞或生物体合成，与化学制品利用化学合成手段不同。培育肉生产流程尤其和细胞工程、组织工程密切相关。细胞工程是应用细胞生物学和分子生物学的理论方法，在细胞水平上进行遗传操作及大规模的细胞和组织培养。组织工程学是以器官再造、体内移植以修复人体器官缺失为目的的科学，它应用生命科学和工程学的原理与方法，利用组织中分离出来的、经培养扩增的种子细胞与支架材料融合的细胞-材料复合体，制造用于人体各种组织或器官损伤后的修复和重建的生物替代物，达到恢复人体器官正常的形态结构和功能特征的目的[2]。组织工程中涉及的种子细胞、支架材料、细胞生长因子、细胞三维培养等研究领域和生物培育肉的研究思路及方向是一致的，只是目的和用途不同。

生物培育肉食品安全问题与传统肉类食品不同，基于当前的研究情况，培育肉生产主要涉及 5 大环节，包括细胞选择和细胞库建立、规模化增殖、分化和成熟、细胞收获、终产品加工。纵观整个培育肉生产过程，每个环节中有相应的安全风险和应对措施。①细胞源中潜在风险：细胞选取、动物源的年龄和状态、外源性生物如病毒细菌等，在建立细胞库之前都需要进行鉴定；使用非动物源成分将可以降低风险。②细胞扩增：培养基中的残留成分可能会引发安全考量；如何维持完全无菌的环境，若能实现则可以避免使用抗生素。③生物反应器：新的培养基、支架等新加入材料的灭菌。④收获：接触空气可能会引发新的微生物感染。⑤终产品：包装和传统的食品包装过程相类似的安全考量；新食品需要进行多个过敏原测试；低剂量使用和多次冲洗可以减少培养基中的残留物，仍需要毒理学的数据支撑。

综合来看，培育肉本质是食品，但又是一种特殊的食品，兼有生物制品的特点，因此需要综合考量食品学和医学两方面的因素，以确保食品安全[3]。

9.1.2　消费者对培育肉认识及评价

生物培育肉作为一种新型肉类食品，市场对其的接受程度备受关注。因此许多国家的研究机构、学者通过调查或小组研究等方式开展了生物培育肉的消费调查工作，评估消费者的接受情况。

1. 美国

关于消费者的调查研究，美国是开展最早的国家。2017 年 Matti Wilks[4]在美国首次开展了对生物培育肉的大规模调查，共有 673 名人员参与调查，年龄分布 18~70 岁，平均年龄 32 岁。结果表明，调查中大部分愿意接受培育肉。其中近三分之二的人愿意尝试培育肉，只有约五分之一的人表示不会尝试。然而，愿意定期食用培育肉的人数有所降低，约三分之一的人数愿意定期食用。这表明，尽管大多数人愿意尝试，但对更充分的参与持保守态度。其中男性比女性更容易接受，政治上自由的受访者比保守的受访者更容易接受。与养殖肉类相比，素食主义者和纯素食主义者更可能感知到生物培育肉的好处，但他们比肉食者更不愿意尝试，主要的担忧是预期的高价格，有限的口味和吸引力，以及担心产品来源的不自然性。最终的结论是，美国人可能会尝试生物培育肉，但很少有人相信它会取代养殖肉类在他们饮食的地位。不过，即使最悲观的民调也显示，20%~30%的美国人愿意尝试生物培育肉[5]。俄克拉荷马州立大学（Oklahoma State University）的民意调查发现，47%的受访者希望禁止屠宰场和工厂化养殖，68%的受访者表示，他们对动物在食品行业的加工方式感到不安，但这并不意味着他们愿意接受生物培育肉[6]。总的来说，这些结果表明了人们自身的认知和行为之间的复杂关系，以及这与他们对培育肉的态度和参与意愿之间的关系。部分人员对培育肉抵制主要来自实际的限制，如口味和价格因素，这些因素在很大程度上不仅是消费者心理因素，而是需要由市场和产品本身来解决。同时，产品的自然性和吸引力也是人们普遍关注的问题。

2. 欧盟

在欧洲，多个国家开展了培育肉的调研工作。与法国相比，德国的消费者预期的接受度要高得多。Weinrich 等人调查结果显示[7]，其中 57%的德国人打算尝试，30%的人会定期食用。很多人预测传统肉制品从业人员会反对一项可能威胁到他们工作的技术，但调查显示，与不从事养殖业的人相比，从事畜牧业或肉类加工的人更有意向购买生物培育肉。虽然，农民可能会反对生物培育肉产品，但由于生物培育肉产业有可能使他们摆脱集约化的工业生产系统，将生物培育肉视为解决人类负担得起的肉类巨大需求的一种方式。在消费者比较关心和感兴趣的问题上，一些调查的结果表明，与有关动物和环境的信息相比，有关抗生素耐药性和食品安全的生物培育肉信息对欧洲消费者的说服力要大得多。这可能是因为与动物福利和气候变化问题相比，这些问题与消费者息息相关。而在生物培育肉产业所能带来的有益的方面，消费者最容易认识到生物培育肉对动物和环境的好处，而对其他好处则敏感度不太高[8]。如果生物培育肉所带来的好处被宣传或解释为由个人而不是社会产生的，可能会抵消消费者从个人风险和社会利益的角度考虑购买生物培育肉的倾向[9]。与非转基因生物培育肉相比，转基因生物培育肉（或含有转基因成分的生物培育肉）可能会受到消费者更大的抵制。转基因作物目前在欧洲基本上是被禁止的[10]，因此包含这些成分会降低欧洲消费者的接受度[11, 12]。所以，生物培育肉生产过程中如果涉及转基因技术，则欧洲的消费者接受程度会很低。

克罗地亚、希腊和西班牙的消费者可能会购买价格合理的培育肉。几乎一半的参与者（47%）以前从未听说过"培育肉"这个词，这表明这三个国家的普通民众的认知率很低。只有12%的人回答"知道什么是生物培育肉"，而这些人最有可能是非肉食者。大多数受访者（60%）认为生物培育肉对动物很友好。在这项研究中，43.5%的参与者表示他们会尝试生物培育肉。Bryant 等人进行的一项研究也有类似的结论[13]，尝试培育肉占受访者总数的 43.5%。来自意大利的参与者有54%似乎对尝试生物培育肉有相似的看法[14, 15]。在这个受访者样本中，低食或不食肉的人更有可能是女性[16]。因此，应努力提高主流消费者对于培育肉相关环境、道德和健康方面的认识，以使公民和市场为这一创新做好准备。

意大利 Mancini[12]研究还发现，参与者对肉类的可持续性及动物福利和安全性的关注比肉本身的安全性、味道和营养更多，当然这也和调研对象有密切关系[17]。

对来自比利时和葡萄牙的消费者进行了小组研究和在线调查，参与者最初表示厌恶，并认为生物培育肉来源是不自然的。很少有参与者将食用培育肉与个人利益（如口味、个人健康）联系起来，相反，他们将食用培育肉与社会利益联系起来，主要是环境和道德利益。参与者也将食用培育肉与人类健康的风险、不利的社会后果（如农业传统和农业工作的丧失）以及对风险治理和控制的关注联系起来[18]。

总体来看，更多消费者密切关注生物培育肉产业与消费者的切身利益是否是相关的。

3. 其他国家

加拿大采用假设选择方法[19]调查消费者针对传统牛肉汉堡、植物肉汉堡及培育肉汉堡如何选择。尽管消费者被告知，这三种牛肉汉堡的味道相同，价格也一样。但是，只有21%消费者愿意选择植物基汉堡，11%消费者会选择培育肉汉堡，而传统牛肉汉堡比植物或培育肉汉堡更受欢迎。

澳大利亚开展了一项在线调查，大多数参与者（72%）还没有准备好接受培育肉；尽管如此，大多数调查者认为这是一个可行的想法，认为培育肉可以实现可持续发展和改善动物福利。当面对传统养殖肉的不同替代品时，三分之一的参与者拒绝培育肉和可食用昆虫，而更易接受基于植物的替代品，认为它们更自然。然而，相当多的年轻人（28%）准备尝试食用培育肉。对环境和健康的关注可能会影响社会上更多的人接受这种新鲜事物。作为新兴的消费者，新时代的消费群体正在使培育肉的未来受到关注[20]。

尽管巴西是人均肉类消费量最多的国家之一（人均每年约 97kg），研究报告显示，80.9%的样本愿意尝试培育肉，61.3%愿意定期食用，56.9%愿意食用培育肉来替代传统生产牛肉。结果表明，影响消费者用培育肉替代传统牛肉的最重要属性，是动物人畜共患病的风险、动物健康状况和肉类食品安全状况[21]。在对巴西南部两个城市受过高等教育的居民进行的在线调查中，Valente 等人发现，很少有参与者对培育肉有了解，参与者认为动物福利和环境条件是消费养殖肉的潜在好处，而相关的危害是经济（可能是担心价格）和健康风险[6]。

上述文章中对培育肉的调查有时会得出不同的结论。除了调查设计中缺乏同质性的问题外，不一致结果的出现暗示了不同国家的消费者态度不同，推广培育肉的营销策略必须考虑到不同国家的文化价值取向和传统习俗对消费者的选择影响。在文化、传统和/或宗教会阻碍人们接受培育肉类的国家，还需要对消费者感知和期望分析方面深入研究[12]。

虽然许多人对生物培育肉在替代动物生产方面的潜力越来越感兴趣，但最近的研究表明，关于这种新产品的潜在市场情况喜忧参半。但考虑到目前生物培育肉处于研究阶段，尚没有市场上的销售产品，因此消费者的接受程度同样受生物培育肉的宣传以及消费者对生物培育肉的认知影响。当生物培育肉真正地进入市场后获得消费者的确定评价，或者消费者愿意为生物培育肉买单的潜能才会真正得到正确的评价。多渠道多角度对消费者开展科普宣传，引导消费者树立对生物培育肉的正确认知，提高生物培育肉的公众接受度，势在必行。

9.1.3　生物培育肉与生物安全

生物安全一般是指由现代生物技术开发和应用对生态环境和人体健康造成的潜在威胁，及对其所采取的一系列有效预防和控制措施。随着现代生物技术的迅速发展以及生物技术发展有可能带来的不利影响，生物安全越来越引起国际社会的重视。基于生物安全的重要性，国际社会早在 20 世纪 80 年代，就开始立法，而后逐渐完善，形成了《生物多样性公约》《卡塔赫纳生物安全议定书》等多项法规[22, 23]。生物培育肉技术和生物技术密切相关，其生物安全问题也是备受关注的问题。生物培育肉的制造过程主要分为细胞提取、增殖、分化、生肌和食品化加工，所以其不仅涉及食品安全问题，更涉及与细胞培养相关的生物安全。

1. 种子细胞的生物安全

生物培育肉最初来源于细胞，而细胞的来源主要有两种。①动物组织提取的原代细胞。现在生物培育肉的制造过程中主要应用的细胞形式是通过动物组织提取肌卫星细胞，这类方法涉及的生物安全主要为动物源性的安全问题，比如采样动物的健康/疾病情况；采样动物是否为转基因动物[24]。其次，在种子细胞提取过程中，组织样品从离体到原代细胞分离提取过程易受到污染从而引入真菌、病毒等污染源[25]。另外，正常细胞随着培养代数的增加，细胞是否发生老化或者表达调控的变异以及细胞癌变等同样对生物培育肉的生物安全具有重要影响[26]。②生物学手段诱导的永生化细胞系。永生化细胞系优点在于不需要考虑细胞老化及多次提取新的种子细胞的问题，因为其可以一直增殖传代而不发生老化现象，但是永生化细胞系涉及相关生物安全问题[27]。首先，永生化细胞是通过基因、病毒等诱导产生的，其过程作为转基因手段目前从伦理上尚不过关[28]；其次，永生化细胞可以实现细胞的连续传代而不老化，但是在传代过程中，随时可能出现细胞癌变现象，因此这类细胞同样涉及严峻的生物安全问题。总之，生物培育肉的制造过程中，关于种子细胞的选取及应用需要充分考虑生物安全问题。

2. 细胞培养中的污染问题

在细胞培养过程保持无菌、防止污染是非常大的挑战之一。凡是对细胞生长有危害的成分或者造成细胞不纯的异物都视为污染。细胞培养物污染往往是细胞培养实验室中最常见的问题，有时会造成严重的后果。细胞培养污染物可分为化学污染和生物污染。化学污染，如培养基、血清和水中杂质，包括内毒素等；另一类是生物污染物，如细菌、霉菌、酵母、病毒和支原体，以及其他细胞系的交叉污染[29]。由于体外培养的细胞自身没有抵抗污染的能力，而在培养基中加抗生素的抗污染能力也是有限的，因而细胞微生物污染一旦发生往往是无法挽救的。一般在细胞受到污染早期或者污染较轻时，及时处理并除去污染物，部分细胞还有可能得到挽救。但细胞持续在污染环境中生长时，轻者细胞生长缓慢，分裂减少，细胞变得粗糙，轮廓增强，胞浆中出现较多的颗粒物质；较重的细胞增殖停止，分裂消失，细胞变圆或崩解，从瓶壁脱落。

培养环境中许多化学物质都可以引起细胞污染，未纯化的物质、试剂、水、血清、生长辅助因子及储存试剂的容器都可能成为化学系污染的来源。细胞培养的必需养分，如氨基酸，若浓度超过了合适的范围，也会对细胞产生毒性。为了避免金属离子、有机分子、细胞内毒素等物质对水的污染，在配制液体，清洗容器时必须使用不含杂质的超纯水，并且超纯水不宜放置过久。

细胞培养过程常见的生物污染包括以下几个方面。

1）细菌

细菌是一大类普遍存在的单细胞原核微生物，细菌的直径通常只有几微米，其形状多样，如球状、杆状和螺旋状等。由于分布广泛和生长迅速，细菌属于细胞培养过程中的最常见生物污染物。细菌污染在培养物感染后几天就很容易被肉眼观察到，培养液一般会浑浊变黄，pH 会突然改变，通常在大多数的细菌感染时降低。在 10× 物镜下，细菌污染的细胞间隙会变成颗粒状，并可能会闪动。在 100× 物镜下，可能能够识别个体细菌并区分出杆菌和球菌，在放大后，可以发现一些感染中可见的闪动是由细菌迁移引起的，一些细菌会成团或结合培养的细胞[30]。

2）酵母

酵母是真菌界中的单细胞真核微生物，大小从几微米到 40 微米不等。与细菌污染一样，被酵母污染的培养物会变得浑浊，尤其在污染的后期。被酵母污染的培养物，其 pH 值没有变化，有时在真菌污染时，pH 值才会升高。在 10× 物镜下，酵母菌表现为独立的圆形或卵行颗粒，并可能出芽较小颗粒。

3）霉菌

霉菌是真菌界的真核微生物，以多细胞丝状体生长，成为菌丝。与酵母污染相似，培养物的 pH 值在污染的初期保持稳定，然后随着培养物感染程度加剧而迅速增加，变得浑浊。在显微镜下，菌丝体通常呈细长的丝状体，有时呈更密集的孢子团。许多种霉菌的孢子在休眠阶段能够耐受极其恶劣和不宜生长的环境，当其遇到合适的生长条件时才会被激活。

4）病毒

病毒污染是细胞培养所造成的最可能的生物安全问题之一。其中对人类产生威胁的病毒种类主要有肝炎病毒、人类逆转录病毒、疱疹病毒、流行病毒和朊病毒。病毒感染的细胞培养物对研究人员[31]、消费者和纯细胞培养物构成严重的生物安全问题。与细菌和真菌污染不同，病毒污染不能用光学显微镜检测。只有对培养细胞进行形态学修饰，如细胞病变效应，才可能确定病毒污染。

5）支原体

支原体同样被认为是重要生物安全问题的因素。如软毛菌，通常被称为"支原体"，是一组非常小的细菌。来自各种真核生物（哺乳动物、鸟类、爬行动物、鱼类、昆虫和植物）的所有类型的细胞培养物都易受支原体污染。根据各国的实验结果，各实验室支原体培养的感染率在15%～80%之间[32]。与细菌或真菌的直接可见污染不同的是，支原体能够在连续的细胞培养中持续存在，多年都无法被检测到。检测支原体污染的唯一有保证的方法是使用荧光染色、PCR和放射自显影定期检测培养物。分子遗传检测系统用于检测细胞培养中的支原体，该方法基于免疫系统（特别是TLR2）对支原体的识别能力，并可纳入细胞培养生物安全鉴定程序。

预防是防止细胞培养过程中发生污染的最好办法，只有预防工作做到位，才能将发生污染的可能性降到最低程度。

3. 载体、支架材料、外来因子等生物安全

生物培育肉的制造过程离不开细胞的三维培养，因此避免不了载体、支架材料等的使用。细胞培养过程中使用的载体、支架材料甚至3D打印过程的生物墨水的生物相容性是非常重要的，这关乎着细胞是否贴附于表面进行生长，但这些材料很多是无法去除或无法彻底去除的，如果作为生物培育肉的成分被人摄入身体后是否会产生不良影响还需要开展大量的评估，因此考虑到培育肉的食用性，选择可食用的支架材料或生物墨水也是当前研究的一个重要方向。

另外，实验中使用的某些化学物质可能同样存在安全问题，例如培养过程添加的血清及生长因子，有些是未知的成分[33]。生物培育肉的制造过程中，细胞分化生肌在初期的研究中均采用细胞自动分化生肌，即细胞增殖到一定程度后，其生长受到抑制，部分细胞对自身进行调控，从而实现细胞的分化、肌管的融合以及肌纤维形成，但是该方法效率较低，并且可控性差，因此在研究过程中，可能会通过添加促分化因子来调控细胞的分化生肌功能，但是此类分化因子目前多为

人工合成的重组蛋白类，其使用过程涉及严重的生物安全问题，如何更好地解决该类问题或将成为生物培育肉规避生物安全问题的难点之一。

9.1.4　生物培育肉与食品安全

食品是人类赖以生存和发展的最基本的物质基础，食品安全问题是关系到人民生命安全与社会和谐稳定的重大问题。随着科学技术日新月异的发展，人们生活水平有了显著的提高，食品的种类也随之日益丰富，食品生产过程中的不安全因素日益增多。食品安全（food safety）指食品无毒、无害，符合应当有的营养要求，对人体健康不造成任何急性、亚急性或者慢性危害。肉类食品产业链条复杂，涉及环节较多，质量安全控制难点比较大，肉类食品的安全问题一直广受关注。肉类食品潜在的安全隐患有种植业与养殖业的源头污染，农作物滥用农药化肥等导致饲料污染，以及饲养过程中非法使用违禁药物、滥用兽药导致兽药残留过高等。考虑到生物培育肉生产过程与传统养殖肉类的不同，其安全问题有相似之处，但并不相同。

1. 抗生素的使用

传统肉类在养殖屠宰环节中突出的食品安全隐患主要是兽药及违禁药物的使用问题，生物培育肉在收获以前，也会涉及抗生素的使用问题。

一般来讲，常规细胞培养中不建议使用抗生素，因为抗生素的连续使用会促进耐药菌株的生长，并导致轻度污染持续存在。一旦将抗生素从培养基中取出，就容易发生大规模污染；而且抗生素的连续使用还可能掩盖支原体污染和其他隐形污染。某些抗生素可能会与细胞发生交叉反应，还可干扰所研究的细胞过程。然而当污染容易产生或培养特别珍贵的细胞系时，可以应用抗生素[32]。但抗生素只能作为对付污染的最后手段且只能短期使用，并应尽快从培养物中去除。如果长期使用抗生素，则应同时进行无抗生素培养，作为检测隐形感染的对照。常用的抗生素主要包括青霉素、链霉素，部分出现真菌污染，用两性霉素/制霉菌素；支原体污染，使用庆大霉素/四环素/红霉素。

2. 食品化加工

培育肉的后加工环节和传统肉制品比较相似，主要是赋形、赋味、赋色的过程，但方式有区别，比如培育肉可通过 3D 打印赋形，也有通过添加血红蛋白、香味组分等模拟真实肉的香味和色泽[34]。食品化加工可以按照当前肉制品食品安全管理方法，需要关注微生物、添加剂、重金属、源性成分等指标。

1）微生物指标

微生物污染是造成肉制品腐败的主要风险因子之一，受微生物侵染的肉制品将产生不良风味，颜色发生变化，营养物质流失，从而降低了肉制品的品质，对消费者健康造成威胁。在培育肉加工、包装、贮存及运输等各环节均需开展系列微生物控制措施。目前肉类食品涉及微生物指标的主要标准包括《食品安全国家标准 预包装食品中致病菌限量》（GB 29921—2021）、《食品安全国家标准 熟肉制品》（GB 2726—2016）。

2）添加剂指标

肉类食品添加剂为肉类工业的发展提供技术支撑，但需要合理使用。肉类食品当前使用的添加剂主要包括着色剂、防腐剂、保水剂、增稠剂等。但培育肉在选择添加剂种类和传统肉类并不相同，以着色剂为例。常见肉制品着色剂包括诱惑红、红曲等，目前国外有报道在肌肉组织中添加富含血红素并且结构稳定的血红蛋白，模拟真实肉制品的颜色[34]。国外开展了针对血红素及不同来源血红蛋白的研究，利用食品级的酿酒酵母菌株，运用成熟的血红素合成代谢改造策略和蛋白高表达系统，生产不同动物源（猪、牛、羊等）血红蛋白，满足大众对人造肉制品视觉上的需求[35]。目前我国肉类食品涉及添加剂的主要标准包括《食品安全国家标准 食品添加剂使用标准》（GB 2760—2014）。后续针对培育肉使用添加剂，还需要构建适合培育肉生产体系的食品添加剂名单。

3）源性成分

肉类食品因价格较高，需求量较大，因此一直是掺假的重灾区，但传统肉类像猪肉、牛肉、羊肉或鸡肉从感官上还是有明显的不同，越来越多的掺假从原料肉转移到肉制品。但对于生物培育肉来说，目前的研究技术生产不同种属的生物培育肉感官差别较小，因此源性成分对培育肉的鉴别也是至关重要的。

9.2　生物培育肉安全性研究

对于生物培育肉的生产，应用了不同的技术，是一门多学科交叉融合的科学。生物培育肉的安全性研究首先需结合生物培育肉的生产过程，识别其中的风险因子，并开展相应风险评估，根据评估结果，采取适当的措施进行质量控制。生物培育肉生产过程开始于种子细胞的选择，种子细胞系可以来自屠宰的动物，比如分离了的肌肉卫星细胞，或来自胚胎或脐带[36]，比如分离出的胚胎干细胞（ESC）和间充质干细胞（MSC）[37,38]。将分离的干细胞置于细胞工厂或生物反应器中进行细胞培养，通过扩大培养或者基于微载体的规模化培养进行细胞的增殖扩增。

细胞的培养主要分为两个阶段进行：增殖阶段和分化阶段[39]。在增殖阶段，干细胞被放置在一个与它们体内干细胞生态环境非常相似的培养环境中[40]。这样做是为了保留它们的干细胞行为以及细胞正常的表达。增殖阶段的目标是获得最大数量的细胞。一旦细胞完全分化，细胞可能与微载体或支架结构分离。在分化阶段，培养基或支架使用策略改变，得以将肌卫星细胞分化为肌纤维[41]。例如，生长因子组成的变化会引发信号级联反应，导致细胞分化为各自的终末细胞类型[42]。

9.2.1　生产过程中风险因子的识别

生物培育肉是人类首次利用干细胞体外培养方式生产食品的探索，颠覆了人类对肉品的传统认知，具有概念和技术的原创性，基本生产流程见图 2.9.1 所示，从图中可以看到，生产流程中既包括了医学中常用的干细胞获取和体外培养技术（①细胞库构建，②细胞增殖，③细胞分化等），也包含了食品化加工、标签标识等细胞收获后加工过程。生物培育肉的食品安全问题主要集中在生物培育肉的制作过程、生物培育肉的加工过程以及生物培育肉市场流通的三个过程，即细胞培养阶段、肉品加工阶段及市场售卖阶段。

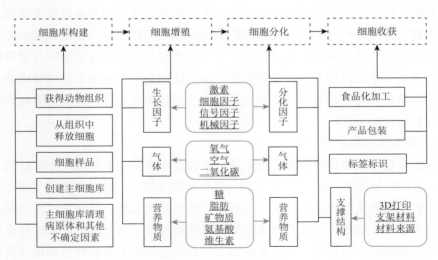

图 2.9.1　生物培育肉的生产流程示意图[43]

1. 细胞培养阶段

1）种子细胞提取

常用的一种方法是通过活检从动物（如家畜、鸡或鱼）采集米粒大小的组织样本进行提取的。在这一阶段和随后的阶段，需要特定的实验室无菌操作程序。另外，为了避免或尽量减少细菌污染，可能使用抗生素。从活检组织中分离、选择细胞系或使用基因工程方法（插入、删除或编辑DNA）改良相关细胞获得具有分裂速度更快、分裂次数更多、胆固醇或脂肪含量低或对环境因素（例如温度）更具耐受性的目标特性细胞系用于细胞体外扩增或冷冻保存创建细胞库以备后续使用，这是确保用于商业生产的种子细胞没有病原体或其他污染物的关键步骤。

问题一：动物组织取样方式？

生物培育肉生产企业采集活组织获取种子细胞，细胞来源的物种、细胞的提取频率以及安全性检验是关系生产过程安全性的重要环节。然而，由于目前尚无商业化的生产工艺出现，所以相关企业尚不能确定从动物身上采集活组织以进行种子细胞商业化生产的具体信息。另外，由于有太多的未知因素导致难以准确估算动物组织提取量与生物培育肉产量之间的关系。

问题二：是否需要基因工程改造细胞系？

从公开资料看，生物培育肉的商业生产方法是否会使用基因工程是不确定的。但是若在生物培育肉类生产中使用基因工程不仅会导致产品经历漫长的监管部门审批等待，还可能会带给消费者严重的负面印象，产生类似转基因农产品诸多争议，影响生物培育肉的发展前景，这还可能影响公司吸引和留住投资者的能力。但从生物培育肉生产技术本身分析，使用基因工程方法（插入、删除或编辑DNA）改良相关细胞使其具有分裂速度更快、分裂次数更多、胆固醇或脂肪含量降低或对环境因素（例如温度）更具耐受性的目标特性细胞系是实现生物培育肉商业化生产的一条高效途径。目前，不同企业对这一问题的态度不同，具体要视该技术的实际发展状况而定。

2）细胞大规模扩增培养

细胞被置于生物反应器中进行扩增。生物反应器是一个环境完全可控的人造容器，通过控制温度、pH值、氧气和二氧化碳浓度等因素维持细胞的生长。细胞大规模扩增培养需要生长培养基，培养基可能包括葡萄糖、氨基酸、激素和其他生长因子等以及细胞生长所需的其他生物活性物质等。另外，细胞在生物反应容器中的分裂还需要附着在一个支架结构上，以保证细胞的生长状态和提升其生长密度。

培养基中通常含有胎牛血清，这是屠宰时从牛胚胎的血液中获得的。目前，大部分企业都在开发不含胎牛血清的生长培养基。另外，生长培养基中的营养成分和比例可以根据细胞的具体需要和所用血清的种类而有所不同。例如，水产品细胞培养与畜禽细胞的培养条件不同。

问题一：生产过程是否使用抗生素？

在细胞体外培养过程中通常在培养基中添加一定剂量的青霉素、链霉素等抗生素减小细菌污染的风险。然而，若在商业生产中使用抗生素，则由此产生的药物残留将是威胁食品安全和公众健康的一个重大潜在问题。由于目前没有公司公布具体的商业化生产工艺，因此无法确定其生产过程是否会用到抗生素。从技术本身来看，在细胞提取阶段完全摆脱抗生素的使用是有较高污染风险的，因此在最终的工业化工艺中，抗生素的使用量和使用时间必须被严格限制。

问题二：培养基的具体成分是什么？

为了降低生产成本和适应多种细胞类型生产的需要，无血清培养基是生物培育肉商业化生产之前必须攻克的难题之一，也是生物培育肉生产企业最核心的知识产权或商业机密之一。生产商将使用什么类型的生长培养基，生产企业肯定不愿意公开，然而由于生长培养基中的成分可能会影响最终产品的成分，可能引发潜在的食品安全问题。例如，最终产品中生长因子（如激素）、营养物等的残留可能会对消费者的身体健康产生一定影响。

3）细胞三维培养和分化

一旦细胞分化形成足够数量的肌肉细胞，生产者将从生物反应器中取出并收获。另外，肌肉细胞要么在收获时从支架上分离出来，要么附着在一个可食的支架上。

问题一：支架材料是否可食用？

支架材料可以为细胞生长和分化提供贴附的空间，若在生物培育肉生产中使用将会带来两方面的问题：①若生产工艺使用的支架是不可食用的，那支架材料是否会影响产品的可食用性，分离一些不可食用支架所需的化学分离技术也可能产生潜在的安全问题；②若生产工艺采用可食用或食品级支架则会直接给产品带进新成分，这也可能引起标签和管辖权的问题，同时可能影响消费者的消费意愿。

问题二：如何定义细胞收获点？

收获点代表细胞已经分化为目标细胞，在营养成分上应与传统肉类细胞一致，可以作为原料通过食品化加工形成生物培育肉制品。目前，关于这部分内容的详细公开资料基本没有，这需要生产企业、科研人员以及监管机构在科学评估的基础上联合制定科学的细胞收获点，这是关系公众对生物培育肉安全性主观评价的重要环节，需要科学准确的数据和标准确定细胞收获点。

4）生物培育肉生产流程的控制

由于目前生物培育肉尚处于研发阶段，各国针对生物培育肉的研究方向及方法存在较大差异，即使同一个国家针对生物培育肉的研究尚存在很大差异，因此生物培育肉生产流程的控制存在很大难度，但是一个安全的生产流程必须合乎规定，生物培育肉的生产包括种子细胞的获取，细胞的扩增培养、细胞的分化过程控制等，整个生产过程中尽管处于完全无菌条件下，但是种子细胞来源问题涉及很重要的食品安全工作，比如种子细胞来源动物体的安全监测，细胞来源的纯度等；以及细胞体外扩增培养过程中涉及的基因表达、基因突变、不同扩增手段引起的细胞表达倾向性偏移等重要过程，甚至在细胞分化过程中诱导细胞分化的因素以及使用的分化手段和分化因子同样涉及生物培育肉的食品安全。并且这个过程中很多因素在目前是不受控制的，或者说不同批次的生物培育肉产品中这些因素存在很大差异。这就导致生物培育肉生产流程的控制与生物培育肉的食品安全息息相关。因此需要更为精细化的控制手段或者更有针对性的生产流程标准来规范生物培育肉的生产。

5）细胞的选择对生物培育肉食品安全的影响

用于生物培育肉制造的细胞主要分为间充质干细胞和肌卫星细胞两种。间充质干细胞（MSC）具有分化成肌细胞、脂肪细胞、成纤维细胞和微血管网络（ECs）的能力[44]。在肌肉发育过程中，大多数 MSC 都属于肌源性谱系，产生肌肉纤维和卫星细胞。其他 MSC 致力于纤维/脂肪生成谱系，生成纤维/脂肪祖细胞（FAP）。MSC 在体外会经历衰老，然而，在适当的培养条件下，某些 MSC 亚型可以扩大并保持其分化潜能。诱导多能干细胞（iPSC）也被视为生物培育肉类生产的细胞来源[40]，iPSC 易于生产且经过广泛研究，这使得它们对于降低开发稳定干细胞系所需的成本很有价值。然而，它们需要基因编辑，产量低，并且可能无法精确模拟原代干细胞的行为。卫星细胞（SCs）是成体干细胞[45]，存在于骨骼肌组织中，参与肌肉修复。将肌肉组织磨碎并使用链霉蛋白酶、胶原酶 II 或胰蛋白酶进行酶消化。然后通过制备方法富集 SCs 级分，并可以通过 FACS 对 CD56 和 CD29 呈阳性、CD45 和 CD31 呈阴性的细胞进行进一步纯化[46]，SC 增殖和肌生成可以通过使用 GF 来调节[47]。添加 LIF、TGF-β 和 FGF 到 2D 培养中的 SCs 培养基，可以抑制自发分化，这对于最佳细胞扩增至关重要[48]。添加 LIF、肝素结合表皮生长因子（hb-EGF）、TGF-β 和胰岛素样生长因子 1（IGF-1）可以改善 BSC 增殖。除了在肌肉发育中的核心作用外，TGF-β 还有助于成熟的骨骼肌质量，并且是肌内纤维化的关键调节剂。此外，研究表明 TGF-β1 抑制 2D 培养中的肌生成，同时增强 3D 培养中的肌生成，使其成为体外肌肉组织发育的重要调节剂。肌生成可以由基质硬度诱导、IGFs 和肌源性 miRNA[49]，或通过抑制附近细胞产生的抗肌源性 GFs。但是诸如上述的不同细胞的选择，需要有针对性行的通过不同的处理方法来使其最终形成肌肉组织，这些方法的差异为生物培育肉的制造带来了多种选择，但在选择过程中同样也引入了多种不确定的食品安全问题。

6）生物培育肉的细胞增殖及分化控制手段

单纯的细胞扩增过程可以通过培养皿、细胞工厂以及生物反应容器等多种手段，不同的扩增手法对细胞增殖过程中细胞的表达、细胞的次级存在显著的差异，这些差异导致细胞最终状态的差异。这些细胞状态的差异对于食品而言是否产生不利于身体健康的因素需要强有力的评价指标或者生产标准进行评价。此外成肌细胞的生肌过程即细胞的分化过程中，细胞分化到什么程度可以收获肌肉蛋白、通过什么手段来刺激细胞使其进行生肌等也是影响生物培育肉食品安全的重要指标。

7）生物培育肉生产制造过程中各种添加物的使用

在整个生物培育肉生产过程中，需要引入多种物质来满足生物培育肉的生产制造，比如种子细胞获取过程中是否使用胰酶、细胞培养过程中培养皿的使用，细胞培养过程中培养基和血清的使用，包括培养基的成分是否全部为已知、对人体无害的成分以及血清使用过程中的相关问题。由于血清是到目前为止尚不确定全部成分的物质，并且血清中含有各种激素物质，甚至不同批次血清中所含的成分存在较大差异等原因均加大了生物培育肉生产过程中食品安全问题的控制难度。此外，细胞分化过程的刺激方式也严重影响生物培育肉的食品安全，包括刺激分化的手段是引物化学因子还是通过物理手段，刺激过程中是否对细胞产生不利于食品安全的因素等。总之生物培育肉生产制造过程中添加物的使用需要尽可能的透明化、可知化、可控化，尽可能通过植物源性成分或替代物来替代血清的使用。这对于生物培育肉的生产过程中食品安全问题至关重要。

8）生物培育肉不同生产过程的表征问题

通过对不同生产阶段的生物培育肉进行表征来验证或者确定生物培育肉的安全问题是一个值得探讨的话题，比如种子细胞选取过程中通过定量 PCR 或者免疫荧光等手段来确定细胞的纯度[50]，通过标记基因的表达来判断细胞所处的阶段，通过分化因子的表达量来定性分析细胞的分化程度及比例等，通过荧光染色、纤维观察等方式来鉴定肌纤维形成的程度，表征是否达到可收获时间等。这些手法相当于食品制作过程中的抽样检查，不会为生物培育肉的生产引入新的不确定因素，同时可以为生物培育肉的安全问题提供借鉴和指导。同时对同批次的生物培育肉产品进行营养成分、指标以及理化性质的检测，为生物培育肉的相关信息提供指导。

9）生物培育肉生产过程中的支架材料及微载体的食品安全问题

生物聚合物、生长因子、酶和众多分析分子被广泛用于细胞培养和组织工程。

大规模生产的转基因植物、胶原蛋白、弹性蛋白等生物材料，胰蛋白酶、生长因子和抗体以及各类重组蛋白包括胶原蛋白Ⅰ和Ⅲ等在生物培育肉制造过程中会被广泛使用，而这些材料的安全性目前均处于"仅用于科学实验"阶段，因此在生物培育肉的生产制造过程中需要进一步评价这些辅助材料的安全性及对人体健康是否存在伤害性。

　　与此同时，在生物培育肉制造过程中，为了促进组织发育，多种细胞类型需要在模拟其自然环境的 3D 支架内共培养。支架可以由水凝胶、大孔海绵状生物材料、透明质酸、壳聚糖等材料或它们的组合构成[51]。水凝胶在组织工程领域无处不在，因为它们可以模拟胞外空间的 3D 环境。因此，针对它们的设计考虑了它们的机械性能、细胞相容性、传质和降解动力学。水凝胶可用作软支架、大孔支架的源材料，或用作填充大孔支架空隙的 ECM 样生物材料。对于后者，水凝胶聚合必须在细胞接种后发生，使用细胞兼容的解决方案和协议。凝胶动力学和技术必须具有可扩展性，并允许在整个构建体中均匀凝胶化。水凝胶可用于生产生物人工肌肉（BAM）——工程骨骼肌组织的条带。这些构建体可以通过在凝胶内接种肌卫星细胞来产生，从两侧锚定以模拟肌腱施加的张力。像大孔支架一样，锚定点定义了组织的尺寸并为其提供机械支撑。随着时间的推移，凝胶收缩并在BAM 中建立张力，从而促进肌管融合。为了重现肌肉 ECM，用于生物培育肉类的水凝胶应由预先合成的 ECM、多糖或纤维蛋白制成。通常用于骨骼肌组织工程的水凝胶由生物聚合物如纤维蛋白、胶原蛋白或多糖如透明质酸（HA）、海藻酸盐、琼脂糖和壳聚糖组成[52]。纤维蛋白是一种天然存在的蛋白，可在受伤部位形成血凝块。它在生物学上被设计为用于组织再生的临时支架，它可以在细胞培养基中降解。因此，它通常用作肌肉组织工程的水凝胶。纤维蛋白凝胶是在凝血酶介导的纤维蛋白原酶切下产生的，纤维蛋白原可以在 CHO 细胞中表达。胶原蛋白和 HA 天然存在于肌肉 ECM 中。因此，它们可用于模拟天然 ECM 的一些生化和生物物理特性，并且还容易受到细胞的重塑和降解，这对细胞迁移和 ECM 成熟至关重要。胶原蛋白通常用于组织工程，因为它是体内含量最丰富的蛋白质。纤维胶原蛋白Ⅰ和Ⅲ在肌肉 ECM 中含量丰富。它们在组织中发挥结构作用，作为细胞黏附的锚定点，并促进细胞迁移和组织发育。然而，胶原蛋白在 ECM 中产生平面结构，并且由于其高拉伸强度，胶原水凝胶主要用于产生机械稳定的、细胞黏附的大孔支架。胶原纤维蛋白混合物可用作肌肉再生的水凝胶，可促进细胞增殖和肌管分化。HA 是一种普遍存在于身体和肌肉 ECM 中的简单组织糖胺多糖（GAG）。它参与伤口愈合并可以调节细胞行为，如脂肪生成、血管生成等。HA 水凝胶与细胞相容，显示出良好的黏弹性，具有高保水性，并且可以在无动物平台上合成[53]，HA-胶原复合材料也显示出改进的机械性和生物学特性，可用于脂肪生成的支架。海藻酸盐是一种廉价的海藻基多糖，可在 Ca^{2+} 存在下形成水凝胶。它由两种单体组成，其中一种与 Ca^{2+} 相互作用，使交联度高度可调。由于海藻酸盐是细胞惰性的，它通常用 RGD 肽进行功能化，为细胞附着提供锚定点。调整单体比例和 RGD 浓度可以改善成肌细胞的增殖和分化[54]。虽然海藻酸盐不能被细胞重塑或降解，但可以通过改变其结构来控制降解动力学行为。海藻酸盐-HA 复合材料可以提高海藻酸盐凝胶的再生性能，同时与单独的 HA 相比提供更好的凝胶化。壳聚糖是一种可食用的葡萄糖胺聚合物，常用于骨骼肌组织工程。它通常来自动物，但也可以从蘑菇中生产。壳聚糖提供与 GAG 相似的结构，并且可以提供抗菌特性，但与藻酸盐一样，它需要化学修饰以促进细胞黏附和生物降解。在某种程度上，可利用 3D 支架模拟组织的不同部位。大孔生物材料模拟肌束膜的机械特性，起到物理支撑作用；而孔内的水凝胶模拟肌内膜，为细胞生长提供微环境。这个过程涉及了细胞生存的直接环境，水凝胶、大孔海绵生物材料等的生物相容性体现了材料对细胞的毒性，单纯提高生物相容性仅仅可以提高细胞的活性，降低材料对细胞的毒性，但进一步的在人体消化过程中是否产生有害于机体的物质，或者大量水凝胶及海绵生物材料是否会产生机体危害以及增加机体消化难度等，目前尚未有可靠的验证及说明，因此在评估生物培育肉的安全性问题过程中，需要将这些辅助类的材料进行额外的评估以保证生物培育肉的安全。

　　特定的细胞类型需要不同的细胞生态位，因此需要在具有与其原生生态位相同特性的支架上茁壮成长。虽然成纤维细胞和成肌细胞在某种程度上可能对孔径不敏感，但其他细胞类型的最佳孔径可能因实验设计、支架组成和细胞来源而异。据报道，由肌肉细胞、成纤维细胞和内皮细胞组成的工程化血管化骨骼肌组织在孔径为 $200\sim600\mu m$ 的支架内发育。多孔支架上单一培养物血管化的最佳孔径显示为 $160\sim270\mu m$。脂肪生成孔径的报告包括小鼠 ESC 的 $6\sim70\mu m$，大鼠 MSC 的 $100\sim300\mu m$，大鼠前脂肪细胞的 $135\sim633\mu m$，$400\mu m$ 或 $50\sim340\mu m$ 用于人类前脂肪细胞和 $200\sim400\mu m$ 用于人类 MSCs。进一步研究孔径对肌肉内脂肪生成的影响具有重要影响[55]。这些多组分、多孔径、多细胞进行共培养过程中，不论是组分还是孔径亦或者多细胞均会导致细胞的基因表达发生改变，甚至有些会发生基因突变或者细胞的异变，在生物培育肉制造过程中这些因素的变化是难以控制的，并且这些变化很难进行统一的检测验证，但值得一提的是这些因素有恰恰影响人机体摄入后的安全问题。因此如何科学地规避这些问题成为生物培育肉制造过程中细化分支的难点。

10）生物培育肉生产过程中引入的其他因素

生物培育肉的制造过程不单纯的是细胞的培养，还包括设备的使用，相关载体的使用等，这便引入了新的安全问题，尤其是微载体的使用。目前市面上的微载体主要成分为两种：一类是动物源的蛋白类载体，这类载体来源于动物组织或者提取物，由于动物源性蛋白中含有一些尚未确定的物质，这为食品安全的鉴定带来不便；另一类则是通过植物类多糖、纤维等成分制造的微载体，这类载体多为可食用原料，但考虑进行物理或化学改造，同样其残留物为生物培育肉的营养成分的确定引入了不必要的外源性成分，因此在使用微载体过程中需要在考虑实用性和高效性的基础上充分考虑到食品安全问题。

2. 肉品加工阶段

生物培育肉的食品化加工过程是生物培育肉进入餐桌前的最后一道生产流程，主要包括塑型、染色、调味、熟化等系列程序，直接关系到生物培育肉产品最终的食用口感。与传统肉品不同的是，生物培育肉是由单细胞培育组合而成的多核肌管细胞聚集体，本身缺乏传统畜禽肌肉组织所具有的宏观天然纹理和丰富胞外基质，同时也缺乏脂质成分等带来的滋味和香气，这使得生物培育肉在食品化加工过程中不仅要对其形状进行重塑，同时也要对其色泽、风味进行调节。生物培育肉的加工需要进行塑形、染色、调味、熟化等多个方面的食品化加工技术，生物培育肉的塑性需要用到 3D 生物打印技术，因此需要用到相对应的生物墨水，关于生物墨水的选择，安全问题在上述支架材料中已经进行了说明，对于染色及调味过程，需要用到红曲红、老抽、生抽等食品级原料或添加剂，这些在食品安全中已经进行了相关的规定，但整个生物培育肉的食品化加工过程是脱离了洁净操作间的，在加工过程中，由于生物培育肉本身的特点导致细菌等极易侵染。因此生物培育肉的加工过程受其特点影响需要的加工环境要高于普通的食品加工。

食品化加工成型：收获的肌肉细胞经食品化加工成产品（如肉丸或鸡块等）。在将来，类似于完整肉块的产品（如牛排或鸡胸肉）可能会被生产出来。

问题一：生物培育肉是否会带来新的食品安全问题？

由于采用了完全不同的生产方式，生物培育肉的商业化生产方法将肯定面临与传统肉品不同的安全挑战。收获的生物培育肉中的残留物和成分将会与传统肉品不同，更重要的是，由于生物培育肉的生产过程是完全人为控制的，虽实现了肉品的清洁生产但也很可能由于消费者对其安全性的顾虑扩大传统食品安全监管的边界。由于传统的肉类食品生产和加工技术是基于对自然生长的畜、禽及水产品的利用，因此消费者对肉品中内源性成分并不会有过度顾虑，然而对生物培育肉生产过程中生长因子、营养成分等残留物质的关注肯定会被放大。因此，生物培育肉是否使用与传统肉类类似的食品加工技术、遵守类似的健康和安全标准需要监管部门的确认。然而，由于有关商业生产方法和最终产品的具体信息尚不清楚，目前尚不清楚商业规模生产的生物培育肉是否会存在传统肉中不存在的危害。

问题二：生物培育肉的成分是什么？

如果生产企业不能确定生物培育肉的具体成分，那么监管机构就不可能预测食品安全和标签要求将如何适用。据公开的资料分析，虽然一些公司作为其研究和开发的尝试已经开发了一些生物培育肉制品原型，然而目前的生物培育肉产品很可能不完全由体外培养的细胞组成，而是生物培育肉类和其他成分的混合物，如黏合剂、调味料和传统食品中常用的植物基材料等。因此，生产出形态完整成分多样的生物培育肉类产品是商业化生产的重要攻关方向，如牛排、五花肉等。

3. 市场售卖阶段

生物培育肉被称为是"未来食品"，是因为其制造方式和生产方法不同于传统肉类生产，生物培育肉的安全问题不再是传统食品过程中的添加剂、激素、抗生素等残留物的问题，更为重要的安全问题应该体现在基因水平上：在生物培育肉制造过程中，基因表达工具通常用于成肌细胞的增殖和分化等途径。这些调控工具对于生物培育肉类研究非常有意义，因为它们不是针对再生医学，而是专注于肉的特性，例如大理石花纹，肌纤维的生成和感官品质等。同时生物培育肉的研究中可以使用 qRNA、微阵列和 RNA 测序（RNA-seq）在三个复杂度水平上测量基因表达。qRNA 可用于在不需要深入了解系统时监测关键生物标志物的表达。各种生物手段用于检测肌肉性状和相关生物标志物之间的相关性或跟踪牛脂肪体外生成过程中的转录组变化等。RNA-seq 是另一种从头量化整个转录组的基因组技术，有利于新外来物种或未知 RNA 转录物的初步研究。miRNA 是抑制具有互补 mRNA 的基因的短 RNA 分子，在包括肌生成在内的肌肉组织发育的调节中起着至关重要的作用和脂肪生成。几种天然存在的 miRNA 分子已被证明可以调节肌生成和脂肪生成，这些功能性的基因或 miRNA 的研究最终的目的是通过转基因或者通过细胞调控来控制整个细胞的增殖及分化过程。质谱法测量蛋白质表达有助于揭示新的生物标志物，提供更可靠的生物途径量化，特别是关于 ECM 沉积和翻译后修饰。与 RNA 检测相比，蛋白质组学更关注于与肌生成、肥大和肉类特征相关的生物标志物和代谢途径，包括风味、柔软度、颜色、持水能力和 pH

值。这些基因层面的研究为生物培育肉的发展指引了方向并且提供了更为高效的生产方式，但是，当这些操作应用到生物培育肉的制造过程时，往往成为了转基因食品，就目前而言，转基因技术是否会对人体产生不良的影响尚未可知，但这个过程中牵扯到的伦理问题比食品安全问题更难处理，此外通过生物手法、基因手段高效产出的生物培育肉的安全问题是短时间内无法进行评估的。所以，当生物培育肉进入市场前，最后一个需要评估的是生物培育肉的整体的食品安全问题。

问题一：生物培育肉将会对环境、动物福利或人类健康产生怎样的影响？

目前，生物培育肉公司、非营利组织和研究人员等对生物培育肉类相对于传统肉类的潜在环境、动物福利和健康优势提出了各种说法。例如，一些生物培育肉公司声称细胞培养的肉类生产将比传统的肉类生产使用更少的水和排放更少的温室气体，细胞培养的肉类由于可以避免动物宰杀将显著改善动物福利。此外，由于减少了动物粪便污染，生物培育肉比传统肉含有食源性病原体的可能性较小。然而，对于这些观点的准确性仍存在一定的分歧，在建立生物培育肉商业化生产方法之前，这些关于对环境、动物福利和人类健康影响的说法将仍然缺乏直接根据。

问题二：生物培育肉将如何标识？

生物培育肉的标签将是消费者、传统肉类和生物培育肉类公司共同关注的一个领域，特定的术语，如"洁净肉"或"实验室培育的肉"，有可能影响消费者对这些产品的接受度。另外，从监管的角度看，科学的标签管理规范是确保消费者准确判断他们购买产品的前提。例如，2018 年 2 月，美国养牛人协会向美国农业部提交了一份请愿书，要求该机构将"牛肉"一词限制在"出生、饲养、食用"的产品上，"以传统方式收获"和"肉"是指"以传统方式收获的动物组织或肉"。这反映出在该方面监管机构需要在保证消费者权益的前提下合理协调不同利益群体，同时由于生物培育肉的具体成分信息还尚不明确，这给监管机构带来了较大的挑战。

9.2.2　国外开展的培育肉安全性评估

生物培育肉公司在细胞规模化培养及诱导分化方面做了大量的研究并声称规模化生产是可行的[56]，并希望在不久的将来能够有相应产品上市。一旦生产技术允许生物培育肉进入市场，就必须确保进入市场的产品的安全性，并在不同的管辖区得到适当的监管，即在生物培育肉上市之前，必须有与之对应的法律、法规以及相应的食品安全监管政策的出台。欧盟、新加坡、美国都积极地对培育肉监管中的安全性评估组织会议讨论，在会议报告、政策公文、合作协议的内容中，有部分涉及培育肉安全性监管的建议和计划。通过对这几个国家及地区对于培育肉领域安全性评估的项目的研究和汇总，可为我国培育肉安全性监管条例的制定提供参考。

1. 欧盟

在欧盟（EU），法规（EC）No 178/2002[57]，也称为一般食品法（GFL），通过引入食品经营者（FBO）的一般原则和程序建立食品授权框架，欧洲食品安全局（EFSA）[57]在允许生物培育肉在欧盟市场上销售之前，需要根据欧洲食品安全局关于其安全性的建议获得欧盟委员会的授权[58]。食品法的主要目标是保护人类健康和消费者对食品的权益，并使用"从农场到餐桌"的方法确保最高水平的食品安全，所有打算将食品投放市场的 FBO 都必须确保食品的安全性。

欧盟 1997 年 1 月 27 日通过了 EC258/97 法案，于 1997 年 5 月生效。该法案认定 1997 年 5 月 15 日以前没有在市场上消费的食品和食品成分为新资源食品，范围主要包括转基因生物；由转基因生物生产的食品和食品成分；主要结构是新的或者有目的改造的；新分离的成分；新工艺加工的食品或食品成分。安全性评估需要提交的资料，包括名称、来源（动物、植物和微生物）；生产和加工方法；食用史；质量标准；成分分析（包含营养成分分析、天然毒素和抗营养因子）；目的和预期用途；营养评价（包括生物利用度、营养素摄入水平）；独立资料（包括毒物动力学、遗传毒性、致敏性、微生物致病性、90 天喂养实验、繁殖和致癌研究、人群试食试验）。

生物培育肉被认为是一种新型食品，在投放市场之前，必须满足于营养价值相关的条件，法规（EU）No 2015/2283，也称为新型食品法规（NFR）（欧洲议会和欧盟理事会，2015b）中列出的对于新型食品的科学要求。因此，计划销售新食品的 FBO 需要提交新食品申请并将其发送给欧盟委员会。应欧盟委员会的要求，欧盟食品安全局（EFSA）根据提交的申请及其科学档案进行风险评估，以确保最高水平的食品安全。科学档案是新型食品应用的一部分，其内容包含有关毒理学、动力学、营养和过敏原特性的所有可用科学证据，证明新型食品不会对人类健康构成安全风险。EFSA 发布了关于在法规（EU）No 2015/2283 范围内准备和提交新型食品授权申请的指导文件，以指导 FBO 应包含哪些科学信息[59]。对提议的新型食品的最终决定是由欧盟委员会做出的，同时考虑了 EFSA 的科学审查和其他相关因素如道德和环境方面的考虑[60]。

除了 NFR 的相关规定之外，由于一些制造过程涉及干细胞的基因改造，使得生物培育肉仍需要其他的相关立法的支持比如关于转基因食品和粮食的立法[61]。转基因生物（GMO）或源自转基因生物的食品只有在获得授权后才能在欧盟上市。通过基于对健康和环境风险的科学评估的详细程序后，才可以授权转基因产品。在提交转基因申请时应提交研究副本，包括（如果有）独立的、经过同行评审的研究，以确保最高水平的人类和动物健康及环境保护[62]。考虑到有关细胞农业安全性的研究数据有限，这种监管途径可能存在一定的困难。以 GFL、NFR 和转基因食品和粮食的相关立法作为将生物培育肉推向欧盟市场的主要基础，其他法规提供了更详细的条件，以确保生物培育肉的最高水平的安全性。例如，此类立法涉及标签、对动物源性产品和微生物标准的官方控制[63, 64]。就像欧盟内的任何其他食品生产过程一样，生物培育肉的生产需要有一个食品安全监控系统，如 HACCP（危害分析和关键控制点），以确保整个食品链的安全[65]。欧盟 2021 年 4 月 29 日发布了新基因组技术研究报告，基因编辑、合成生物技术都被认为是使用了新基因组技术，其产品也被归为基因改造食品。

2020 年 5 月，欧盟委员会出台了从农场到餐桌战略，表现出其迈向更可持续、更健康食品体系的决心。虽然没有明确提到生物培育肉，这一战略支持增加对替代蛋白领域研究和创新的资助力度。生物培育肉在未涉及转基因时受欧盟新食品法案监管，企业必须在产品上市前向欧盟委员会申请许可。申请程序包括由欧洲食品安全局（EFSA）进行的安全评估。上市前许可是集中处理的，这意味着一旦产品受欧盟委员会及成员国代表批准，即适用于所有 27 个成员国。

2020 年 11 月，欧洲食品安全局（EFSA）[66]营养、新食品和食物过敏原小组（NDA）举办第 108 次全体会议，其中 Ermolaos Ververis，Ruth Roldan Torres 所做的有关于"替代蛋白质及其来源作为新型食品的安全性评估"汇报中，对培育肉安全评估的主要考虑事项进行了罗列。汇报中，两位专家小组成员，建议从 5 个方面对培育肉安全进行评估。第一部分是定义，培育肉专指由细胞培养或组织组成、分离或产生的食物。这部分需要对生物培育肉的生物来源（以国际命名规范）、来源的器官、组织或有机体的部分、细胞鉴定的信息、细胞类型、用作新食物的细胞或组织基质等方面进行描述。第二部分为培育肉的特性描述，需要对杂质、副产物或残留物、抗菌残留物的鉴别和数量、相关的营养成分、是否含有生物危害［如疯牛病/TSE、其他病毒（来源、人畜共患病）、微生物污染物］、针对来源和生产工艺所得的目标产物类型进行评估。第三部分是在生产过程需要重点考虑的项目，其中生产商需要详细描述的包括：细胞处理、修饰、永生的方式、原料、起始物质、培养基/底物、生长因子/激素、培养条件、抗菌剂、卫生措施、设备的说明；与培养细胞生产工艺相关的一般项目有：潜在的副产品、杂质、污染、细胞在生产过程中的一致性和稳定性、生产过程中的限制性操作和关键参数。第四部分为营养信息部分，建议评估和考虑基于预期用途的新食品在饮食中的作用、与传统肉类的比较方法、宏观和微量营养素的质量和数量。第五部分为致敏性相关评估，建议以综合成分数据为依据，借助潜在的"组学"工具（如基因组学、转录组学、蛋白质组学、代谢组学）对其致敏性进行评估。

2. 新加坡

目前，新加坡成为世界上第一个批准培育肉产品进入本国市场销售的国家。虽然迅速的批准培育肉入市，但新加坡并没有降低培育肉产品的食品安全审查标准，而是对培育肉安全性审查的各个项目进行了十分详细的规定。

2020 年 12 月，新加坡食品监管机构批准将鸡细胞源的生物培育肉作为鸡块的成分进行销售，并发布了关于生物培育肉的食品安全评估的指南，包含了安全评估所需的信息[67]。①对于生物培育肉全生产流程的描述；②生物培育肉产品的表征，包括：营养成分，生长因子残留水平；③相关细胞系的使用信息包括：（a）细胞系的确认和来源，（b）选择和筛选细胞的方法描述，（c）细胞系从动物组织中提取后的处理和存储信息，（d）对于细胞系的修改或驯化的描述以及这可能会导致食品安全问题物质的过表达；④培养基相关的信息包括：（a）培养基的组分，包括所有添加物的成分和纯度，申报企业应该标明培养基中所添加的每一种物质是否符合联合的推荐性规范，（b）阐明培养基在终产品中的残留水平或是否完全去除，如果培养基被完全去掉，申报企业应该提供能表明培养基被完全去除的证明信息；⑤如果在生物培育肉生产工艺中用到了支架材料，申报企业应提供：支架材料的种类和纯度；⑥关于生物培育肉生产过程中如何确保细胞在培养过程中的纯度和基因稳定性的相关信息：如果细胞在培养前后发生了基因的改变，申报企业应该阐明所发生的基因改变是否会导致食品安全风险（比如代谢产物的上调）；⑦安全评估应该包括生物培育肉生产过程中可能产生的全部有害物质；⑧其他能够支撑生物培育肉安全性的相关研究，如消化率分析、过敏原分析、基因测序等。

3. 美国

美国在授权生物培育肉作为市场上的新产品的方法上与欧盟不同。美国2019 年初发布的一项正式协议规定，美国农业部（USDA）和食品和药物管理局

（FDA）共同监督和监管来自牲畜和家禽细胞系的细胞食品[68]，FDA 负责监督细胞采样、细胞库以及细胞生长和分化[69]，USDA 负责监督监督细胞的提取与最后的食品化加工和贴标签环节，但尚未公布有关此类新生产工艺的安全和风险管理细节。

迄今为止，有关生物培育肉风险的讨论主要集中在当前的监管框架是否适合将生物培育肉引入市场[70]，尽管各国生物培育肉在监管及安全性评估方面有些指导性文件，但关于生物培育肉安全性的研究很少。目前一些学者也仅仅根据现有技术，预测可能存在的一些安全风险，比如 Bhat 及其同事认为很难预见这种新的生产形式可能产生的影响、风险和危害[71]，需要一个可靠的审查系统来规范某些生物及食品方面的安全，例如培养基和微载体支架材料的应用。Chriki 和 Hocquette 认为培养细胞的环境从来没有得到有效控制[72]，并且可能会发生一些生物机制方面的问题，如由于大量细胞分裂导致细胞系失调。

9.2.3　我国生物培育肉安全性评估

卫健委的答复为生物培育肉后续的安全性评估及产品上市指明了方向，通过梳理新资源食品的相关管理要求，针对生物培育肉安全性评估应关注以下内容。

1. 新食品原料的类别及来源

按照《新食品原料安全性审查管理办法》及《新食品原料申报与受理规定》，新食品原料是指在我国无传统食用习惯的以下 4 类物品：动物、植物和微生物；从动物、植物和微生物中分离的成分；原有结构发生改变的食品成分；其他新研制的食品原料。新食品原料的来源属于动物和植物类，需要提供其产地、食用部位、形态描述、生物学特征、品种鉴定和鉴定方法及依据等。新食品原料的来源属于微生物类，需要提供分类学地位、生物学特征、菌种鉴定和鉴定方法及依据等资料。新食品原料的来源属于从动物、植物、微生物中分离的成分以及原有结构发生改变的食品成分，需要提供动物、植物、微生物的名称和来源等基本信息，新成分的理化特性和化学结构等资料。原有结构发生改变的食品成分还应提供该成分结构改变前后的理化特性和化学结构等资料。新食品原料的来源属于其他新研制的食品原料，需要提供其来源、主要成分的理化特性和化学结构，相同或相似的物质用于食品的情况等。生物培育肉更贴切于第 4 类，即其他新研制的食品原料。应重点关注生物培育肉来源、关键组分等。

2. 新食品原料的特征

新食品原料首先应当具有食品原料的特性，符合应当有的营养要求，且无毒、无害，对人体健康不造成任何急性、亚急性、慢性或者其他潜在性危害。

3. 新食品原料的生产工艺

其他新研制的食品原料，需要提供详细的工艺流程图和说明，主要原料和配料及助剂，可能产生的杂质及有害物质等。工艺路线合理，可行，工艺技术规范、完善，各技术参数详细、完整。

其他类别的新食品原料生产工艺可做参考，微生物类需要提供发酵培养基组成、培养条件和各环节关键技术参数等；菌种的保藏、复壮方法及传代次数；对经过驯化或诱变的菌种，还应提供驯化或诱变的方法及驯化剂、诱变剂等研究性资料。从动物、植物和微生物中分离的和原有结构发生改变的食品成分，需要提供详细、规范的原料处理、提取、浓缩、干燥、消毒灭菌等工艺流程图和说明，各环节关键技术参数及加工条件，使用的原料、食品添加剂及加工助剂的名称、规格和质量要求，生产规模以及生产环境的区域划分。原有结构发生改变的食品成分还应提供结构改变的方法原理和工艺技术等。

4. 新食品原料的标签

标签及说明书应当包括新食品原料名称、主要成分、使用方法、使用范围、推荐食用量、保质期等；必要的警示性标识，包括使用禁忌与安全注意事项等。标签可参照 GB7718《预包装食品标签通则》。

5. 新食品原料安全性评估要点

1）新食品原料成分

新食品原料主要营养成分及含量，可能含有的天然有害物质（如天然毒素或抗营养因子等）；新食品原料的主要成分和可能的有害成分检测结果及检测方法。数据来源第三方或文献报告。检测方法包括国标、行标和国际权威方法、验证的自行研制方法。提供检测值和检测限。原有结构发生改变的食品成分应提供与原物品成分比较的资料。

由我国具有资质检验机构（CMA）出具不低于 3 批有代表性样品的污染物和微生物的检测结果及方法。其中相关标准应当包括新食品原料的感观、理化、微生物等的质量和安全指标，检测方法以及编制说明。满足 GB2761、GB2762、

GB2763 以及农业农村部的公告（兽药残留）要求。重金属，至少包括铅、汞、砷、镉等，根据食品特点和不同工艺，增加相关检测项目；农药残留，比如 DTT、六六六，其他依据实际使用情况；兽药残留，可依据养殖用药情况，增加相关检测项目；主要杂质，可依据生产加工过程使用的溶剂及可能的有害物质残留；微生物，包括菌落总数、大肠菌群、霉菌、酵母菌，致病菌（沙门氏菌、金黄色葡萄球菌等），依据食品特点，增加相关检测项目。

2）新食品原料食用历史和国内外利用情况

国内外人群食用的区域范围（明确到具体的县级行政辖区）、食用人群、食用量、食用时间及不良反应资料；新食品原料使用范围和使用量及相关确定依据；国内外批准使用和市场销售应用情况；国际组织和其他国家对该原料的安全性评估资料；在科学杂志期刊公开发表的相关安全性研究文献资料。

3）新食品原料的推荐摄入量及适宜人群

通过人群食用历史、毒理学资料、国外批准应用情况、文献研究资料，进行总摄入量的评估。提供新食品原料推荐摄入量和适宜人群及相关确定依据；新食品原料与食品或已批准的新食品原料具有实质等同性的，还应当提供上述内容的对比分析资料。

4）新食品原料的毒理学评价

原则上仅在国外个别国家或国内局部地区有食用习惯的，进行急性经口毒性试验、三项遗传毒性试验、90 天经口毒性试验、致畸试验和生殖毒性试验；若有关文献材料及成分分析未发现有毒性作用且人群长期食用历史而未发现有害作用的新食品原料，可以先评价急性经口毒性试验、三项遗传毒性试验、90 天经口毒性试验和致畸试验。

原则上已在多个国家批准广泛使用的（不包括微生物类），在提供安全性评价材料的基础上，进行急性经口毒性试验、三项遗传毒性试验、28 天经口毒性试验。

毒理学评价参数中，急性经口毒性试验依据急性经口毒性分级标准，实际无毒，纯度高的推荐量低 $LD_{50}1000$ 倍以上；遗传毒性试验，任一项结果阳性，申报物质不能作为新食品原料；致畸试验和生殖毒性试验，任一剂量观察到致畸作用或生殖毒性作用，均不得申报；三项遗传毒性试验可参考《食品安全毒理学评价程序和方法》（GB15193—2014）。

根据新食品原料可能的潜在危害，选择必要的其他敏感试验或敏感指标进行毒理学试验，或者根据专家评审委员会的评审意见，验证或补充毒理学试验。

毒理学评价报告，可由我国具有资质（CMA）的检测机构，依据《食品安全毒理学评价程序和方法》或者国际认可的毒理学指导原则等。如提供权威机构技术报告和文献资料，应证明发表文章中的受试物与申报产品是相同产品；否则，毒理学资料只能作为参考资料，不能作为毒理学安全性试验的依据资料。

5）安全性评估意见

由风险评估技术机构出具评估意见。按照危害因子识别、危害特征描述、暴露评估、危险性特征描述的原则和方法，对申报物质和可能含有的危害物质进行评估。

6. 新食品原料安全性评估流程

新食品原料应当经过相关部委安全性审查后，方可用于食品生产经营。新食品原料安全性评估需要准备充分的新食品原料研制报告、新食品原料的安全性评估报告、新食品原料的生产工艺、新食品原料执行的标准（包括安全要求、质量规格、检验方法等）、新食品原料的标签及说明书、国内外研究利用情况和相关安全性评估资料等。具体实施过程如图 2.9.2 所示。

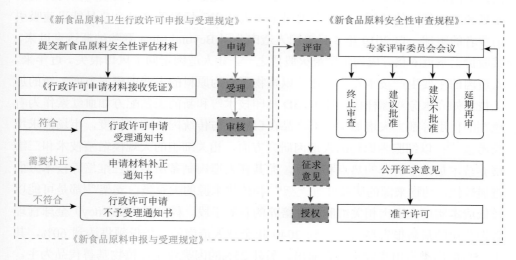

图 2.9.2　中国新食品申请路线图[73-76]

7. 新食品原料安全性审查承担部门及机构

国家卫生健康委负责新食品原料安全性评估材料的受理、行政审查和许可工作。国家食品安全风险评估中心负责承担新食品原料安全性审查工作，包括组织开展技术评审、征求社会及行业意见、社会风险评估等，提出综合审评结论及建议等工作。

9.3　生物培育肉的标签标识研究

相较于转基因食品、辐照食品等新型食品，生物培育肉在感观上与一般食品无显著不同，人们仅凭肉眼无法分辨，但由于人们对其尚存某些消费安全或健康影响的顾虑。因此，生产企业必须将生物培育肉品的真实信息告知消费者，由消费者按照自己的评判标准进行选择，以维护消费者的知情权。

9.3.1　相关命名规范调研

过去几十年，伴随着全球人口的急剧膨胀和中等收入人群的空前扩大，人类对肉品的需求呈现出前所未有的快速增长趋势，依靠传统养殖业满足人类快速增长的肉品消费的生产方式面临着日益严峻的挑战。人造肉是目前看来最有可能解决人类肉品生产和消费困境的有效方案[77, 78]。现如今，人造肉已成为国内外消费市场和投资领域的话题，似乎只要带上"人造肉"标签的产品，总是能迅速吸引消费者的眼球，自 2019 年 5 月美国人造肉公司 Beyond Meat 登陆纳斯达克以来，其股价上涨近 6 倍，成为年度最火股票之一，让人造肉走向了风口浪尖。近年来，人造肉的主要生产技术发展迅速，以植物蛋白为原料的人造肉研究方面，新的加工技术如高水分双螺杆挤压技术、3D 打印技术等和新的工艺配方如血红素作为着色剂的使用等都大大增加了该类产品在口感上与传统肉品的相似度，市场需求增长迅猛[79]；以细胞为原料的人造肉研究方面，相关细胞的大规模增殖技术和三维培养技术是当今研究的热点和难点，尤其在人造肉制备所需的三维培养技术方面进展较快，动物来源的明胶纤维支架[80]和植物来源的大豆蛋白支架[81]都是可能以较低成本实现人造肉相关细胞三维培养的有效手段。科尔尼（Kearney）全球管理咨询公司的最新报告显示[82]，到 2040 年全球人造肉的市场份额将达到 60%，其中 35% 的肉类将由实验室培育而出，另外 25% 的肉类将是以植物基替代品为主。2019 年 9 月，我国国务院发布的《国务院办公厅关于稳定生猪生产促进转型升级的意见》[83]，意见提出要加快发展禽肉、牛羊肉等替代肉品生产，更好地保障市场供应，这为国内人造肉行业快速发展提供了政策性支持。

然而，相对于传统肉类，尽管人造肉有诸多众所周知的优势，但消费者对其仍然存在诸多疑问，包括人造肉的非自然属性、对消费者可能存在的潜在健康威胁以及产品的价格和食用口感等，这些都将影响消费者对人造肉的接受度。众所周知，对一个事物或现象的命名能够深刻影响公众对它的评价或印象，这种现象在食品领域也很普遍。例如，通过改变菜单名称能够影响其对消费者的感知力，若在菜单名称上添加有代表性的当地语言词汇可提高当地消费者对该菜品的接受度；在食品包装上印"有机"的标志容易给消费者带来健康的好感，但是会降低消费者对其口感、风味等的期待感[84]；Kunst 等发现菜单的名称会影响消费者的接受度[85]，在菜单上用牛或猪等字样代替牛排或猪排会增加消费者的负面情绪，降低其食肉的意愿，增加其选择一种素菜的意愿。

　　围绕着以细胞为原料的肉应该被称为什么的争论，已经展开了大量的讨论。对这项新技术的成果有既得利益的部门都有一个与推进各自观点一致的首选术语。以细胞为原料的肉类支持者喜欢一个不会疏远消费者的名字；但传统肉类的倡导者希望他们的产品标识保持不变，而不引起消费者的困惑[8, 71]。研究表明，一个影响消费者对人造肉产品接受度的主要因素是人造肉的描述术语，消费者对生物培育肉、培养肉、体外肉、人造肉和合成肉等这些不同描述术语的接受度有显著的区别。正如 Friedrich 所描述的，人造肉的描述术语将深刻影响消费者对该产品的印象，并且最终对于公众是否接受或反对这项技术可能发挥重要的作用[86]。因此，有必要赋予人造肉一个准确、合理的描述术语为相关产品在我国的市场化奠定基础。

1. 国外命名现状

　　由于美国是生物培育肉发展最早的地区之一，从图 2.9.3 的统计数据可以看出美国的生物培育肉初创企业是全世界最多的，而且掌握了大量的专利技术和获得

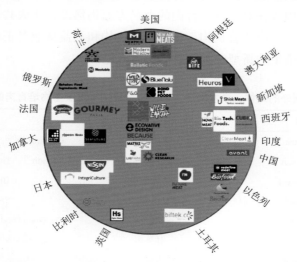

图 2.9.3　全球开展细胞基人造肉业务的初创企业及其地域分布

了大量的风险投资[87]，目前美国农业部（USDA）和美国食品药品监督管理局（FDA）正积极推进生物培育肉相关监管法规的建立[88]，2019 年 3 月，USDA 和 FDA 宣布他们已经建立了一个针对培育肉的监管框架[89]。因此，美国在生物培育肉的命名方面也是最早开展研究的国家，英国[90]、德国[91]等也有相关的研究报道。

　　国外对生物培育肉的命名形式较多，统计结果如表 2.9.1 所示。不同的媒体、研究机构、相关从业者等都会根据自己的理解提出相应的名称，如相关从业者和利益相关者为了突出该类产品的环保价值和无菌生产的过程将其描述为 "in vitro meat"、"cultured meat" 等，科普杂志如 National Geographic 将其描述为 "shmeat" 等[92]。"clean meat" 是由美食机构（The Good Food Institute，GIF）在 2016 年创立的，在 2016～2019 年间，该命名获得了相当一部分媒体、倡导者及相关组织的支持[93]。2018 年 GIF 发表的文章中指出 "clean meat" 能够更好地反映生物培育肉的生产过程和优势，但是回避了受到广泛关注的 "cultured" 和 "in vitro" 的概念，然而一些肉类行业相关者对此提出了异议，认为 "clean meat" 的描述给传统肉类生产者可能带来麻烦。2019 年，GIF 发表的最新研究报告指出 "cultivated meat" 能够充分地描述生产过程和区分与传统肉类的关系，具有高度的中立性和消费者吸引力[94, 95]。2020 年 11 月 23 日新加坡出台新食品安全评估要求，其中关于生物培育肉有了明确的定义，培育肉指的是来源于动物细胞培养的肉。生物培育肉的生产过程包括：在生物反应容器中培养特定的动物细胞系或干细胞系，细胞在合适的培养基中生长，然后再在支架材料上生成类似于肌肉组织的产品。

　　由此可见，国外在对生物培育肉的命名方面仍然没有达成共识，鉴于转基因食品的经验教训，政府监管机构、相关研究机构和利益从业者正小心地积极推进这种由生物技术带来的新型肉类食品的命名问题。

表 2.9.1　国外的媒体、学术文章、相关研究机构等对于生物培育肉的相关描述

英文名称	中文翻译	来源
cultured meat	培养肉/培育肉	Gerhardt 等[82]；Tat μm[96]；Bryant[97]
lab-grown meat	实验室生长肉	Smith[98]；Time[99]；O'riordan[100]
animal-free meat	无动物肉	Bhat 等[101]
cultivated meat	培育肉/培养肉	Szejda[95, 96]
clean meat	洁净肉	The Good Food Institute[93]；Greig[102]
in vitro meat	体外肉	Edelman 等[103]；DATAR 等[104]
synthetic meat	合成肉	Marcu[105]；Verbeke[106]

英文名称	中文翻译	来源
artificial meat	人造肉	YouGov[107]
shmeat	实验室生长的肉片	Rupp[92]
frankenmeat	弗兰肯肉	Zimmerman[108]
test tube meat	试管肉	Fox[109]；Grriggs[110]

美国农业部和美国食品药物监督管理局在各自的新闻稿中都将基于细胞的肉类称为细胞培养产品，似乎有意避免使用"肉类"一词。美国各州的经济很大一部分来自畜牧业，畜牧业生产者显然在保护"肉"一词如何应用于食品方面的既得利益。2019 年末，美国参议院引入了名为《2019 年真肉（真实销售食用人工制品）法案》的立法。简言之，该法案试图保护"肉"和"牛肉"这两个词仅指牲畜的食用组织。针对食品不是来自牲畜或家禽，密苏里州是美国第一个禁止使用"肉"一词的州。2019 年有 14 个州通过了肉类标签法，2020 年有 9 个州正在考虑此类立法，这些法律不仅关注于区分传统肉类和基于细胞的肉类，而且更广泛地关注于所有肉类替代品，包括基于植物和昆虫的来源。

2. 国内命名现状

由于生物培育肉的概念最早出现于英文报道中，因此我国对其的早期描述多采取直译的方式进行宣传。2010 年，《农村工作通讯》杂志在发表的一篇名为《科学家制造出"人造肉"》的文章中描述是"人造肉"[111]。2011 年，《中国新闻周刊》上发表的一篇名为《体外合成肉，你敢吃吗？》的文章中描述是"体外合成肉"[112]。2012 年，《课外阅读》杂志上发表的一篇名为《未来二十年我们吃什么》的文章中描述是"试管肉"[113]。这些对生物培育肉的早期描述给国人奠定了基本印象。而后，随着技术的不断突破和资本的推动，该领域在全世界的热度近几年骤增。2018 年以后国内媒体、学术刊物等描述频率也随之增长迅速。从最新的中文文章和中文报道来看，国内的描述方式主要有两种："培育肉"和"培养肉"，而且普遍存在"培养肉"和"培育肉"概念混淆的情况，同一篇文章的不同段落甚至都会有两种不同的描述出现，如 2018 年凤凰网在推送的一篇名为《"细胞培养肉"即将摆放在大家的餐盘里》的文章中对其的描述是"培养肉"[114]，第二年该媒体在推送的另一篇名为《疯狂的人造肉：比养猪快几万倍，你敢吃吗？》的文章中对其的描述是"培育肉"[115]。

这说明国内对培育肉的命名尚未形成共识，分析原因主要有两点：①由于培育肉的生产步骤包括细胞的增殖和分化，国内对于该过程的规范描述既可以是"培养"也可以是"培育"，因此目前汉语中无论将其表述成"培养肉"或"培育肉"都是对该过程的引申，有一定的合理性；②从全球范围看，培育肉少有上市，监管体系也处于探索阶段，我国也未形成相关的官方表述。因此无论是媒体还是学术文章都是基于内容对其进行事实描述，没有形成统一的汉语描述。

　　然而，生物培育肉作为一种高科技新型肉类食品进入市场已经迫在眉睫，无论是从提高消费者接受度方面还是从国家监管方面考虑，都亟需规范对其的汉语描述（表 2.9.2）。

表 2.9.2　国内的媒体、学术文章、相关研究机构等对培育肉的相关描述

名称	来源
人造肉	徐德芳等[111]；人民网[116]；赵鑫锐等[117]
培育肉	董桂灵[118]；凤凰网[115]
培养肉	《凤凰网》[112]；王廷玮等[119]
干净肉	Reynolds[120]
体外合成肉	吕静[112]
试管肉	李彦虎[113]

　　在生物培育肉的生产技术方面，虽然不同的研究机构或生产企业的生产技术会有所区别，但从大的工艺流程方面分析，生物培育肉的生产过程主要有 4 个阶段[43]，分别是：①干细胞的提取，从活体动物身上提取用于培育肉生产的特定干细胞，如从肌肉中提取肌卫星细胞作为种子细胞进行肌肉纤维的生产；②干细胞的大规模增殖，由于体外培养的细胞每隔几天数量都会加倍，因此理论上说体外培养的干细胞可以在较短的时间内实现干细胞的大规模增殖用于细胞基培育肉的生产，正如初创企业 Mosa Meat 所宣称的，用一个种子细胞可以生产出 10000kg 的肉品，Aleph Farms 宣称能在 3 周内生产出一批细胞基人造牛排，这些都需要建立在动物干细胞大规模增殖的基础上才能实现；③干细胞的诱导分化，通过在培养基中添加特定的刺激因子诱导干细胞分化成特定种类的目标细胞用于培育肉的生产，如通过对肌卫星细胞的刺激，可以诱导其发生融合形成肌肉纤维的基本结构单元多核肌管细胞；④后加工处理过程，分化后的细胞仍然是无色、非定型的培育肉结构单元，需要经过着色、成型、包装等一系列后加工处理过程方可制造出与传统肉品相似的培育肉产品（图 2.9.4）。

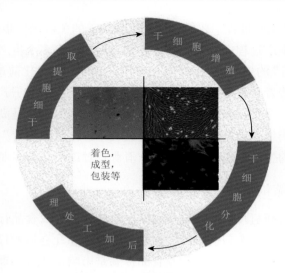

图 2.9.4　生物培育肉的基本生产过程

　　通过以上分析可知，生物培育肉的制造是一个复杂的技术工艺流程，集成了组织取样技术、细胞培养及发酵技术、3D 打印技术、肉类加工技术等众多技术领域，因此难以用一个技术领域来描述整个生产过程，按照表 2.9.2 所述汉语中已有的对该类产品的命名看，"试管肉"的描述显然对生物培育肉不具有描述性；"培养肉"的描述只代表了整个生产工艺的一个步骤—细胞培养；"干净肉"的描述对产品的描述性不够而且容易给消费者留下刻意宣传的不良印象，同时可能导致与传统肉类生产者的进一步对立；人造肉是培育肉和植物基人造肉的统称，将细胞基培育肉描述成人造肉容易引起概念混淆；"体外合成肉"虽能够从广义上描述培育肉是在动物体外制造的事实，但"合成"的使用容易引起对其生产过程的错误理解，甚至可能给消费者留下该产品使用了神秘生物技术的印象，从图 2.9.4 可以看出培育肉的整个生产流程虽然有人为的调控，但主要都是细胞生长和分化的过程，和生物合成不同。

　　与上述几种描述相比，"培育肉"的描述无论是从技术、市场还是汉语言本身所蕴含的意义层面考虑都具有较为明显的优势。①在《辞海》的表述中，"培育"既可以单独作为词组也可以作为"培养、育成"之意的简称。"培育"若作为词组，在汉语中可用于表示"培育"新品种之意，"培育肉"作为一种新品种肉类，"培育肉"的命名可以将其与传统肉类进行区别的同时又不会跟"清洁肉"的描述一样造成与传统肉类的对立情绪，同时便于以后政府部门开展监管，"培育肉"的表述可以将其与传统肉类准确区分；"培育"若取"培养、育成"之意，"培养"二字表示"培育肉"生产过程中要经过生物组织培养的关键操作步骤；"育成"二字表示"培育肉"生产过程中的细胞诱导分化及后加工等多个生产过程，可较为全面地描述"培育肉"的生产过程。②从培育肉在我国的市场化前景分析，"培育肉"的描述对潜在消费者具有足够的吸引力，"培育"二字可以提升产品的亲和力，让消费者感觉这是一个带有温度的可食用自然产品，而不仅仅是高科技生物技术的产物，避免出现类似"转基因"食品的公关灾难，同时"培育"二字能客观地反映出"培育肉"的生产过程，有助于提升消费者对该产品的客观认识。

3. 命名与消费者的认知

近些年，随着新冠疫情的影响及网络购物的普及等，食品行业也经历着重大变革，消费市场进入一个新的阶段，消费者的心理和社会消费行为也受到外界环境的影响在不断改变。但食品名称及食品标签是影响消费者心理活动及形成消费者认知的主要外部信息来源[121]。消费者了解食品信息的需要是源于消费者想购买到心仪产品的动机从而产生了关注食品及其标签的行为。人们普遍认为，一个物体或现象的名称会影响随后对它的评价和印象，因此对于新型食品的问世，它的命名非常重要。多个专家在培育肉专题研讨中也提到了生物培育肉命名的重要性，需要包含从监管、消费者、市场、标签等方面的考量。

从"离体肉""清洁肉""养殖肉""实验室生长肉""合成肉"等名称[122]看出，该技术不需要屠宰，对环境更加友好，是当前集约化动物养殖的可靠替代手段。目前生物培育肉的多个命名，消费者持有态度并不相同，许多研究者从不同角度，针对不同的人群做了相关的调研，通过这种方式，提出了对消费者态度有影响的不同名称[125]。一些研究已经证明[126]，消费者倾向于强烈拒绝"体外肉"这个名称。Bryant[123]指出，当食品从强大的技术角度呈现时，消费者对于生物培育肉的态度更为消极，转基因生物食品和生物培育肉的引入之间可能存在重要的相似之处，生物培育肉的倡导者担心，这个名字可能会让消费者望而却步，因为它可能意味着一种"假冒"的产品。事实上，缺乏消费者的认可可能是影响生物培育肉产业化的一个主要障碍[124]。此外，缺乏市场上的产品，似乎很难评估消费者对早期产品的接受程度。

此外，"培养"一词比"人工"和"实验室培养"一词更不受欢迎。Siegrist等人的研究[121]证实了这一点，该研究得出的结论是，参与者对生物培育肉的接受程度较低，因为生物培育肉被认为是不自然的。此外，他们还发现，向调查参与者提供有关养殖肉类生产及其益处的信息会产生一种矛盾的效果，即增加对传统肉类的接受程度[121]。

Bryant 等人[82]和 Siegrist and Sütterlin[83]认为，对生物培育肉的技术性描述越少，接受度越高。这可能是因为"高科技"过程与一些科学和非自然的东西有关，因此会对产品的形象产生负面影响。事实上，消费者似乎不喜欢非天然食品。

Verbeke 等人[122]在三个欧盟国家进行的研究中，研究人员证明"消费者在了解生物培育肉时的最初反应最初是基于厌恶感和对不自然的考虑。经过思考后，消费者认为生物培育肉对个人没有什么直接好处，但他们承认可能对全球社会有好处。食用培育肉会带来个人风险在很大程度上是基于对不自然性和不确定性的考虑，因此引发了某种未知的恐惧。"后来，消费者可能会接受科学进步，因此也接受培育肉类，但需要可靠的控制和监管过程，以确保产品的完全安全。

在最近的一项调查中，Bryant 等人[82]询问来自美国、印度和中国的参与者是否愿意偶尔尝试或定期购买生物培育肉，是否愿意食用培育肉而不是传统肉或植物肉替代品。尝试或食用生物培育肉的意愿相当高：64.6%的参与者愿意尝试，49.1%的参与者愿意购买经常食用。作者将这些结果解释为有利于培育肉类，称这表明"生物培育肉类具有巨大的潜在市场"，根据 Bryant 等人的说法，生物培育肉类可以替代大量传统肉类[82]。然而，这与 Hocquette 等人[84]的一项调查结果不同。人们可以预期，强调个人利益（如健康、产品安全）而不是社会利益（如动物福利、环保主义）可能会激发消费者产生更强烈的认可生物培育肉类的意愿。然而将环保主义和安全性的指标作为消费者关注的一个重要问题，探索不同国家的文化差异，是消费者对生物培育肉认知研究中仍需要开展的工作。

通过对人造肉命名的综述分析可以发现，人造肉的命名不仅仅是一个学术称谓或监管名词，更是一个与其市场化发展息息相关的"广告语"。无论是利益相关者还是客观推动者都不能孤立地从自身的角度提出对人造肉相关术语的命名，而是应该从推动学术交流、促进市场发展、维护消费者利益、便于政府部门监管等多方面综合考虑提出合理化的命名建议，以促进人造肉产业在我国的健康发展。在此基础上，我们建议将细胞基人造肉命名为"生物培育肉"。

9.3.2　相关标签标识调研

1. 美国

生物培育肉必须符合标准，才能宣称比传统肉制品更清洁、更可持续。目前关于生物培育肉的描述被认为是言过其实，而且没有足够的证据来支持。澄清含糊之处的必要性对于促进产业发展、增加投资者利益、建立消费者信心以及防止未来与传统农业发生冲突至关重要。FDA 和联邦贸易委员会（Federal Trade

Commission，简称 FTC）分别出台了食品安全和环境宣传的指导方针，以帮助市场营销人员避免不公平或欺骗性的宣传，表 2.9.3 总结了生物培育肉最常见的标签要求，需要澄清以及需要采取的进一步措施[126]。

表 2.9.3　与生物培育肉相关的常见宣传建议标准

标准要求			
"可食用"	"清洁"	"可持续"	"非动物源性"
食物需要具备（FDA） √有营养价值 √使用合法添加剂 　√符合 GRAS 论证 　√符合最大残留量标准 下一步措施： √未审批的细胞培养添加物需要申批通过 √需要有专门针对细胞培育食品的监管体系	健康声明要准确（FDA） 《FDA 食品标签指南》 √健康 √无抗生素 √无激素 √低脂肪 √低胆固醇 符合上述要求后方可使用该声明 下一步措施： √制定肉品中病原体含量的标准	禁止"漂绿"（FTC） 《FTC 绿色指南》 √不允许描述性标签（如绿色） √鼓励使用特定的标签（如使用回收材料） √有充分的科学依据 √按照国际标准进行生命周期分析	实验样品： 不能宣称"非动物源性成分" 商业化产品： √细胞的扩增不依赖动物细胞的常规获取 √细胞培养过程中不允许添加动物源性成分 下一步措施： √需要通过"非动物源性"标准认证 √需要通过"国际动物福利"认证

GRAS：Generally Recognized as Safe，是 FDA 评价食品添加剂的安全性指标

　　2018 年随着参议院 627 号和 925 号法案的通过，密苏里州成为美国第一个规范食品制造商如何使用"肉"一词的州。2019 年 3 月 4 日，密西西比州众议院以 117∶0 全票通过 2922 号参议院法案，该法案要求修正 1968 年启用至今的密西西比州肉类检验法，要求基于植物蛋白、昆虫蛋白制作的食品和生物培育类都不能再用"肉"字宣传[3]，亚利桑那州和阿肯色州也出台了新的肉类标签法案禁止公司将非传统生产的家畜、家禽或鹿等制成的肉产品作为农产品，随后在美国牛肉和农产品等行业组织说服下共有近 30 个州考虑通过立法限制人造肉生产商在商品上标注与动物肉相关的词语，如香肠、汉堡和培根等，这对于素肉和生物培育肉的上市销售带来了极大的限制。2019 年 10 月，美国参议院 Roger W. Marshall 向众议院提交了法案："Real MEAT Act of 2019"，以期通过立法的形式保护对传统肉品的专有命名权，在第 116 届国会中，该法案在众议院和参议院都进行了介绍。在美国众议院，该法案被提交给农业委员会的畜牧业和外国农业小组委员会以及能源和商业委员会的卫生小组委员会（Committee on Agriculture's Subcommittee on Livestock and Foreign Agriculture and the Committee on Energy and Commerce's Subcommittee on Health），在参议院，该法案被提交给健康、教育、劳工和养老金委员会（Committee on Health，Education，Labor and Pensions），

但这两项法案都没有得到听证[127]。目前，虽然由于生物培育肉还尚未正式上市销售，相关利益群体还未对此做出正式公开反应，但这是生物培育肉上市必须要面临的一个重要障碍，一旦立法获得通过将深刻影响未来对相关产品的标识管理。图2.9.5是美国某公司为其鸡源生物培育肉样品设置的包装概念图，从中可以看出该公司还是通过尽量模仿传统肉类的包装方法表达生物培育肉与传统肉品的相似，但无论是从确保消费者知情权和捍卫传统肉品行业的实际利益出发，这个概念图或许会引发不小的争议[128]。

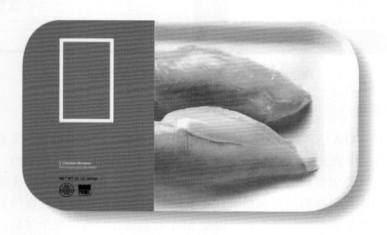

图 2.9.5　美国某公司设计的生物培育肉产品包装概念图

　　伴随着植物蛋白素肉行业的快速发展和壮大，相关利益群体已开始通过不同的渠道表达对相关法案的反对意见，以争取在人造肉产品标识方面的更大话语权。代表160家植物蛋白素肉公司的植物基食品协会（The Plant Based Foods Association，简称为PBFA）已经制定了《美国肉类替代物的自愿性标签标准》并联合相关团体反对"Real MEAT Act of 2019"提案和对各州制定的肉类标识法案进行法律诉讼，目前在密西西比州已经取得了胜利，允许依据其标签标准进行植物蛋白素肉的标识[129]。图2.9.6是美国某公司销售的素肉产品包装标识图，虽然该类产品已经从口感上模拟传统肉品，但一个趋近于传统肉品的标识更能拉近消费者与产品之间的距离。因此，标识争夺的背后是利益的争夺，人造肉的出现给传统肉类行业带来了挑战，而且随着人造肉行业的发展壮大，这种矛盾会逐渐加深。2020年，美国佐治亚州已经通过法律允许生物培育肉公司使用诸如"lab-grown"、"lab-created"、"grown in a lab"等术语对生物培育肉类进行描述[130]。

图 2.9.6　美国某公司推出的素肉产品包装图

2. 新加坡

2019 年，SFA 引入了新食品管理框架，明确要求生产企业需要为无食品消费历史的新食品申请上市前的许可，提交新食品可能存在的毒性、致敏性、生产方法的安全性以及因食用而引起的饮食暴露升高等潜在食品安全风险评估资料和生产过程中所使用原料的详细信息，生物培育肉在上市申请中需提供安全风险评估材料（详见第二部分第 7 章）以便 SFA 对其进行相应的安全评估。另外，2020 年 3 月，SFA 成立了专家工作组为新食品上市前的安全风险评估提供科学建议以进一步确保新食品的安全性。专家工作组由卓越监管中心负责人担任主席，成员包括食品毒理学、生物信息学、营养学、流行病学、公共卫生政策、食品科学和食品技术等方面的专家[131]。

同时，SFA 还要求在新加坡销售预包装生物培育肉等替代蛋白质产品的公司不能仅将其产品标记为肉类，而必须在产品包装上贴上适当的标签以标识其真实属性，如"模拟"、"培育"或"素"等字样，以辅助消费者在购买前做出决定；否则将根据《食品销售法》被判定为故意隐瞒其真实属性[133]。

2020 年，美国 Eat Just 公司的生物培育肉（鸡源）通过了 SFA 的安全性评估被允许作为鸡块的配料在新加坡上市销售，这是全球首例获得上市销售许可的生物培育肉产品，新加坡也成为全球首个批准生物培育肉上市销售的国家，将对整个生物培育肉行业产生划时代的影响[134]。这意味着生物培育肉走出了从实验室到餐桌的关键一步，人类将可以摆脱对传统养殖业的依赖而获得真实动物蛋白，传统的饮食正在发生颠覆性变革。据 SFA 统计 2018 年新加坡的食物自给率不足 10%，2020 年爆发的"新冠"疫情更是让该国的食品供给骤然紧张，因此，新加坡制定了到 2030 年营养自给率达到 30%的战略目标[135]。在此背景下新加坡率先批准生物培育肉的上市既是该国的现实选择也体现出该技术在快速满足人类营养需求方面的优越性。

3. 欧盟

生物培育肉在欧盟的监管已得到确认，它不会被视为现有的某种食品的附属种类，而被授权为欧洲一级的新型食品。2015 年，欧盟修订后的《新食品原料法规》（No2015/2283）明确规定，由细胞培养物或源自动物的组织培养物产生的食物都将被视作一种新食品[136]，该规定从 2018 年 1 月起生效。上市前的风险评估以及通过目录清单机制批准生产上市是欧盟对新食品监管关注的焦点问题。然而，对新技术的不信任可能加剧对其上市前风险评估的复杂度，从而一定程度上抑制创新[135, 136]。截至目前，欧盟尚未批准任何关于生物培育肉的新食品申请。因此，由于生物培育肉没有上市销售，欧盟尚无公布任何关于生物培育肉的具体标识规定。

相对于生物培育肉，由于素肉在欧盟已经正式销售，因此欧盟对于素肉的具体标识监管已经开展了实质性的审查并引发了一定的争议[137]。欧洲法院（European Court of Justice，简称为 ECJ）裁定纯植物基的产品不能用传统的乳制品名称，例如"milk"、"butter"、"cheese"或"yogurt"；2019 年，欧洲议会农业委员会（European Parliament's agriculture committee，简称为 EPAC）支持禁止素食和纯素食品在标签和产品说明中使用传统上与肉类相关的术语，如"steak"、"sausage"、"escalope"和"burger"，若该提议得到大多数欧洲议会议员的支持，素肉和素肉汉堡会被要求更改现有的产品标识[138]；2020 年 10 月，欧洲议会（European Parliament，EP）否决了该项提案，这被植物基肉品生产企业称为一次"常识的胜利"，但同时通过了纯植物基的产品禁止使用传统的乳制品名称，如"yogurt-style"或"cream imitation"，这同样被欧洲乳制品行业认为是一条专门保护乳制品的条款[137]。这些争议反映出食品行业的新势力与传统食品行业之间的激烈利益交锋。

在法国，由于认为素食香肠和其他素食替代品等有可能误导消费者，法国规定以植物为原料的豆排或素食香肠等将被禁止作为肉类替代品销售。食品生产商将不能再使用"牛排"、"香肠"或任何其他肉类术语来描述不是部分或全部由传统肉类组成的产品，违规将导致最高可达€300，000（£260，000）的罚款处罚[139]。

另外，欧盟目前标识监管体系针对转基因食品具有专门的管理规定，可以作为生物培育肉品标识的借鉴[140]。转基因食品的标签应如下所示，并以以下指定方式包含以下信息：（a）如果食品由一种以上的成分组成，则应在第 2000/13/EC 号指令第 6 条规定的成分清单中，在紧跟有关成分后面的括号内出现"转基因"或"由转基因（成分名称）生产的"字样；（b）如果成分以类别名称命名，则应在成分列表中显示"含有转基因（有机体名称）"或"含有由转基因（有机体名称）生产的（成分名称）"；（c）没有成分清单的，应当在标签上标明"转基因"或者"由转基因（生物名称）生产"字样；（d）a 和 b 中提及的指示可出现在成分列表的脚注中。在这种情况下，应使用至少与配料表相同大小的字体打印。没有配料表的，应当在标签上注明；（e）如果将食品作为非预包装食品或最大表面面积小于 10cm^2 的小容器中的预包装食品出售给最终消费者，则本段所要求的信息必须永久且明显地显示在食品陈列架上或其旁边，或在包装材料上，字体足够大，以便识别和阅读。另外，除第 1 款所述的标签要求外，在下列情况下，标签还应提及授权书中规定的特征或特性：（a）食品在下列特性或特性方面与传统食品不同的[（ⅰ）组成、（ⅱ）营养价值或营养效果、（ⅲ）食品的预期用途、（ⅳ）对某些人群健康的影响]，（b）食物可能引起伦理或宗教问题的地方。

4. 中国

目前，我国关于标签方面的具体监管法规主要有 3 个，分别是《食品标识管理规定》、《农产品包装和标识管理办法》和《食品安全国家标准预包装食品标签通则》。

《食品标识管理规定》规定国家市场监督管理总局在其职权范围内负责组织全国食品标识的监督管理工作。其中第六条规定：由两种或者两种以上食品通过物理混合而成且外观均匀一致难以相互分离的食品，其名称应当反映该食品的混合属性和分类（类属）名称，以动、植物食物为原料，采用特定的加工工艺制作，用以模仿其他生物的个体、器官、组织等特征的食品，应当在名称前冠以"人造"、"仿"或者"素"等字样，并标注该食品真实属性的分类（类属）名称。通过调研发现，大多数企业生产的以植物为原料的模拟动物源性食品的包装标识，每一个包装上都按照上述要求在名称前冠以"素"字。这项标识规定有利的规范了植物基食品行业，有效地保护了消费者的知情权。新的《食品标识监督管理办法》（征求意见稿）已经向社会公开征求意见，相关条目的规定将在严谨修订后继续执行，具体如下：（四）由两种或者两种以上食品原料混合而成，且外观均匀一致难以分离的食品，其名称应当反映该食品的混合属性，可以使用 1 种或者 2 种主原料的名称命名；（五）以植物源性食品原料生产制作模仿动物源性食品的，应当在名称前冠以"仿""人造"或者"素"等字样，并标注该食品真实属性的名称；（六）在食品名称前后可以附加反映食品真实属性、物理状态、制作方法、风味等词或短语。

　　然而，我们在市场调研中发现仍然有一些问题存在。近年来随着植物蛋白素肉的快速发展，国内出现了相关生产企业和在售商品。从生产成分上分析，这类产品是以植物原料采用新工艺生产的模仿传统肉品的食品，完全符合《食品标识管理规定》第六条的相关说明，应该在名称前冠以"人造""仿"或者"素"等字样，并标注该食品真实属性的分类（类属）名称。然而，仔细分析这些产品的包装标识已经与传统素肉的相关产品有了明显的不同，这与目前人造肉市场的火热和生产企业期望与传统的中国素食划清界限有一定的关系，需要引起有关部门的重视。

　　中华人民共和国国家卫生健康委员会发布的《食品安全国家标准 预包装食品标签通则》（GB7718—2011）规定经电离辐射线或电离能量处理过的食品，应在食品名称附近标识"辐照食品"。经电离辐射线或电离能量处理过的任何配料，应在配料表中标明。通过调研发现，目前我国市场中涉及辐照的食品相关生产企业在显著的位置清楚地标明了上述法规中规定的在食品名称附近标识"辐照食品"，有效地维护了消费者的知情权。

　　《农产品包装和标识管理办法》规定中华人民共和国农业农村部负责全国农产品包装和标识的监督管理工作。第十二条规定销售获得无公害农产品、绿色食品、有机农产品等质量标志使用权的农产品，应当标注相应标志和发证机构。畜禽及其产品、属于农业转基因生物的农产品，还应当按照有关规定进行标识。

　　《农业转基因生物标识管理办法》规定：国家对农业转基因生物实行标识制度。实施标识管理的农业转基因生物目录，由国务院农业行政主管部门制定、调整和公布。农业部负责全国农业转基因生物标识的监督管理工作。第六条规定：（一）转基因动植物（含种子、种畜禽、水产苗种）和微生物，转基因动植物、微生物产品，含有转基因动植物、微生物或者其产品成分的种子、种畜禽、水产苗种、农药、兽药、肥料和添加剂等产品，直接标注"转基因××"；（二）转基因农产品的直接加工品，标注为"转基因××加工品（制成品）"或者"加工原料为转基因××"；（三）用农业转基因生物或用含有农业转基因生物成分的产品加工制成的产品，但最终销售产品中已不再含有或检测不出转基因成分的产品，标注为"本产品为转基因××加工制成，但本产品中已不再含有转基因成分"或者标注为"本产品加工原料中有转基因××，但本产品中已不再含有转基因成分"。第七条规定农业转基因生物标识应当醒目，并和产品的包装、标签同时设计和印制。难以在原有包装、标签上标注农业转基因生物标识的，可采用在原有包装、标签的基础上附加转基因生物标识的办法进行标注，但附加标识应当牢固、持久。第八条规定难以用包装物或标签对农业转基因生物进行标识时，可采用下列方式标注：（一）难以在每个销售产品上标识的快餐业和零售业中的农业转基因生物，可以在产品展销（示）柜（台）上进行标识，也可以在价签上进行标识或者设立标识板（牌）进行标识；（二）销售无包装和标签的农业转基因生物时，可以采取设立标识板（牌）的方式进行标识；（三）装在运输容器内的农业转基因生物不经包装直接销售时，销售现场可以在容器上进行标识，也可以设立标识板（牌）进行标识；（四）销售无包装和标签的农业转基因生物，难以用标识板（牌）进行标注时，销售者应当以适当的方式声明；（五）进口无包装和标签的农业转基因生物，难以用标识板（牌）进行标注时，应当在报检（关）单上注明；第九条规定有特殊销售范围要求的农业转基因生物，还应当明确标注销售的范围，可标注为"仅限于××销售（生产、加工、使用）"；第十条规定农业转基因生物标识应当使用规范的中文汉字进行标注；第十一条规定销售农业转基因生物的经营单位和个人在进货时，应当对货物和标识进行核对。

目前，我国虽然还没有出现商品化的生物培育肉上市销售，已有的规章制度中也无相关的预留规定，新修订的《食品标识监督管理办法》（征求意见稿）也无增加相关的具体条目，但随着全球生物培育肉工业化生产技术的不断发展，相关产品的正式上市销售已经越来越接近实现，一旦完成技术的突破，生物培育肉对传统肉类市场的冲击将是巨大的。因此，无论是从支持我国生物培育肉企业的发展还是从保护本国肉类市场的角度出发，尽快开展相关标识制定的预备工作是必要的。

9.4　生物培育肉的安全性和产品标识发展建议

生物培育肉是人类首次利用干细胞体外培养方式生产食品的探索，颠覆了人类对肉品的传统认知，具有概念和技术的原创性，从监管角度分析，无论是将生物培育肉作为一种医用制品亦或是一种食品进行管理都将有失偏颇，需要综合考量医学和食品学两方面的因素，以确保食品安全和消费者的合理知情权。

1. 针对生物培育肉开展系统性安全风险评估

综合协调政府、企业、高校或研究机构的科研资源，通过采取设立研究专项和在已有科研资助体系中重点资助的方法鼓励开展针对生物培育肉安全性的创新研究，按照现有食品安全监管法规，由国务院卫生主管部门按照具体的商业化生产流程组织开展相关食品安全风险监测和风险评估，预测其中可能存在的生物安全风险，确保生物培育肉的原料、产品和相关技术的安全，为具体食品安全监管法规的制定积累研究基础和风险评估资料。

2. 综合考虑技术变革可能带来的新型食品安全问题

生物培育肉的最大创新是革新了人类有史以来的肉品生产模式，即用工厂代替农场进行肉品生产，这可以有效实现生产和加工过程的标准化控制，然而，在生产过程中也用到了动物干细胞、培养基、支架材料等新技术或新材料，监管体系的设置应综合考虑技术变革可能带来的新型食品安全问题。以转基因食品为参考，针对生物培育肉制定专门的管理体系。针对生物培育肉的安全性、标签标识等具体方面制定类似转基因食品的专门管理法规，综合协调目前已有的监管体系形成符合我国监管体制的管理体系。

3. 标识的设置应明确区分生物培育肉和传统肉品，制定符合中国市场的命名规范

标签的设置应明确区分生物培育肉和传统肉品，确保消费者的知情权。生物培育肉是人造肉的一种，与传统肉品在生产过程上有本质的区别，在生产成本、营养成分、食用方式等方面也必然有差异，相应监管体系的设置应将生物培育肉与传统肉品进行明确区分标识，避免对消费者产生误导给相关产业发展造成不利影响。

4. 开展公众科普，引导消费者正确认识生物培育肉

建议多渠道多角度对消费者开展科普宣传，引导消费者树立对生物培育肉的正确认知，提高培育肉的公众接受度。建议对生物培育肉的标签标识进行科学调研和论证，制定既能够客观描述培育肉本质又能够与传统的肉品有明显区分，同时又有良好公众接受度的标签标识管理规范。

5. 明晰监管责任，部门合理分工

针对生物培育肉的安全性管理，建议建立由国家卫计委主导的食品安全风险评估系统；针对生物培育肉的标识管理，建议建立由食药总局主导的标识管理体系，对生物培育肉的命名进行明确规范。

参 考 文 献

[1]　赵铠. 医学生物制品学[M]. 北京：人民卫生出版社，2007.

[2]　敖强，柏树令. 组织工程学[M]. 北京：人民卫生出版社，2020.

[3]　Tai S. Legalizing the Meaning of Meat[J]. Loyola University Chicago Law Journal，2019，51（3）：743-795.

[4]　Wilks M，Phillips C J C. Attitudes to in vitro meat：A survey of potential consumers in the United States[J]. PloS one，2017，12（2）：e0171904.

[5]　Szejda K，Bryant C J，Urbanovich T. US and UK Consumer Adoption of Cultivated Meat：A Segmentation Study[J]. Foods，2021，10（5）：1050.

[6]　Schaefer G O，Savulescu J. The ethics of producing in vitro meat[J]. Journal of Applied Philosophy，2014，31（2）：188-202. DOI：10.1111/japp.12056.

[7]　Weinrich R，Strack M，Neugebauer F. Consumer acceptance of cultured meat in Germany[J]. Meat Sci. 2020；162：107924.

[8]　Bryant C，Barnett J. Consumer acceptance of cultured meat：A systematic review[J]. Meat Science，2018，143（SEP.）：8-17.

[9]　Verbeke W，Marcu A，Rutsaert P，et al. 'Would you eat cultured meat?'：Consumers' reactions and attitude formation in Belgium，Portugal and the United Kingdom[J]. Meat Science，2015，102（1）：49-58.

[10]　More than half of EU officially bans genetically modified crops [EB/OL].（2015-10-5）. [2021-4-1]. https://www.newscientist.com/article/dn28283-more-than-half-of-european-union-votes-to-ban-growing-gm-crops/#ixzz7KHnoca32.

[11]　Mohorčich J，Reese J. Cell-cultured meat：Lessons from GMO adoption and resistance[J]. Appetite，2019，143：104408.

[12]　Mancini M C，Antonioli F. Exploring consumers' attitude towards cultured meat in Italy[J]. Meat science，2019，150：101-110.

[13]　Bryant C，Van N L，Rolland N. European Markets for Cultured Meat：A Comparison of Germany and France[J]. Foods，2020，9：1152.

[14]　Wilks M，Phillips C，Fielding K，et al. Testing potential psychological predictors of attitudes towards cultured meat[J]. Appetite，2019，136：137-145.

[15]　Mancini M C，Antonioli F. Exploring consumers' attitude towards cultured meat in Italy[J]. Meat Science，2019，150：101-110.

[16]　Franceković P，García-Torralba L，Sakoulogeorga E，et al. How Do Consumers Perceive Cultured Meat in Croatia，Greece，and Spain?[J]. Nutrients，2021，13（4）：1284.

[17]　Valente J P S，Fiedler R A，Sucha H M，et al. First glimpse on attitudes of highly educated consumers towards cell-based meat and related issues in Brazil[J]. PloS one，2019，14（8）：e0221129.

[18]　Frewer L J，Bergmann K，Brennan M，et al. Consumer response to novel agri-food technologies：Implications for predicting consumer acceptance of emerging food technologies[J]. Trends in Food Science & Technology，2011，22（8）：442-456. DOI：10.1016/j.tifs.2011.05.005.

[19]　Slade，P. If you build it，will they eat it? Consumer preferences for plant-based and cultured meat burgers[J]. Appetite，2018，125：428-437.

[20]　Bogueva D，Marinova D. Cultured Meat and Australia's Generation Z[J]. Frontiers in Nutrition，2020，7：148.

[21]　de Oliveira GA，Domingues CHF，Borges JAR. Analyzing the importance of attributes for Brazilian consumers to

replace conventional beef with cultured meat[J]. PLoS One，2021，16（5）：e0251432.

[22]　Chandra A，Idrisova A. Convention on Biological Diversity：a review of national challenges and opportunities for implementation[J]. Biodiversity and Conservation，2011，20（14）：3295-3316.

[23]　Bail C，Falkner R，Marquard H. The Cartagena Protocol on Biosafety：Reconciling trade in biotechnology with environment and development[M]. London：Earthscan，2002.

[24]　Pollard J W. Basic cell culture[J]. Basic cell culture protocols，1997：1-11.

[25]　Langdon S P. Cell culture contamination[J]. Cancer Cell Culture，2004：309-317.

[26]　Barrett J C. Cell culture models of multistep carcinogenesis[J]. IARC scientific publications，1985（58）：181-202.

[27]　Obinata M. The immortalized cell lines with differentiation potentials：their establishment and possible application[J]. Cancer science，2007，98（3）：275-283.

[28]　eager T R，Reddel R R. Constructing immortalized human cell lines[J]. Current opinion in biotechnology，1999，10（5）：465-469.

[29]　司徒镇强，吴军正. 细胞培养. 第 2 版[M]. 北京：世界图书出版公司，2007.

[30]　章静波. 动物细胞培养：基本技术和特殊应用指南. 原书第 7 版[M]. 北京：科学出版社，2019.

[31]　de Mendoza C，Altisent C，Aznar J A，et al. Emerging viral infections—a potential threat for blood supply in the 21st century[J]. Aids Rev，2012，14（4）：279-289.

[32]　Freshney R I. Culture of Animal Cells：A Manual of Basic Technique and Specialized Applications[M]. New York：Wiley-Blackwell，2015.

[33]　Sewell D L. Laboratory-associated infections and biosafety[J]. Clinical microbiology reviews，1995，8（3）：389-405.

[34]　赵鑫锐，张国强，李雪良，等. 人造肉大规模生产的商品化技术[J]. 食品与发酵工业，2019，45（11）：248-252.

[35]　Pranawidjaja S，Choi S I，Lay B W，et al. Analysis of Heme Biosynthetic Pathways in a Recombinant Escherichia coliS[J]. Journal of Microbiology and Biotechnology，2014，25（6）：880.

[36]　Ghmkin H，Issam K，Chadi S，et al. A Simple Method to Isolate and Expand Human Umbilical Cord Derived Mesenchymal Stem Cells：Using Explant Method and Umbilical Cord Blood Serum[J]. International Journal of Stem Cells，2017，10（2）：184-192.

[37]　Bogliotti Y S，Wu J，Vilarino M，et al. Efficient derivation of stable primed pluripotent embryonic stem cells from bovine blastocysts [J]. Proc Natl Acad Sci U S A，2018，115（9）：2090-2095.

[38]　Santo R E，Kim B F，Goldman S E，et al. Considering plant-based meat substitutes and cell-based meats：A public health and food systems perspective[J]. Frontiers in Sustainable Food Systems，2020，4：134.

[39]　Alimperti S，Lei P，Yuan W，et al. Serum-free spheroid suspension culture maintains mesenchymal stem cell proliferation and differentiation potential[J]. Biotechnol Prog，2014，30（4）：974-983.

[40]　Boonen K，Post M J. The Muscle Stem Cell Niche：Regulation of Satellite Cells During Regeneration[J]. Tissue Eng Part B Rev，2008，14（4）：419-431.

[41]　Post M J，Levenberg S，Kaplan D L，et al. Scientific，sustainability and regulatory challenges of cultured meat[J]. Nature Food，2020，1：403-415.

[42]　Allen R E，Dodson M V，Luiten L S. Regulation of skeletal muscle satellite cell proliferation by bovine pituitary fibroblast growth factor[J]. Experimental Cell Research，1984，152（1）：154-160.

[43]　USDA&FDA. Formal agreement between the U.S. Department of health and human services food and drug administration and U.S. Department of agriculture office of food safety[M]. Washington，DC：Food and Drug Administration and U.S. Department of Agriculture，2018-2019.

[44]   Deans R J, Moselye A B. Mesenchymal stem cells[J]. Bulletin of Experimental Biology & Medicine, 2002, 133（2）: 103-109.

[45]   Mauro A. Satellite cell of skeletal muscle fibers[J]. The Journal of Cell Biology, 1961, 9（2）: 493-495.

[46]   Ding S, Wang F, Liu Y, et al. Characterization and isolation of highly purified porcine satellite cells[J]. Cell Death Discovery, 2017, 3（1）: 1-11.

[47]   Contreras O, Córdova-Casanova A, Brandan E. PDGF-PDGFR network differentially regulates the fate, migration, proliferation, and cell cycle progression of myogenic cells[J]. Cellular Signalling, 2021, 84: 110036.

[48]   Ben-Arye T, Levenbrrg S. Tissue engineering for clean meat production[J]. Frontiers in Sustainable Food Systems, 2019, 3: 46.

[49]   Holstein I, Singh A K, Pohl F, et al. Post-transcriptional regulation of MRTF-A by miRNAs during myogenic differentiation of myoblasts[J]. Nucleic Acids Research, 2020, 48（16）: 8927-8942.

[50]   Liu B, Shi Y, He H, et al. miR-221 modulates skeletal muscle satellite cells proliferation and differentiation[J]. In Vitro Cellular & Developmental Biology-Animal, 2018, 54（2）: 147-155.

[51]   Nguyen B N B, Moriarty R A, Kamalitdinov T, et al. C ollagen hydrogel scaffold promotes mesenchymal stem cell and endothelial cell coculture for bone tissue engineering[J]. Journal of Biomedical Materials Research Part A, 2017, 105（4）: 1123-1131.

[52]   Zhao W, Jin X, Cong Y, et al. Degradable natural polymer hydrogels for articular cartilage tissue engineering[J]. Journal of Chemical Technology & Biotechnology, 2013, 88（3）: 327-339.

[53]   Luo Y, Kirker K R, Presteich G D J. Cross-linked hyaluronic acid hydrogel films: new biomaterials for drug delivery[J]. Journal of Controlled Release, 2000, 69（1）: 169-184.

[54]   Lagunas A, Comelles J, Martínez E, et al. Cell adhesion and focal contact formation on linear RGD molecular gradients: study of non-linear concentration dependence effects[J]. Nanomedicine Nanotechnology Biology & Medicine, 2012, 8（4）: 432-439.

[55]   Jantzen A E, Lane W O, Gage S M, et al. Use of autologous blood-derived endothelial progenitor cells at point-of-care to protect against implant thrombosis in a large animal model[J]. Biomaterials, 2011, 32（33）: 8356-8363.

[56]   Stephens N, King E, Lyall C. Blood, meat, and upscaling tissue engineering: Promises, anticipated markets, and performativity in the biomedical and agri-food sectors[J]. Biosocieties, 2018, 13: 368-388.

[57]   Regulation（EC）No 178/2002 of the European Parliament and of the Council [EB/OL]. （2002-1-18）. [2021-4-1]. https://www.legislation.gov.uk/eur/2002/178/contents.

[58]   EFSA'S SCIENTIFIC PROCESS A step-by-step guide [EB/OL]. （2002-1-18）. [2021-4-1]. https://multimedia.efsa. europa.eu/scientificprocess/index.htm.

[59]   Boer A D, Bast A. Demanding safe foods-Safety testing under the novel food regulation（2015/2283）[J]. Trends in Food Science & Technology, 2018, 72: 125-133.

[60]   Administrative guidance on the submission of applications for authorisation of a novel food pursuant to Article 10 of Regulation（EU）2015/2283 [EB/OL].（2018-3-21）. [2021-4-1]. https://www.efsa.europa.eu/en/supporting/pub/en-1381.

[61]   Regulation （EC） No 1829/2003 of the European Parliament and of the Council of 22 September 2003 on genetically modified food and feed [EB/OL]. （2003-9-22）. [2021-4-1]. https://eur-lex.europa.eu/legal-content/en/ ALL/?uri = CELE X%3A32003R1829.

[62]   REGULATION （EC） No 852/2004 OF THE EUROPEAN PARLIAMENT AND OF THE COUNCIL [EB/OL]. （2004-4-29）. [2021-4-1]. https://www.legislation.gov.uk/eur/2004/852.

[63] Commission Regulation（EC）No 2073/2005 [EB/OL].（2005-11-15）. [2021-4-1]. https://www.legislation.gov.uk/eur/2005/2073/contents.

[64] Boer A D. Scientific assessments in European food law：Making it future-proof[J]. Regulatory Toxicology and Pharmacology，2019，108：104437.

[65] REGULATION（EU）No 1169/2011 OF THE EUROPEAN PARLIAMENT AND OF THE COUNCIL [EB/OL].（2011-10-25）. [2021-4-1]. https://eur-lex.europa.eu/legal-content/EN/ALL/?uri = CELEX%3A32011R1169.

[66] EFSA 108th Plenary meeting of the NDA Panel [EB/OL].（2020-11-26）. [2021-4-1]. https://www.efsa.europa.eu/en/events/event/108th-plenary-meeting-nda-panel-open-observers.

[67] Boer A D，Vos E，Bast A，et al. Implementation of the nutrition and health claim regulation - the case of antioxidants[J]. Regulatory Toxicology & Pharmacology，2014，68（3）：475-487.

[68] Singapore：Singapore Food Agency releases updated guidance regarding the safety assessment requirements of novel foods [EB/OL].（2020-12-28）. [2021-4-1]. https://www.lexology.com/library/detail.aspx?g = 20fdca8a-dd13-4c8b-b515-c3f27db9c2d3.

[69] Petetin L. Frankenburgers，Risks and Approval[J]. European Journal of Risk Regulation，2014，5（2）：168-186.

[70] Bhat Z F，Morton J D，Mason S，et al. Technological，Regulatory，and Ethical Aspects of In Vitro Meat：A Future Slaughter-Free Harvest[J]. Comprehensive Reviews in Food Science and Food Safety，2019，18（4）：1192-1208.

[71] Chriki S，Hocquette J F. The Myth of Cultured Meat：A Review[J]. Frontiers in Nutrition，2020，7：7.

[72] 国家食品安全风险评估中心. 《新食品原料安全性评估意见申请材料指南》（试行）[M]. 北京：国家卫生计生委，2014.

[73] 国家卫生计生委. 新食品原料安全性审查管理办法[M]. 北京：国家卫生和计划生育委员会，2013.

[74] 国家卫生计生委. 新食品原料卫生行政许可申报与受理规定[M]. 北京：国家卫生计生委，2021.

[75] 国家卫生计生委. 国家卫生计生委关于印发《新食品原料申报与受理规定》和《新食品原料安全性审查规程》的通知[M]. 北京：国家卫生计生委，2013.

[76] Bonny S P F，Gardner G E，Pethick D W，et al. Artificial meat and the future of the meat industry[J]. Animal Production Science，2017，57（11）：2216-2223.

[77] 王守伟，陈曦，曲超. 食品生物制造的研究现状及展望[J]. 食品科学，2017，38（09）：287-292.

[78] 欧雨嘉，郑明静，曾红亮，等. 植物蛋白肉研究进展[J]. 食品与发酵工业，2020，46（12）：7.

[79] MacQueen L A，Alver C G，Chantre C O，et al. Muscle tissue engineering in fibrous gelatin：implications for meat analogs[J]. NPJ science of food，2019，3（1）：1-12.

[80] Tom B A，Yulia S，Shahar B S，et al. Textured soy protein scaffolds enable the generation of three-dimensional bovine skeletal muscle tissue for cell-based meat[J]. Nature Food，2020，1：210-220.

[81] Gerhardt C，Suhlmann G，Ziemßen F，et al. How Will Cultured Meat and Meat Alternatives Disrupt the Agricultural and Food Industry?[J]. Industrial Biotechnology，2020，16（5）：262-270.

[82] 国务院办公厅. 国务院办公厅关于稳定生猪生产促进转型升级的意见[J]. 饲料与畜牧，2019，10：5-8.

[83] Bryant C J，Barnett J C. What's in a name? Consumer perceptions of in vitro meat under different names[J]. Appetite，2019，137：104-113.

[84] Kunst J R，Hohle S M. Meat eaters by dissociation：How we present，prepare and talk about meat increases willingness to eat meat by reducing empathy and disgust[J]. Appetite，2016，105：758-774.

[85] Friedrich B. 'Clean meat'：the 'clean energy' of food[M]. New York：Good Food Institute，2016.

[86] 赵鑫锐，王志新，邓宇，等. 人造肉生产技术相关专利分析[J]. 食品与发酵工业，2020，46（5）：7.

[87] Servick K U S. lawmakers float plan to regulate cultured meat[J]. Science，2018，360（6390）：695.

[88]　USDA and FDA Announce a Formal Agreement to Regulate Cell-Cultured Food Products from Cell Lines of Livestock and Poultry [EB/OL].（2019-3-7）.[2021-4-1]. https://www.fda.gov/news-events/press-announcements/usda-and-fda-announce-formal-agreement-regulate-cell-cultured-food-products-cell-lines-livestock-and.

[89]　Stephens N，Di S L，Dunsford I，et al. Bringing cultured meat to market: technical，socio-political，and regulatory challenges in cellular agriculture[J]. Trends in Food Science & Technology 2018，78：155-166.

[90]　Weinrich R，Strack M，Neugebauer F. Consumer acceptance of cultured meat in Germany[J]. Meat Science，2020，162：107924.

[91]　Rupp R. Meat，shmeat[M]. Washington：National Geographic Society，2014.

[92]　Rollins & Rumley，Issue Brief: The Regulation of Cell-Cultured Meat（2019）.This is a National Agricultural Law School Publication. [EB/OL].（2019-3-8）.[2021-4-1]. https://nationalaglawcenter.org/publication/rollins-rumley-issue-brief-the-regulation-of-cell-cultured-meat-2019/.

[93]　Good Food Institute official website [EB/OL].（2019-8-1）.[2021-4-1]. https://www.gifconsultancy.com/.

[94]　Strategies to Accelerate Consumer Adoption of Plant-Based Meat Recommendations from a Comprehensive Literature Review [EB/OL].（2020-3）.[2021-4-1]. https://gfi.org/images/uploads/2020/03/FINAL-Consumer-Adoption-Strategic-Recommendations-Report.pdf.

[95]　Tatum M. Meet the future... and how to market it[M]. The Grocer：William Reed Business Media Ltd，2017.

[96]　Bryant C，Szejda K，Parekh N，et al. A survey of consumer perceptions of plant-based and clean meat in the USA，India，and China[J]. Frontiers in Sustainable Food Systems，2019，3：11.

[97]　Cooperman A，Smith G A. Response：Pew Research Center[M]. New York：American Jewish Year Book，2014.

[98]　Heid M. You asked：should i be nervous about lab-grown meat? [M]. Washington：Time，2016.

[99]　O'riordn K，Fotopoulou A，Stephens N. The first bite: Imaginaries，promotional publics and the laboratory grown burger[J]. Public Understanding of Science，2017，26（2）：148-163.

[100]　Bhat Z F，Bhat H. Animal-free meat biofabrication[J]. American Journal of Food Technology，2011，6（6）：441-459.

[101]　Meat cultivation: Embracing the science of nature [EB/OL].（2019-11）.[2021-4-1]. https://gfi.org/resource/cultivated-meat-nomenclature/.

[102]　Edelman P D，Mcfarland D C，Mironov V A，et al. Commentary：In vitro-cultured meat production[J]. Tissue engineering，2005，11（5-6）：659-662.

[103]　Datar I，Betti M. Possibilities for an in vitro meat production system[J]. Innovative Food Science & Emerging Technologies，2010，11（1）：13-22.

[104]　Marcu A，Gaspar R，Rutsaert P，et al. Analogies，metaphors，and wondering about the future: Lay sense-making around synthetic meat[J]. Public Understanding of Science，2015，24（5）：547-562.

[105]　Hoek A C，Luning P A，Weijze N P，et al. Replacement of meat by meat substitutes. A survey on person-and product-related factors in consumer acceptance[J]. Appetite，2011，56（3）：662-673. DOI：10.1016/j.appet.2011.02.001.

[106]　C EFFECTS OF FARMED ANIMAL ADVOCACY MESSAGING ON ATTITUDES TOWARDS POLICIES AND DECISIONS AFFECTING WILD ANIMAL SUFFERING [EB/OL].（2017-4-5）.[2021-4-1]. https://animalcharityevaluators.org/blog/effects-of-farmed-animal-advocacy-messaging-on-attitudes-towards-policies-and-decisions-affecting-wild-animal-suffering/.

[107]　Zimmerman E. What should we call lab-grown meat?[M]. New York：The cut. 2018.

[108]　Fox J L. Test tube meat on the menu?[J]. Nature Biotechnology，2009，27（10）：873.

[109]　Grriggs B. How test-tube meat could be the future of food [M]. Atlanta：Cable News Network，2014.

[110] 徐德芳. 科学家制造出"人造肉" [J]. 农村工作通讯，2010，14：30-31.

[111] 吕静. 体外合成肉，你敢吃吗? [J]. 中国新闻周刊，2011，36：73.

[112] 李彦虎. 未来二十年我们吃什么 [J]. 课外阅读，2012，21）：54-55.

[113] 香港新天域互联. '细胞培养肉'即将摆放在大家的餐盘里[N/OL]. 北京：凤凰网，2018.

[114] 中国经营报. 疯狂的人造肉：比养猪快几万倍，你敢吃吗?[N/OL]. 北京：凤凰网，2019.

[115] 张鹏禹. 人造肉来了，你想吃吗?[N/OL]. 北京：人民网—人民日报海外版，2019.

[116] 赵鑫锐，张国强，李雪良，等. 人造肉大规模生产的商品化技术[J]. 食品发酵与工业，2019,45（11）：248-253.

[117] 董桂灵. "培育肉"的研究进展及相关专利申请[J]. 中国发明与专利，2019，16（7）：71-75.

[118] 王廷玮，周景文，赵鑫锐，等. 培养肉风险防范与安全管理规范[J]. 食品发酵与工业，2019,45（11）：254-258.

[119] Reynolds M. 未来我们吃的肉，可能都是"种"出来的[N/OL]. 北京：搜狐网，2018.

[120] Jantzen A E，Lane W O，Gage S M，et al. Use of autologous blood-derived endothelial progenitor cells at point-of-care to protect against implant thrombosis in a large animal model[J]. Biomaterials，2011，32（33）：8356-8363.

[121] Petetin L. Frankenburgers，risks and approval[J]. European Journal of Risk Regulation，2014，5（2）：168-186.

[122] Jm A，Jr B . Cell-cultured meat：Lessons from GMO adoption and resistance[J]. Appetite，2019，143：104408.

[123] No demand for fake meat [EB/OL]. （2018-2-22）. [2021-4-1]. https://hk.yougov.com/en-hk/news/2018/02/22/no-demand-for-fake-meat/.

[124] FDA and USDA Could Strengthen Existing Efforts to Prepare for Oversight of Cell-Cultured Meat [EB/OL]. （2020-4）. [2021-4-1]. https://www.gao.gov/assets/gao-20-325.pdf.

[125] FDA and USDA：Who Regulates What? [EB/OL]. [2021-4-1]. https://www.registrarcorp.com/resources/fda-usda-food-regulations/.

[126] Ricci Z，Bellomo R，Kellum J A，et al. Current Nomenclature-ScienceDirect[J]. Critical Care Nephrology（Second Edition），2009：1318-1322.

[127] Legislation to Limit Plant-Based Meat Product Labels [EB/OL]. （2021-2-19）. [2021-4-1]. https://statecapitallobbyist.com/2021/02/19/legislation-to-limit-plant-based-meat-product-labels/.

[128] Out of the lab and into your frying pan：the advance of cultured meat [EB/OL]. （2020-9-14）. [2021-4-1]. https://desis.osu.edu/seniorthesis/index.php/2020/09/14/out-of-the-lab-and-into-your-frying-pan-the-advance-of-cultured-meat/.

[129] Plant-Based Meat Labeling Standards Released [EB/OL]. （2019-12-9）. [2020-4-1]. https://www.plantbasedfoods.org/plant-based-meat-labeling-standards-released/.

[130] Your first lab-grown burger is coming soon—and it'll be "blended" [EB/OL]. （2020-12-18）. [2021-4-1]. https://www.technologyreview.com/2020/12/18/1013241/first-lab-cultured-cultivated-meat-blended-plants/.

[131] Safety of Alternative Protein [EB/OL]. （2021-7-15）. [2021-9-1]. https://www.sfa.gov.sg/food-information/risk-at-a-glance/safety-of-alternative-protein.

[132] Novel foods authorisation guidance [EB/OL]. （2020-12-31）. [2021-4-1]. https://www.food.gov.uk/business-guidance/regulated-products/novel-foods-guidance.

[133] Levelling up Singapore's food supply resilience [EB/OL]. （2020-5-19）. [2021-4-1]. https://www.sfa.gov.sg/food-for-thought/article/detail/levelling-up-singapore-s-food-supply-resilience.

[134] Jones Day names 50 new partners [EB/OL]. （2020-12）. [2021-4-1]. https://www.jonesday.com/en/news/2020/12/jones-day-names-50-new-partners.

[135] EU. On novel foods，amending Regulation（EU）No 1169/2011 of the European Parliament and of the Council and repealing Regulation（EC）No 258/97 of the European Parliament and of the Council and Commission Regulation

（EC）No 1852/2001 [M]//UNION E. Strasbourg. 2015：22.

[136]　陈潇，王家祺，张婧，等. 国内外新食品原料定义及相关管理制度比较研究[J]. 中国食品卫生杂志，2018，30（05）：536-542.

[137]　Ververis E，Ackerl R，Azzollini D，et al. Novel foods in the European Union：Scientific requirements and challenges of the risk assessment process by the European Food Safety Authority[J]. Food Research International，2020，137：109515.

[138]　France Bans Use of Meat-Related Words to Describe Vegan Food Products [EB/OL]. （2018-10-11）. [2021-4-1]. https://www.treehugger.com/france-bans-use-meat-related-words-describe-vegan-food-products-4850552.

[139]　Jones Day names 50 new partners [EB/OL]. （2020-12）. [2021-4-1]. https://www.jonesday.com/en/news/2020/12/jones-day-names-50-new-partners.

[140]　Antony Froggatt，Laura Wellesley. Meat analogues：considerations for the EU[J/OL]. （2019-3-3）. [2021-4-2]. https://apo.org.au/node/222731.